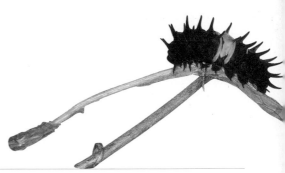

張永仁 著

台灣賞蟲記

Taiwan Insects

晨星出版

序言 | Foreword

　　屈指一算，從當初帶著一根捕蟲網和一部老爺相機，騎著剛買的二手摩托車，跑遍荒野山林去探訪全台的賞蝶聖地直到現今，剛好整整二十個年頭。還記得當時並無一絲雄心大志或遠見，心中存著的主要念頭，便是擺脫一切責任與徬徨，於是將自己徹底放逐在大自然中。「抓蝴蝶」是生活中的樂趣，更是逃避前途現實與親友關懷的最佳藉口。逝世前的祖母言猶在耳：「抓那麼多蝴蝶能吃嗎？阿你到底啥米時陣才要給我娶某生子？」我何嘗不知道抓蝴蝶不能當飯吃，就算想當個職業捕蝶人，論自己的技術與斤兩，恐怕也賺不到幾個錢兒。這麼說我真是灑脫、真是浪漫，一點都不曾在乎自己如何討生活？要藉此招出一個從未向別人提過的小秘密：當了數年無業遊民的期間，遇到台北市立動物園從圓山搬遷至木柵，而且增設一座蝴蝶館，為了擁有穩定的收入，自認為低就而去應徵蝴蝶館的技工，結果竟然因大學印刷系畢業而不符錄用資格，連父親友人帶著我父子倆到園方高層家去拜訪關說，當場被答應後仍不得其門而入。以當時挫敗的心情來講，想到蝴蝶館去割草、掃地、養毛蟲都不被錄用，打死我也不信：日後我曾到台北市立動物園去演講，也去當過攝影比賽評審，甚至連蝴蝶館即將改建成昆蟲館中的解說用圖片，使用的還幾乎全是我的攝影作品呢！

　　能夠堅持與蟲為伍至今，所憑藉的除了十分的執著外，少不了數不清的機緣與厚愛。在沒有穩定收入支持自己愛我所愛之前，不是沒有想過放棄無根的日子。該汗顏亦或慶幸？先後兩次應徵他職仍未獲錄取，我也只好靠著從童年累積到大的一

筆積蓄，還有南北兩地親人供應的免費吃住，持續了好一陣子追蝶的歲月。在那前幾年自我放逐的生命裡，年曆手冊記載的大事，從抓蝴蝶、養蝴蝶、拍蝴蝶，慢慢出現其他昆蟲的身影，這是一個關鍵性的突破，因為以往只鍾情於蝴蝶，單靠向報紙、雜誌投稿或賣大批幻燈片給國家公園的收入，又讓自己毫無志業與計畫的混了一段日子。會開始與昆蟲打交道，一定要提到光復圖書公司，當初光復辦了一份有聲有色的「兒童日報」，從其他作者寫的蝴蝶介紹專欄開始，主編透過朋友介紹，偶爾向我借調蝴蝶片子。後來，別人執筆的昆蟲專欄無法繼續供稿，主編問我能否接續執筆下去，老實說，雖然當時自己沒拍過幾隻蟲，更不太懂昆蟲，但我哪肯放過這種有錢拿的差事！一口答應後，終於開始了拍蟲寫稿的工作。那是每週一篇的報紙專欄，為了避免開天窗，我開始了天天與蟲為伍的生活；為了在文章中言之有物，我更不斷蒐集國內外有關昆蟲的書籍或期刊。因為有兒童日報，我終於有較穩定的微薄收入，當然更勇於投資品質高的底片與功能優的器材。始料未及的，我還成了專欄作家，而且慢慢建立了一定的水準與口碑，其他媒體的專欄也因此不求自來。

1993 年，因應童報的改版，主編讓我開闢了一個全新的專欄「福爾摩沙昆蟲記」，內容記述我全台探訪昆蟲世界的奇遇與樂趣。期間雖然歷經童報多次改版，這個擁有許多小粉絲的專欄並未短壽夭折，直到 1997 年整整寫完 200 篇才光榮除役。這二十多萬字的山野記趣，正是本書的所有內容，第一篇用藍金花蟲鬧洞房來開始，最後一篇也用鬧洞房的故事來結束，自

己內心相當滿意這般有始有終的劇情安排。在那五年多不算短的時光裡，許多忠實的小讀者陪我一塊兒成長，因為大家，我到處抓蟲、拍蟲，也在當時永和的公寓中養過琳瑯滿目的蟲蟲。所以，這本書的出版，應該獻給當年的許多小讀者們，當作大家成年的賀禮！

個人算得上是一個惜緣與知恩的人，將專欄匯集成冊的出版權，當然保留給光復為首選。無奈世事難料，我癡等了好久，等到兒童日報停刊，甚至光復也歇業。至今，自己先後已出版過二十多本昆蟲書籍，甚至黔驢技窮到跨領域出了兩本野花的書以後，「福爾摩沙昆蟲記」彙整而成的《台灣賞蟲記》終於姍姍來遲。不諱言的，這些年來一直耿耿於懷本書不能及早問世，在意的倒不是版稅的收入；這五年多的專欄情節，真正是自己追蟲歲月中最精華的記實，除了很多自己其他書中讀者無法領略到的經驗傳承外，私心中更企盼有這本書來串聯鋪陳自己多年來的足跡。因為長久以來，我已經習慣用拍照、出書來寫日記。

和以往自己其他昆蟲書籍相較，《台灣賞蟲記》不是工具書功能的比對圖鑑，文字間著墨許多常見昆蟲的持續生態觀察，亦不乏和昆蟲打交道的方法與感情，能夠和蟲友們分享內心諸多喜悅、感動與震撼，常讓我感覺到自己是天底下最富有的幸運兒。當下，更期盼傳達個人一個堅定的信仰：人們若能擺脫地球主宰者的自傲，用謙卑的心和微觀的視野與昆蟲做朋友，無論任何時間與場合、自我身分如何或經驗多寡與否，只要多下工夫去交往，多用心去體會，你我人人可以是法布爾的

門徒，大家也都可以從大自然中擁有無限的資產與悸動。

　　個人能幸獲持續不斷的機緣與厚愛，最要感恩的是造物主與無數的昆蟲世界小精靈，還要感恩生命中諸多親人、師友、同好……等貴人的相助，更要藉此向當年童報主編謝麗美小姐獻上最誠摯的謝意與祝福，也謝謝晨星出版社各夥伴們協助我完成這一段生命中的日記。最後，要自感不愧的是四年前祖母的喪禮中，一直讓她疼愛有加的長孫，終能帶著妻小與事業有成的心，向她老人家跪別，希望在天的她與眾先靈，繼續庇祐我對大自然的熱愛與堅持，還有保佑福爾摩沙土地上每一種生命的永續傳承！

張永仁 2005.03.12 於新店

目錄 | Contents

烏來紅河谷

蘭嶼

永和寓所 I

北橫公路

永和寓所 II

陽明山

埔里 I

新店平廣

永和寓所 IV

台北縣山區

內雙溪

大屯山區

台大

永和寓所 V

埔里 II

永和陽台

Taiwan Insects

烏來紅河谷

藍金花蟲鬧洞房

在春暖花開、百鳥爭鳴的季節中，遇著了一個晴朗無雲的好天氣。我心裡想，這會兒到烏來，一定會有不少收穫，趕緊收拾好裝備，買了午餐便當，抱著愉快的心情出發！

來到目的地紅河谷，我背上了背包，準備好相機，走進那條放眼一片翠綠的小山路。沒多久的時間，我就發現身邊的路旁，長滿了名叫火炭母草的小植物，這是紅邊黃小灰蝶幼蟲吃的植物呢！同時也發現，眼前的葉片上，有許多迷你的藍金花蟲。

瞧那一大片的藍金花蟲，真是「數大就是美」；我不由自主的蹲下身去欣賞。看牠們一隻隻靜靜的站在葉片上，你一嘴、我一口的細嚼慢嚥著，原來，藍金花蟲也愛啃食火炭母草葉片呢！不過，我覺得藍金花蟲的「家教」不是頂好，一片葉片還未吃光，就換了一片；難怪這一大片草叢間，很不容易找到一個完整的葉片。還好這不是農夫辛勤種植的蔬菜，要不然菜葉遭殃，藍金花蟲也不會有好下場的！

↑火炭母草在各地山路旁相當普遍。

↓藍金花蟲的幼蟲也是以火炭母草葉片為食物。

嘿！嘿！我瞧見不遠處的葉片上，有兩、三對藍金花蟲正在交尾。嗯！這是個不錯的攝影題材，我拿出特寫鏡頭，準備幫牠們拍幾組「結婚照」。正當牠們擺好POSE之後，我突然看見牠

們身旁有隻閒逛的王老五，竟乘機爬到一個新郎的背上胡鬧，莫非牠想上演一齣「搶婚記」？

↑藍金花蟲的團體結婚照。

這時候的新郎覺得很沒面子，顧不得新娘還在高唱「結婚進行曲」，馬上伸出後腳猛踢背上的胡鬧鬼，可惜對方還是死纏著不走。新郎無法同時兼顧，只好讓婚禮暫緩一下，專心對付背上的討厭鬼。

過了一會兒，這隻王老五還是不放棄；新郎踢累了，便靜靜的站在新娘背上休息。不過，咱們的新娘可等得不耐煩了，乾脆一「飛」了之，留下變成王老五的新郎；而原來的王老五也什麼好處都沒得到。

看完這一幕，我哈哈大笑，耳邊好像還聽到新娘臨走前說著：「真是氣死了！等我到別處吃個飽，恢復精神，又是一個漂亮的姑娘了，到時還怕沒人要嗎？」

←王老五鬧起洞房來，新郎被搞得無法一心二用。

小小椿象的圓桌會議

↑很多蝴蝶都對和自己相同的顏色較有好感，所以戶外常會見到牠們群聚在地面吸水，圖中全都是台灣黃蝶雄蝶。

走在春天烏來山區的羊腸小徑中，身邊出現的昆蟲多得不勝枚舉，單單沿路飛過的蝴蝶就不下五種。我心裡想，或許有機會碰見沒養過的蝴蝶呢！我取出背包中的伸縮桿和折疊式捕蟲網，想必很快就能派上用場了。

走著走著，突然發生一件不可思議的事，愛抓蝴蝶的我，竟然被蝴蝶跟蹤？那是一隻台灣黃蝶。好奇心促使我停下腳步，看看牠到底想做什麼；沒想到牠倒大方的停在捕蟲桿尾的黃色網子上。咦？牠想自投羅網嗎？不，牠還伸出口器，試著想吸點東西呢！我猜，不是牠對黃色感興趣，就是網子上還留有吸引牠的味道，改天讓我把網子洗乾淨，再試一次就知道答案了！

這時候，身邊飛來一隻台灣烏鴉鳳蝶，在前方的食茱萸植株上盤旋，最後還彎下腹部，在嫩葉上停了一下，再飛走；顯然牠已生下了蛋寶寶了。我走過去，摘下那片黏著小卵的嫩葉，收入小罐子裡，想帶回去飼養。正準備多摘幾片葉子給孵化後的幼蟲當食物時，突然發現一片大葉子背面，有群小蟲子圍成一個圈圈，中央還有一團白白的小圓球。

這群小昆蟲是什麼？圍著的一顆顆小球又是什麼？我好奇的伸出手去觸碰這幾隻可愛的小東西，牠們退了幾步，過不久，又聚了回來。我習慣性的舉起手指一聞，哇！臭死了，嗅覺經驗告訴我，這群外觀美麗的小臭蟲是椿象。我趕

緊拿出開水洗手，這種噁心的腥臭最可怕了。

原來是一群聚在食茱萸葉背的椿象，正專心在吸食汁液呢！那麼中央的小圓球是什麼？好像是一個個半透明的空殼子，數數看吧！一、二、三……十二個，那麼椿象有幾隻呢？再數一次，也是十二隻；我恍然大悟，那些小圓球，正是這群小椿象寶寶孵化後，殘留下的空卵殼呀！

不過，我心裡頭還有個謎，為什麼這群小椿象，偏要在這堆卵殼外圍成圈圈，而不是擠在一旁呢？我猜牠們可能是很守秩序的乖寶寶吧！圍個圈，邊吃東西邊開會，準備等會兒選出最臭的一個當班長吧！為了確認這群小椿象長大後會是哪一種，我剪下這段食茱萸枝條，連同這群小椿象放進一個大塑膠袋中，準備帶回家將牠們養大，到時候就知道答案了！

↑ 食茱萸葉背的小椿象圓桌餐會。

↑ 小椿象的圓桌餐會在野外很常見，這片馬兜鈴葉背的椿象也是同一種，數量也剛好12隻。

↑ 絨毛芙蓉蘭葉背的小椿象是不同種的，卵有18個，小椿象怎麼只有17隻？哈！大概有一個夭折沒孵出吧！

山裡也有逐臭之夫

告別了小椿象的聚餐，我背起相機，繼續紅河谷昆蟲探索路程。來到一家農戶旁，走過彎曲的小徑直達溪谷；經驗告訴自己，溪邊一定又有許多精彩的寶貝，等待我去發掘。

見到二、三隻青斑鳳蝶停在溪邊的溼地上喝水，我趕緊放下背包，走到牠們身旁，伸出腳頓了頓，把鳳蝶趕走，順便用腳將這塊地清理乾淨。我環顧一下，確定半個人影都沒有後，便趕緊將憋了一早的尿，統統灑在這片溼地上。大家可別以為我怎麼這麼不衛生，這完全是布局上的需要。至於為什麼要在溪邊溼地上灑尿？先賣個關子吧！

此時，眼前一隻蝴蝶快速張翅滑過，啊！是美麗的姬雙尾蝶呢！只見牠來個急轉彎，直接停在七～八公尺外的溪床上。瞧牠在地面步行了十多公分後，便動也不動的站著，大概是找到什麼好吃的吧！

↑青斑鳳蝶在溪邊集體吸水是烏來地區相當普遍的生態景觀。

↓姬雙尾蝶專心享用臭味撲鼻的「大餐」。

我拿出相機，彎低著身子，緩慢的靠了過去。最後的三公尺是成敗關鍵，因為一不小心，便可能嚇跑這隻美麗的饕客了！所以我趴了下去，使出匍匐前進的戰技；這和當兵沒兩樣嘛！不同的只是手上拿的是相機，而不是槍！

果然不出所料，牠正專心伸出口器，不斷吸食大餐呢！到底

什麼東西這麼可口？還沒瞧清楚就先聞到一股臭味，想必是哪隻野狗的大便。瞧牠津津有味的享用大餐，我卻得暫時停止呼吸，如果必須享用這樣的大餐，才能變得像蝴蝶一樣美麗，不知道愛美人士會不會去嘗試看看？

轉身看看剛才布下的「尿局」如何了？哇！已經有二十來隻青斑鳳蝶停在那裡吃大餐了，而且不斷有同類加入；這會兒，你可明白我為何要憋著一肚子「水」到山裡來了吧！這是為了「引蝶入室」啊！

這時，有隻青帶鳳蝶也停下來湊一腳；這個畫面真有意思，牠如鶴立雞群似的，非常醒目。為了拍攝這個畫面，匍匐前進的伎倆又要重來一次了！當然，還是要暫時停止呼吸，免得被自己的尿臭薰昏了頭！

↓外觀與眾不同的青帶鳳蝶混入青斑鳳蝶中，一起品嚐作者的「貢品」。

四兩拖千斤

為了觀察各種昆蟲的姿態，折騰了一上午，肚子早已是飢餓難耐；就近在溪邊找個陰涼的地方，拿出背包裡的便當，準備飽餐一頓！

吃著吃著，一塊塊的雞丁最後只剩下骨頭碎屑；我習慣性的將雞骨頭一塊接一塊的擺在大石頭上，邊吃著飯邊等著另一場即將上演的好戲！

三分鐘不到，雞骨頭旁馬上出現了好幾隻快速鑽動的黑色小螞蟻；這些一定都是先鋒部隊，所以有些螞蟻待了一會兒，馬上又離去。我猜牠們一定是回巢去通風報信了！沒多久，這些雞骨頭四周果然逐漸圍滿了牠們的同伴，彼此都吃得不亦樂乎呢！

↑ 找到食物後，螞蟻很快就會呼朋引伴到現場，準備將食物扛回巢去。容易分割的，牠們還會將食物分解後，再分批扛回去。

↑ 這是熱烈大頭蟻，在牠們的工蟻族群中有一小部分個體的體型超大、頭部超發達，這就是肩負禦敵任務的「兵蟻」。

忽然，這群小螞蟻身旁，出現了一隻隻體型較大的褐色螞蟻。這些後到的角色雖然動作比較遲緩，但是個個兇惡無比，牠們所到之處，黑色小螞蟻到手的骨頭，都自動拱手讓出；哎！真可惜沒能瞧見一場轟轟烈烈的螞蟻大戰。

不一會兒功夫，雞骨頭上早已圍滿了這些新食客。牠們不但兇猛而且紀律森嚴，後面不斷來到的增援部隊，個個都排著整齊的隊伍；行列中還偶爾穿插著幾隻特別雄壯威武的兵蟻，隨時肩

負著抵禦外患的重責大任。過一陣子，這些螞蟻雄兵，竟然合力將這個對牠們來說，算是「龐然大物」的雞骨頭抬了起來，沿著牠們的來路一步步的走回去。看來，這頓大餐夠牠們享用好一段時間呢！

　　吃飽了飯，收拾好使用過的東西，就躲在陰涼的樹蔭底下，正好打個盹。就在我休息的時候，突然看見路旁一隻毛蟲緩緩前行，趨向前去一瞧，咦？牠怎麼是躺著「爬」呢？再仔細一看，原來這隻可憐的小毛蟲早已斃命，牠是被一隻日本山蟻緊咬著頭部，在地面拖行前進的，遠遠看還以為是毛蟲自己向前爬行呢！照這個樣子看起來，毛蟲的體重最少也比日本山蟻多上十來倍；看這隻小小的日本山蟻，輕鬆的用嘴咬著走，換作是人，要用嘴咬著七百～八百公斤沒有輪子的貨物，恐怕一步也走不動吧！今天倒親身領教了小小昆蟲的超人能力！

↓日本山蟻正在表演「四兩拖千金」的神功。

眞假莫辨

↑和我大玩「1、2、3木頭人」遊戲的尺蠖。

　　野外草林中的探索，眞讓人意猶未盡，你只要睜大眼睛，就能瞧見很多「秘密」喔！我左觀右望，突然看見眼前草堆中一段細小的枯枝，竟然「隨風」搖擺了起來，可是，附近的小草卻動也不動，這才察覺根本沒有風兒吹過。仔細瞧去，那段小枯枝搖擺了幾下後，索性「動」得更徹底，一下子彎曲，一下子伸直，最後慢慢的向前爬去；哈哈！上當了，這回我又被一隻尺蠖騙得心服口服！

　　尺蠖是尺蛾的幼蟲，單單台灣地區就有好幾百種，各種各類都是僞裝成樹枝的高手。每次發現尺蠖，我總愛逗牠們玩，誰教牠們先騙人嘛！我趨身前去，向地面草叢間的這隻尺蠖猛吹一口氣；受到這種突然的驚嚇，只見這隻「假樹枝」馬上挺直了身體，硬邦邦的僵著，動也不動。處在草叢中枯枝落葉堆裡，的確和枯枝沒什麼不同！似乎這個傢伙也十分滿意自己的演技，牠也清楚，遇著危急的時候，只要僵直著身子不動，多半可以逢凶化吉，逃過敵人的攻擊。

　　我從容的取出相機，拍完了這段假樹枝的尊容，牠仍

舊好端端的立在那邊。說牠聰明好像
又有點笨，幾分鐘後牠才輕輕的晃動
身體試探一番，然後才敢慢步前進。
當牠起步不久，我再度朝牠猛吹一口
氣，這可憐的小傢伙，又被迫玩起
「1、2、3，木頭人」的遊戲；看
來，要騙牠們當模特兒，比起其他昆
蟲要容易多了！

　　二～三分鐘後，等牠又晃動著身
子準備前進時，我再次重施故技的逗
牠一下；就這樣接二連三的吹氣嚇
牠，欣賞牠玩木頭人的遊戲。漸漸
的，不知道是這隻尺蠖玩膩了，或是
覺得這根本不會對牠有太大的危險，
最後牠竟不理會我吹氣干擾，拱著身
體一步步的爬行離去。

　　我想假如這隻尺蠖會說話，牠一
定會罵我：「無聊男子！拿我尺蠖保
命的絕招窮開心，下輩子你一定投胎
當昆蟲，換我來逗你玩遊戲！」

→1、2、3 展現偽裝成樹枝絕技的各類尺蠖。

推糞金龜趣味大競賽

繞過農舍旁的林邊小路，耳邊突然響起昆蟲飛過的振翅聲；這般「重量級」的嗡嗡聲響，依經驗判斷，可能是隻中型的甲蟲。眼光隨著聲音望去，只見一隻黑黑的蟲子，筆直停在十多公尺外的一片竹園空地上。走近一看，原來是推糞金龜！共有四隻擠在一起，各自頭腳並用的「玩」著身下的一堆糞便呢！

不得不令人佩服推糞金龜的靈敏嗅覺，牠們大老遠就能聞到糞便的「異香」，再長途飛行，尋找這堆剛出爐的寶物；見牠們「玩」得正起勁，我只好忍著薰鼻惡臭，耐心觀察。

一看之下，我恍然大悟，推糞金龜那扁平上彎的頭楯（頭部前方凸出的部位），便是用來鏟開糞便的利器，功能和人們的圓鍬差不多呢！只見牠們賣力工作，一下子用頭鏟，一下子用腳扒；十分鐘左右，動作最快的一隻已鏟出一顆圓鼓鼓的糞球了。

接著牠將糞球推到一旁沾了些泥土，讓糞球可以隨意滾動。記得書上曾介紹，推糞金龜在鏟出糞球後，會將糞球推到隱蔽的地點，再挖個洞藏起來，隨後在糞球洞內產卵繁殖。而牠的幼蟲便是靠吃食這些糞便長大的。

先鏟出糞球的這隻推糞金龜，果真開始滾動糞球；不過，

↑ 找到糞便，推糞金龜開始工作囉！

↓ 頭楯與前腳是推糞金龜製造糞球的利器。

令我訝異的是牠滾糞球的方式，本以為牠會用頭「鏟」著糞球走，沒想到牠竟然用修長彎曲的後腳鉤著糞球，然後倒著身體，用前腳和頭部頂著地面向後推。真懷疑牠這樣倒著走如何知道方向？又如何控制方向？

↑ 做好糞球，推糞金龜用後腳鉤著糞球，向後倒推著走。

　　不過，動物自有牠們生存的本能，竹園雖然崎嶇不平，推糞金龜卻能跌跌撞撞的將糞球朝竹園邊坡的隱蔽草叢中推去。推著推著，推糞金龜的身後，面臨了一個不小的陡坡呢！看來，這下有得牠忙了！

↑ 糞球推累了，推糞金龜站在自己的戰利品上休息片刻。

　　當牠將糞球向身後陡坡頂上去時，稍嫌過大的糞球又滾了下來，這隻傻得可愛的推糞金龜不懂得繞道而行，而是不停推上去，再滾下來；好幾回都連球帶蟲猛滾得六腳朝天，簡直像齣趣味大賽，讓我這個觀眾看得過癮極了！不明就裡的人見了，一定認為我是瘋了，要不然怎會獨自一人，蹲在竹園中開懷大笑呢？

　　離去之前，我從背包中取出小飼養箱，在箱中先裝入一半鬆軟的泥土，然後再把這隻推糞金龜連同牠的糞球裝入飼養箱中，回家後，假如牠在糞球中產卵，那我還可以飼養、觀察牠幼蟲的生態喔！

劃地爲王的雄蛺蝶

↑台灣小紫蛺蝶站在青剛櫟樹叢的葉梢，守候著牠小小的領空疆域！

　　步入一條竹林小徑，突然見到一隻橙黃色的台灣小紫蛺蝶雄蝶，飛到一叢青剛櫟樹叢的頂端曬太陽。牠選擇了一處視野遼闊的葉梢，雄赳赳的朝外站立。

　　我心中明白這是雄蛺蝶的典型習慣，看來，牠早已將附近的領域，看成是自己的地盤了；牠正在捍衛牠的「國土」，我想只要多停留一會兒，應該就可以觀察到雄蛺蝶精彩的生態行爲。

　　沒多久，有隻黑鳳蝶從附近路過，這隻台灣小紫蛺蝶馬上起身追趕；不知是這隻黑鳳蝶根本不把身後追趕的小傢伙放在眼裡，或是牠還有其他要事在身，竟以讓牠三分的姿態快速離開了。隨後這隻雄蛺蝶便帶著勝利者的姿態，趾高氣揚的滑行盤旋一圈，再飛回原來的葉梢站立守候。牠可眞是負責任哪！每次只要有不速之客經過，牠必定會起身挑釁追趕一番，然後再光榮的飛回原本停棲的地點附近，繼續佇

足守衛。

　　這種「劃地為王」的個性，經常會發生在一些雄蛺蝶、雄小灰蝶的身上，而且在牠們幼蟲吃食的寄主植物附近，更是容易觀察到。

　　瞧瞧這隻台灣小紫蛺蝶，連番追趕過往的蝴蝶，有時候連快速飛過的蜂類也不放過，真是十足的「好戰份子」。突然我靈機一動，讓我來逗牠玩玩新的遊戲吧！

　　我蹲下身去撿了一塊小石塊，對準牠前方輕輕丟過；正如我所料，這隻笨蝶仍然起身去追趕石塊，而且還屢試不爽呢！可見牠一定是個十足的大近視，要不然怎會連石頭都不放過呢！信不信由你，野外還常有笨得要死的雄蛺蝶，會起身去追趕附近路過的小鳥喔！

　　和這隻台灣小紫蛺蝶玩了幾回「我丟牠追」的遊戲後，碰巧附近有隻同種的雄蝶經過，這隻「小流氓」照例起身追趕。不過當牠趨身靠近入侵者時，才

↑ 這隻佔領絕佳地盤的台灣星三線蝶，竟然讓我目睹牠追趕白頭翁的不要命行徑。

↑ 這隻寬帶三線蝶停在我無法近拍的崖邊，害我跟牠玩了 20 分鐘「我丟牠追」的遊戲，牠仍然未如我願的改變牠佔地盤的位置。

發現對方竟是水火不容的同種雄蝶，於是一場空中激烈交戰展開了！

　　持續了十幾秒鐘的近身纏鬥後，其中一方迅速飛離現場，另一隻則以勝利者姿態，滑行停降在附近的樹叢葉梢上。

　　這時我已經搞不清楚牠是不是原來追石頭的那隻「小流氓」了？不過可以確定的是，只要再撿個石塊丟過去，牠一樣會起身追趕！

大家來玩躲貓貓！

走路擦過腳邊草叢，總會驚動起一兩隻小蝗蟲。我想：草叢間一定棲身著不少小蟲子，可是蹲下身去尋找時，發現的種類總是不多。這可不能怪我眼力不夠敏銳，因為大部分昆蟲不是綠色，就是褐色的，這正是大自然最常見的兩種色彩，弱小的昆蟲當然會讓自己隱身在自然環境中，才能躲過天敵的攻擊！

我從背包中取出捕蟲網，沿著小路在草叢間來回揮動，十幾下過後，檢查網內的蟲子，沒想到竟是五花八門、琳瑯滿目：有蝗蟲、螽斯、螞蟻、椿象、象鼻蟲、葉蟬、飛蝨、蜘蛛、毛蟲、金花蟲，還有些叫不出名號的小蟲子。

我反轉網口，將混雜在一起的小蟲子倒在小路旁；一時之間，只見牠們飛的飛、跳的跳、爬的爬，沒多久就全遁入雜亂的草叢裡，不見蹤影，還真像在和我大玩捉迷藏呢！

隨後，前進的腳步又嚇壞了草叢邊的一隻大型螽斯——台灣擬騷斯。見牠停降在不遠的路面上，我便趕緊取出相機，準備為牠拍照；正要起身靠近時，這隻機警的小東西再度縱身起飛，隨即在稍遠的一棵雀榕樹葉間落腳，竟在我眼光的追蹤下消失無影。

我目不轉睛的盯緊這叢枝葉，確定牠並未再度起身逃竄，可又真的看不見牠到底在哪？看來躲貓貓的遊戲又上場了。我知道牠一定靜靜停在這叢樹葉的某處，只是暫時找不到而已。

↑台灣擬騷斯的躲貓貓。

於是，我放輕腳步，躡手躡腳的慢慢靠近，同時張大眼睛，不停對每片葉子、樹枝做地毯式搜索。

等我來到這叢樹葉旁時，猛然發現這隻斗大的螽斯，早就好整以暇的站在葉梢上，像極了在玩「木頭人」的遊戲。牠那翠綠色如樹葉般的外形，在遠遠望去時，實在叫人認不出來！

真佩服一隻小小的螽斯竟然可用天生的偽裝工夫，和獨到的「木頭人」技巧，和我大玩躲貓貓的遊戲。比起先前那隻尺蠖，可一點兒也不遜色呢！還好，這回躲貓貓的遊戲算我贏了，代價不是牠當「鬼」，而是讓我用相機來「攝魂」，拍幾張作品證明這場躲貓貓遊戲，最後還是牠輸了！

↑ 褐脈露斯的躲貓貓。

↑ 扁擬葉斯的躲貓貓。

33

長腳蜂巢被搶了！

↑長腳蜂媽媽將頭伸入巢室餵哺幼蟲！

↓長腳蜂媽媽分泌膠質補強巢室的支柱，
以便支撐逐漸發展的蜂巢。

和身邊的各類昆蟲玩了幾回遊戲，天色不知不覺暗了下來，該是往回走的時候了。下午山區雲量漸漸增多，路旁穿梭的蝴蝶少了些，我取出捕蟲網，準備抓些蟲子回家飼養或製作標本。

往回走了一小段路，眼前有隻長腳蜂在路旁灌木叢間穿梭，我又玩性大起，趨前跟蹤牠。只見牠在樹葉上爬行了一會兒，嘴巴上就已經咬著一隻小小的尺蠖。真佩服牠的能耐，不知道牠是憑嗅覺，還是靠著眼睛，才能找到這隻酷似樹枝的綠色尺蠖。

當我急著取出相機，裝上特寫鏡頭，接上閃光燈，準備為牠拍個特寫時，牠已把這隻小尺蠖咬成一團小肉球啣在嘴下，然後瀟灑的展翅離去。唉！又錯失了一次機會！

我只好敗興的繼續往前走。沒多久，我看見路旁的姑婆芋葉下有個小小蜂巢，上面又有隻長腳蜂，正專心餵哺著巢室內的幼蟲。看牠外表的模樣，和剛才那隻一樣都是雙斑長腳蜂，可能是同一隻吧！這回可不能再讓牠逃過我的鏡頭

了。

才一靠近蜂巢，這隻盡責的蜂媽媽就頓時緊張起來，守著蜂巢，狠狠的瞪著我，好像在說：「我有秘密武器，你別輕舉妄動喔！」

↑ 看見作者的靠近，蜂媽媽做出怒目相視的警戒狀態。

不過，我可沒被牠唬著，因為經驗告訴我，長腳蜂比較溫馴，除非碰著牠的身體，或是震動了牠的蜂巢，否則牠們很少螫人的。這會兒，牠的兇狠模樣剛好被我拍個正著！

記得曾在一本日文書中，看到一張長腳蜂從巢室中羽化鑽出的照片，我也想拍這樣的作品。

↑ 要拍攝這樣長腳蜂羽化的鏡頭，將蜂巢帶回家等待成蟲咬破巢室繭蓋，是最方便的做法。

左思右想，心裡盤算著，大概只能把蜂巢「搶」回家去照顧觀察，才有機會拍到這種特寫鏡頭了！

於是我假裝要用捕蟲網去碰蜂巢，這隻蜂媽媽便起身攻擊手上的網子；嘿！正中下懷。我將網口對準這隻長腳蜂順手一揮，牠就被網子困住了；這個沒有蜂媽媽保護的小巢，順利被我裝入盒子裡。等一切就緒後，我才把蜂媽媽從網中放出來，牠馬上驚慌的逃離現場。

等牠待會兒回到這裡，發現牠的巢和小寶寶都不見了，不知道會有什麼反應？我怕被蜂螫傷，便趕緊離開這個「肇事現場」了！

蝶爲食亡

↑ 黃領蛺蝶是台灣所有蝶類中最喜歡吸食動物死屍的蝶種！

搶走長腳蜂媽媽的巢和小寶寶，不知道牠會不會很傷心？不過，長腳蜂在春天有很強的繁殖力，過不久牠會重新找個地方，再做個新巢的。

回到馬路上，我將今天採集的成果全都收拾上車，突然發現前方路燈下的柏油路面上，有隻黃領蛺蝶直挺挺的站在那裡；嘿！嘿！又有收穫了。我趕緊取出相機，小心的靠過去拍照，咦？牠身下怎麼有隻癩蝦蟆的屍體？原來這隻蝶兒是循味前來吸食腐屍的！

我正準備選個好角度替牠拍幾張特寫；這才發現牠的姿勢不太對勁，而且口器怎麼沒伸出來呢？仔細看去，這隻黃領蛺蝶的翅膀已經乾皺破碎；哇！這是隻死蝴蝶嘛！我伸手去抓了起來，有部分肚子還黏在地上呢！這到底是怎麼一回事啊？讓我發揮想像力，編個合理的故事吧！

話說大概兩三天前的夜晚，這個山區的水銀燈下，吸引了許多的蛾類趨光盤旋，有的停在電線杆上，有的停在草叢間；有的則在地面上飛飛停停；這下子招來了幾隻貪吃的癩蝦蟆，想沿路吃頓豐盛的宵夜。突然間，一輛汽車疾駛而過，「刷」的一聲，一隻癩蝦蟆走避不及，被車輪輾過，變成了我看見的那副「五體投地」的模樣。

過了一、兩天，地上的蝦蟆「乾」開始發臭，又引來了一些蒼蠅，還有兩、三隻偏好吸食糞便與腐屍的黃領蛺

蝶，大家相安無事的又舔又吸，各自飽食一餐。不巧得很，又有一輛汽車呼嘯而來，在緊要的關頭，蒼蠅一哄而散，黃領蛺蝶也紛紛起身，準備逃離魔輪。可憐最貪吃的那隻，才剛察覺不對勁，「刷」的一聲，來不及了！牠已被壓死在癩蝦蟆的身旁，嗚呼哀哉！山裡的風一陣陣吹著，黃領蛺蝶的翅膀迎著風左搖右晃，最後竟豎了起來，經過烈日的曝曬，黏在地面的肚腸一下子就烤乾了，從此牠就屹立不搖的「站」著，死相很莊嚴吧！

這樣的流程分析不算離譜吧！

癩蛤蟆和蝴蝶都因為貪吃，先後在這個現場發生車禍而喪命，這時我心中只有一個感想：在路上邊走邊吃東西是很危險的！

↓先後兩次車禍的雙屍現場。

大戰強盜螞蟻

回到家裡，急忙將採集的成果拿出來。首先將食茱萸插在瓶中，使待在上頭的小椿象可以暫時吸食樹葉內的汁液，繼續維生。接著取出裝推糞金龜的飼養箱，不過那隻推糞金龜和牠的糞球都不見了，我想牠大概已經把糞球埋進泥土中，自己也躲進去休息了；於是我用塑膠袋套在箱口，防止泥土中的水分快速散失。

放在採集袋中的還有台灣烏鴉鳳蝶的卵呢！我用一根長珠針，將卵連同葉片別在陽台花盆中的食茱萸植株嫩葉上，一旦孵化了後，牠們就可以自行取用食物，不必天天照顧了。

順便檢查前些日子繁殖的黑擬蛺蝶幼蟲。打開盆栽上的捕蟲網套，發現好幾十隻小幼蟲全部失蹤了！仔細檢視網子後，發現竟被咬破了三、四個小洞，一定又是十惡不赦的螞蟻幹的好事！

從我在陽台種了各種野生植物，養過幾次蝴蝶幼蟲後，花盆間竟出現過四種螞蟻，經常偷襲我的蝴蝶寶寶，使我辛苦的成果毀於一旦。看來，人蟻戰爭又要開打了！

找了好久，終於在台灣朴樹盆栽中，找到一個不小的蟻窩。我打算用「水攻」來對付這些強盜。取來一個大水桶，裝滿水後，把整盆樹浸入水中。隨著水液慢慢滲入土裡，馬上見到一隻隻褐色螞蟻爬了

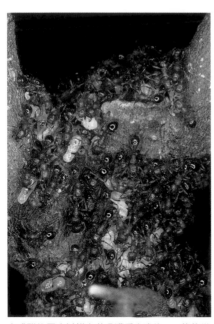

↑ 成群的日本皺蟻在花盆遭受水淹後，一隻隻從土底巢穴爬到盆栽的樹枝上避難，但牠們仍沒忘了將幼蟲和蛹也帶離水淹的險境！

出來；有的爬上枝條間，有些爬到了水桶邊緣。我伸出雙手，將水桶邊的小壞蛋一隻隻弄死；算是為那群失蹤了的蝴蝶寶寶報仇吧！

然後我轉移目標對付樹枝上的蟻群。這時我才發現，這些小東西還真恪盡天職，有些嘴上咬著幼蟲，有些咬著蛹，淹水逃命時仍不忘保護牠們的「弟弟、妹妹」，彼此也全擠在一起，互相照應呢！雖然看了有點感動；但是絕不能心軟，免得日後又有心愛的蟲寶寶「死於非命」！我走進房裡取出相機，先替牠們留下幾張遺照，然後大開殺戒。

為了徹底消滅這窩螞蟻，我決定把盆栽泡在水中過夜。於是從廚房取出洗碗精，倒一些在水桶中破壞水的表面張力，只要有剩下的殘兵敗將想鑽出盆景，一定會浮不出水面而淹死。

這一回合，暫時算是我大獲全勝。只希望以後別再碰上這種麻煩，否則另一場轟轟烈烈的世紀大決戰，又要重來一次了！

↑這幅兩隻成蟲帶著一個蛹逃難的畫面，讓我參加生態攝影賽得過獎，算是牠們長期侵害我飼養的昆蟲的一點回饋。

Taiwan Insects

蘭嶼

「游牧」昆蟲，四海為家！——豆象的聯想

清晨起了個大早，提著昨晚準備妥當的行囊，招來計程車，一路直達機場；這會兒，我要遠離本島，到美麗的蘭嶼島上，一探昆蟲的奧秘。

隨著小飛機的起飛，美麗的寶島逐漸跳出我的視野，看著群山百岳、藍天白雲，心情好舒服！但真是殺風景，一隻討人厭的蒼蠅飛到明亮的窗邊，打斷了我一路上的好心情。這個沒買票又偷闖關的小傢伙，可免費搭了一趟便機；我終於明白，很多種蒼蠅、蚊子、蟑螂或倉庫儲糧害蟲，為什麼能遍布全世界每個角落的原因了！因為飛機、輪船、汽車正是牠們搬家的交通工具嘛！看來，只要有人類活動的地方，總會有些十惡不赦的昆蟲跟著繁殖孳生；再嚴密的海關與檢疫，也奈何不了這些防不勝防的小東西，真是「道高一尺，魔高一丈」！

說起這些小害蟲們搬家繁殖的方法和途徑，真是五花八門、各顯神通；舉個例子來說，豆象就是一種非常普遍的穀糧害蟲，牠的繁衍途徑可說具有多種的可能性。

↑ 鴿子飼料中的豆象，是世界各地都有的糧倉害蟲。

↓ 米糧中的米象就是家庭主婦最熟悉的「米蟲」，牠更是世界各地共通的糧倉大害蟲。

話說有一群豆象，在美國的某個玉米穀倉中快樂的生活著，有一天，一部分的豆象隨著一艘大型貨輪遠渡重洋，移民來到

高雄的一個大穀倉中。牠的下一代也許又搭上貨車，北上來到了台中的某個小穀倉，再度繁殖生活，沒多久，牠的下一代又搬到桃園一家飼料工廠中；也許同時又有幾隻豆象被小貨車載到了台北一家寵物店裡，當然，牠們也會在新的「飼料」環境中繼續繁殖，等到有一天，小明騎著腳踏車到鳥店去買一包鴿子飼料，其中恰好有許多豆象生的小卵。不久，在公寓頂樓鴿子屋中，小明發現飼料堆裡長了一些小蟲子。他可能不知道這些小東西叫做豆象，更想不到這幾隻小傢伙的曾祖母，還是來自美國的「僑胞」呢！說不定再早幾代，這些豆象的祖先，還是中國和蘇俄的混血種，豆象的遷移功夫，可真厲害呢！

　　我想得正高興，待我回過神時，小飛機已越過綠島上空；過不久，飛機猛震一下落地，美麗的蘭嶼到了！

↑蘭嶼因為地理環境的關係，分布著許多菲律賓系統的昆蟲，因而成了作者經常拜訪的昆蟲天堂。

↑一大群的朽木蟲和我叫不出名稱的小甲蟲,將日本前胡花叢點綴得更加耀眼。

日本前胡上的盛宴——蟲蟲的集會

　　剛走出蘭嶼機場,迎接我的是遠方輕舞翱翔的大白斑蝶、棕耳鵯響徹耳際的聒噪聲,還有慈祥笑臉的雅美老婦人;我真想開懷大叫:「蘭嶼!我又來了!」

　　租了機車,安排好吃住事宜,我便迫不及待拿出裝備,騎車去尋找一些新奇有趣的「獵物」。

　　來到紅頭村旁,打量這部機車的馬力,我決定衝上這條「橫貫公路」。沿途,機車吃力的引擎聲,蓋過了自然的樂章,所以,每到一處樹林旁,我總會停車休息一陣,聽聽風的低語、棕耳鵯的吵嘴和綠鳩的長鳴。

　　穿梭在樹林中,我的手和眼也沒閒著,伸手逗弄葉下害羞躲藏的球背象鼻蟲,瞧牠們緊張得左移右閃,最後索性腳一縮的掉入草叢裡。真搞不懂牠們擁有那身堅硬無比的盔甲,為何還這麼怕生?真是傻得可愛極了!

　　就在樹林中東尋西覓時,一隻有黑色條紋翅膀的白色斑蝶,從遠方輕快的滑過草叢上空,令我眼睛一亮!那不就

是我心儀已久的黑脈白斑蝶嗎？我提著相機拼命追去，只見牠愈飛愈遠，最後消失在我的眼前。唉！眞是欲哭無淚！這種蝶在蘭嶼原本就非常少見，什麼時候才會有機會拍到這種菲律賓系統的熱帶蝶種呢？

來到山頂附近，樹林愈來愈稀疏，崖壁邊開滿了百合和日本前胡（防葵）的花朵；眼尖的我瞧見一叢日本前胡的花序上，有幾隻金龜子正在那起起落落呢！靠近一瞧，有四、五隻綠色的花潛金龜，正在一朵朵的小花上埋首猛吃呢！原來牠們也喜歡這種蜜源植物。啊！總算找到一條門路了！於是，每一叢日本前胡的花朵，我都會走近去瞧一瞧，有瓢蟲、花蚤、天牛、毛脛蝶燈蛾……，幾乎全是台灣沒見過的角色呢！

一轉身，眼前一大叢日本前胡花上，竟然出現萬頭攢動的情景，一隻隻橙黃色的朽木蟲及一些叫不出名字的小甲蟲，各自據花朵爲王，數也數不清。這眞是一場令人目不遐給的盛會！我拿著相機，不想錯過任何精采鏡頭，在一一拜訪完每一叢日本前胡後，才心不甘情不願的下山。

↑蘭嶼小綠花金龜在日本前胡花叢間爬行覓食。

↑主食為蚜蟲的七星瓢蟲仍然擋不住花蜜的誘惑。

↑花蚤是一般人較陌生的小甲蟲，從名稱就不難知道牠必定是花叢間的常客（大六星花蚤）。

瀕臨滅絕的「雅美之光」——珠光鳳蝶

下了山後，我繼續騎著摩托車前進。來到忠愛橋邊，我拿出望遠鏡，坐在橋墩上，透過望遠鏡我發現絕谷下高聳而立的番龍眼花叢間，有一群小灰蝶正繞著樹冠間飛舞呢！牠們一會兒去招惹花朵，一會兒又相互纏鬥嬉戲；我一邊看一邊想像著自己和牠們一起展翅穿梭在絕谷森林中，真是過癮極了！

蘭嶼的天氣總是瞬息萬變，幾大片白雲低空飄過，隨即下起了毛毛雨，稍微解除了酷熱的暑氣。我聆聽著棕耳鵯和綠鳩相互交錯的爭鳴聲，偶爾遠方還會傳來蘭嶼角鴞的咕咕聲！而悠閒的大白斑蝶也不時的從橋墩下、橋面上，左右盤旋而過。置身在這般的世外桃源，真是一種無上的享受呢！

毛毛雨繼續下著，不過天空倒還很明亮。就在雨過天青的同時，一片金黃彩衣從遠方朝著我這兒緩緩飄來——正是鼎鼎有名的珠光鳳蝶呢！

最近幾年，蘭嶼的珠光鳳蝶少了很多。不過，只要牠們不絕種，在蘭嶼一定有機會看見這種雄蝶，在雨過天青或晨昏的時刻，翱翔在這片原始林的空中。

我不太了解珠光鳳蝶為什麼總愛在半空中來回遊蕩，難道牠們自知瀕臨滅絕的危機，想趁著這段最後的時日，巡視一下祖先曾經盛極一時的「雅美王國」嗎？

太陽再度從雲端露出無情的笑臉，熱得我汗流浹背，那隻珠

忠愛橋上空狹路相逢的珠光鳳蝶雄蝶發生貼身的空戰。

1 特定角度的光線照射下，珠光鳳蝶雄蝶的
下翅會閃耀著珍珠般光彩，因此牠才被叫
做「珠光鳳蝶」。

2 珠光鳳蝶休息時習慣平展上翅，而遮掩住
耀眼的鮮黃色下翅。

3 偶爾夾起翅膀休息時，才有機會仔細欣賞
珠光鳳蝶的鮮黃色下翅。

光鳳蝶大概也熱得躲進樹林中休息去了。我趕緊拿出相機跟蹤過去，打
算為「雅美之光」多留下一些紀念。朝著牠停下的雜亂樹叢間鑽入，在
尚未找到牠的確切位置時，突然聞到一股淡淡的異香，這是麝香鳳蝶族
成員的共同特色之一，大概牠們的幼蟲都是同樣吃食馬兜鈴植物葉片的
緣故吧！我停下腳步仔細環顧尋找，就在身邊不遠的一片樹葉上，這隻
珠光鳳蝶大方的伸展開翅膀，靜靜的休息著。而牠那光鮮亮眼的黃色下
翅，就被平展的黑色上翅覆蓋掩藏，難怪我無法第一眼就找到牠。這和
牠們平常空中翱翔時燦爛奪目的英姿相比，簡直判若兩蝶。

數大就是美——日本前胡花朵上的大白斑蝶群

↑生平中可以觀賞到這麼多的大白斑蝶，擠在一株花叢上的壯觀場面，夫復何求。

　　漫步在蘭嶼的山路上，走著走著，到了一處雜草蔓生的崖壁邊坡上，哇！又一隻稀有罕見的黑脈白斑蝶飛掠而過，眞是令人喜出望外呀！

　　這種蝴蝶應該是來自菲律賓的迷蝶，我能在同一天中不同的地點發現牠們的蹤影，大膽猜測，一定是有一隻飄洋過海的受孕雌蝶來這兒繁殖，才使得蘭嶼島上，有這種稀世珍蝶。果眞如此的話，牠應該還有其他更多的兄弟姐妹散布在島上吧！那麼，我將很有機會用相機爲牠們的身影留下歷史的見證。運氣好一點的話，說不定還可以觀察到幼生期的生態呢！

　　這時，我又看見好幾隻大白斑蝶，在崖邊背風面的樹林旁鑽動飛舞，好奇的我忍不住想去一探究竟。我小心的背起背包攀了上去，大老遠，我就看見樹林旁有好幾叢盛開的日本前胡，那幾隻大白斑蝶大概正要停下去飽餐一頓吧！

↑時間充裕得還可以換上廣角鏡頭，再塗上一層薄油在鏡片上，拍出這不一樣感覺的作品。

　　當我走近一瞧，我的天哪！生平第一次瞧見十幾隻大白斑蝶擠在一叢花上專心的採蜜；眾多碩大的翅膀，將日本前胡的花朵遮住大半呢！這可是難得一見的好鏡頭哇！

　　我還意猶未盡，忍不住伸手去摸摸幾隻大白斑蝶的翅膀，想不到牠們竟然不理會我的騷擾，不知道牠們是故意要「帥」？還是太「呆」了？難怪牠們在墾丁地區都被當地人稱為「大笨蝶」。

　　看到這些笨蝶，害我忍不住想捉弄牠們，我再次伸手輕輕抓起其中的一隻，然後再悄悄的放下；哇！牠竟然若無其事的又重新伸出口器，繼續埋首享用牠的大餐。這下子我可樂歪了，我手忙腳亂的用食指與拇指，提著一隻大白斑蝶，將牠放在一大叢的日本前胡花叢，擠滿著大白斑蝶間的一個空位上；這樣經過我巧手處理的「畫面」，更是盛況空前，也呈現了另一番風致的「數大就是美」！

黃昏的假蜂鳥——長喙天蛾

↑蘭嶼長喙天蛾在日本前胡上的訪花英姿。

　　在蘭嶼的暮色中，老遠就見到幾位遊客圍著一叢日本前胡交頭接耳，我正感到奇怪，難道天色將暗，又有什麼「奇珍異蟲」出來活動了？才剛走近，便聽到有位男士告訴身旁的同伴說：「……蜂鳥牠可以停在空中不動，然後伸出長長的舌頭去吸食花朵中的花蜜……。」聽到「蜂鳥」二字，我心裡竊笑著：嘿！嘿！又有人上當了。

　　悄悄走到他們身旁，見到他們所謂的「蜂鳥」，正像閃電般的盤旋在日本前胡花叢的四周，以迅雷不及掩耳的速度，飛在花朵間短暫前進、停留、後退，不斷的變換位置。我們只能在牠停在花朵前不到半秒鐘的時間內，稍稍看清牠頭部前方伸入花朵中的「長舌頭」；至於牠的身體，當然被身旁兩側高速拍動的翅膀遮得模糊不清，難以一窺牠訪花的模樣。

　　我顧不得向這幾位遊客說明真相，便趕緊取出長鏡頭，架上閃光燈，透過觀景窗緊緊的盯住這隻「噴射戰鬥直

升機」猛按快門。對付這類的「蜂鳥」，我在台灣各地早已有五、六次的「戰敗」經驗；也許這樣不計成本的搶按快門，可能拍到一、二張好照片。

↑ 長喙天蛾飛行時，翅膀拍動的頻率極快，連閃光燈也無法將拍動中的翅膀畫面凍結。

「怎麼拍這麼多張啊？」聽見身旁有人出聲，我才一邊拍照，一邊和他們聊天。我向他們解釋：「這隻不是蜂鳥，台灣地區也沒有蜂鳥，這是『長喙天蛾』，算是蝴蝶的近親。這類長喙天蛾最喜歡在黃昏時刻外出訪花吸蜜。牠們吸蜜的動作很快，時間很短；那根像長舌頭的東西是牠們的口器。……就是因為牠們飛得很快，我根本不知

↑ 夜晚趨光的蘭嶼長喙天蛾停在水泥地上，終於可以看清牠的翅膀表面。

道到底拍到了沒有？所以只有多照幾張碰運氣囉！」

不知何時人群早已散去，我仍繼續按著快門，和這隻特別合作的長喙天蛾奮戰到底，直到天色徹底暗去。

台灣產的長喙天蛾最少有十種，沒有將那隻長喙天蛾抓住，從照片中一定很難鑑定出牠的正確身分，更何況蘭嶼常常會有從菲律賓「迷航」而來，且不會分布在台灣的種類。想找出牠的名字，恐怕很難喔！

（註：這種長喙天蛾後來經過天蛾分類專家陳雲鴻先生鑑定，確認為一種未記載的新種天蛾，並命名為蘭嶼長喙天蛾。）

成了姬兜蟲意外的媒人

吃完晚飯，拿出手電筒，沿著房子四周巡一圈，發現今晚「蟲況」不差，每個紗窗上都停了幾隻趨光前來的夜行性昆蟲，有各式的飛蛾、朽木蟲、金龜子、天牛、叩頭蟲，還有我最喜歡的鍬形蟲。

我連忙走進屋內，從厚重的行囊中取出延長線、水銀燈和三腳架，在樹林邊的廣場架好裝備，點亮刺眼的水銀燈，悠閒等待好戲上演！

不一會兒，就見到樹林中一隻隻的飛蛾，東飄西舞的朝水銀燈飛來，偶爾還會聽見金龜子盤旋，撞擊水銀燈的聲響呢！

一開始，這些被強光引誘過來的昆蟲都非常活躍，有些會在水銀燈旁不停飛舞，有些則在燈下的地面到處爬行；不過，這時較難看清牠們的尊容，得等一兩個鐘頭後，牠們飛累、爬累了，停在燈光附近休息時，才是我「挑燈夜戰」的開始呢！現在就讓我先休息一下吧！

我從沙發上打個盹醒過來，往窗外一瞧，水銀燈附近早已「蟲滿為患」了！首先吸引我目光的是十幾隻散布在廣場四周的黑褐色大甲蟲。走近一瞧，哇！竟是心怡已久的姬兜蟲呢！姬兜蟲是獨角仙的近親，也有人稱牠們為「姬獨角仙」；除了體型稍小一點外，雄蟲的頭、胸上的那對弧形犄角，比起獨角仙可一點也不遜色！而且這種菲律賓系統的甲蟲，只常見於蘭嶼、綠島，台灣本島可是非常罕見的喔！

↓蘭嶼地區夜晚的紗窗外很容易發現趨光的姬兜、鍬形蟲。

數一數，共有五隻雄的、八隻雌的。我先抓起一隻大型雄姬兜蟲，牠緊張得直擺動腹部來摩擦翅鞘，習慣和獨角仙幾乎一模一樣！

此時我心中暗自盤算；如果我將五隻雄姬兜蟲全採集起來帶回台灣，萬一其他的姬兜蟲小姐找不到老公，該怎麼辦呢？我可不能壞了人家傳宗接代的大事啊！於是，我姑且一試的將手上這隻姬兜蟲先生，放到一隻姬兜蟲小姐背上，啾！想不到竟一拍即合。接著我再度施展這個簡單絕招，先後撮合了另外四對美好姻緣。半個鐘頭後，這五對姬兜蟲都完成了終身大事；我便將五隻交配過的雌蟲放回樹林去。

我竟是這些姬兜蟲的媒人，而且還是證婚人兼結婚攝影師呢！那些各類的趨光昆蟲，就當是觀禮來賓吧！整個婚禮過程可說是簡單而隆重啾！

↑架上水銀燈後不久，趨光昆蟲陸續來報到，連附近的小黑狗也跑來吃點心。

↑用兩根手指，三兩下子就能促成姬兜蟲的好姻緣。

拋繡球的聯想——搶老婆的朽木蟲

↑ 在蘭嶼仍然有許多我在台灣本島從未見過的蛾類，像這兩隻不同的苔蛾即是如此。

↑ 一點擬燈蛾是台灣唯一只有蘭嶼才有的擬燈蛾。

蘭嶼和台灣本島一樣，以夜間燈光誘集而來的昆蟲，仍以飛蛾占最大宗。放眼望去，到處都停滿了各式各樣的蛾類。

我走進屋內，翻看張保信老師（註）的五本台灣蛾類圖鑑，對照身旁的蘭嶼蛾類，作簡單的種類統計與記錄；同時也將眼前一些中大型或較美麗的蛾，一一留下照片，作為存檔。

紗窗下的牆邊有隻橙褐色的中型美麗蛾類，我一眼便認出牠是擬燈蛾的一種，不過卻是我在台灣本島或圖鑑中從沒見過的種類。我翻閱張老師的圖鑑，詳讀內文解說後，終於確定牠的名字叫做「一點擬燈蛾」。雖然張老師沒採集過這種標本，但是他卻知道台灣地區有這種蛾類；可見資料蒐集也是昆蟲研究上的重要一環呢！

我的目光沿著牆壁向下找去，看到牆角邊有一堆堆的朽木蟲正來回鑽動著，沒想到這群白天嗜花如命的小傢伙，到夜晚還不肯休息，個個趨光飛到燈光附

近遊走。可是，讓我百思不解的是，怎麼躲在牆角邊的朽木蟲，幾乎都是十幾二十隻的擠成一堆呢？而且外圍的朽木蟲個個拼命想往中間擠去，也許其中大有文章呢！我壓抑著興奮的心情，一邊拍照，一邊思考這個奇特現象。

根據以往的經驗，除了螞蟻、蜜蜂等社會性昆蟲外，同一種昆蟲會整堆聚集在一起，大概不是為了集體越冬，就是應了那句千古不變的名言：「食、色，性也！」。現在不是冬季，而朽木蟲擠在牆角又不可能是為了搶食物，那麼很可能是為了搶交配對象吧！

我伸出手指將一隻隻朽木蟲翻開，找到陷在最裡面的小傢伙。我發現有隻朽木蟲緊緊的抓著另一隻體型較大的朽木蟲不放，不斷想和牠交尾，而一旁的朽木蟲，仍接二連三的擠過來。我終於恍然大悟，原來朽木蟲裡也有陽盛陰衰的現象啊！害得大家擠著「搶老婆」。

這讓我聯想到古代「拋繡球招親」的盛大場面，一堆男生擠成一團，搶著那顆代表「老婆」的繡球，和眼前這一堆堆的朽木蟲，應該沒有太大差別；說不定當時的人們還更粗魯，為了爭繡球而大打出手呢！

↑牆腳邊萬頭鑽動的兩點朽木蟲，爭先恐後的搶著老婆。

（註：張保信老師雖然一直在楊梅國中擔任音樂老師；不過卻是國內最有名的蛾類專家。他預定要出版一套七本的台灣蛾類圖鑑，可惜出書工作還沒全部完成，張老師就突然病逝了。）

撿來的鮮肉大餐──愛撿便宜的步行蟲

蘭嶼的夜晚真是多采多姿，各式昆蟲也正等著我一一去觀察拜訪呢！

走出戶外，小廣場上只有我一個人漫步著，好安靜！一個轉身，「滋」的一聲自腳底傳來，沒想到我一不留神，無意間竟踩死了一隻小金龜子；再仔細瞧瞧，我還不小心踩扁了不少隻灰暗的蛾類呢！真是罪過罪過！雖然是為了觀察與研究，但是這景象還是讓人心裡有點難過。

突然，眼前一隻快速爬行的小甲蟲，來到那隻被我踩碎的小金龜子身旁，瞧牠才一停下來，便急急的東嚐西啃的模樣，我猜這八成是隻愛撿便宜的步行蟲。果然沒錯！這隻步行蟲大概是餓壞了！當我相機的閃光燈在牠身邊東閃西閃時，牠還是穩如泰山的吃著牠的鮮肉大餐，一點也不受影響！

步行蟲是一類肉食性的甲蟲，有些種類甚至會捕食蝸牛呢！可是，我在台灣還沒見過像這樣子的生態行為；只是

↑哈！哈！這頓美味的鮮肉大餐，真是得來全不費工夫。

常會見到一些夜晚趨光前來的步行蟲，冒著生命的危險，在路燈下撿食一些被車壓死或被人踩死的小蟲子。

隨後，我發現在水銀燈下的這片小廣場上，到處疾行或覓食的小步行蟲還真不少呢！於是我玩性大發，一邊拍照一邊採集。

↑一個晚上採集的11種步行蟲中，只有這隻紫胸黃紋步行蟲能夠查到學名。

十幾分鐘後，數一數毒瓶中的步行蟲，大大小小共有十一種呢！真想不到第一次在蘭嶼的夜間採集，就有這麼多的收穫；我猜台灣地區的步行蟲種類，最少應該有五百種以上。真可惜，台灣本土的分類資料很不完整，就像今晚採集到的這十一種步行蟲，大多數我還無法叫出正確的名字來呢！

↑像這隻體長近2公分的美麗步行蟲，至今仍不知道牠是否已經被發表命名？

千呼萬喚始出來──與黑脈白斑蝶的相遇

↑ 黑脈樺斑蝶是蘭嶼和台灣本島都很普遍的華麗蝶種。

一大早吃完早飯，準備了乾糧和水，便騎上機車，趕緊出門獵「豔」囉！

我這回選擇順時針方向做環島探訪：一邊從事昆蟲生態觀察，一邊欣賞蘭嶼環島公路旁的奇岩美景。

來到五孔洞的懸崖下方，我仰望這個鬼斧神工的海蝕洞，突然瞧見崖壁邊有不少白色的中型粉蝶，正快速的來回穿梭；經驗告訴我，那些機靈的小傢伙如果不是蘭嶼粉蝶，便是尖翅粉蝶。牠們高高在上，害我只能望蝶興嘆；不過沒關係，因為在台灣也能看到，總有一天，我會用相機逮到牠們。

我繼續往前行，在玉女岩的樹林旁，發現了一隻黑脈白斑蝶，驚鴻一瞥後消失在我的眼前；我心中有預感，今天一定會拍到這種原產於菲律賓的可愛斑蝶。

如我所料，才過朗島村不久，路旁的長穗木花叢間，又出現了一隻黑脈白斑蝶。瞧牠專心訪花的模樣，我也一起陶醉在豐收的愉悅中；不過，我的手可閒不住，耳邊只聽見「喀嚓、喀嚓」的快門聲。我終於留下這種迷蝶的蹤影了。

隨後，我取出捕蟲網抓下這隻雄蝶，回到台灣後，牠將是我最珍貴的收藏與紀錄。

我一抬頭，身邊又出現一隻雌的黑脈白斑蝶；深深體會到一句話：「踏破鐵鞋無覓處，得來全不費功夫。」我再度拿起相機，為這隻雌蝶拍照，然後再將牠抓起來。不過這回我留下了活口，取出三角紙，小心翼翼將雌蝶包起來。我

在心中暗自思量：來蘭嶼已不下十次，這回才見到這種蝶種，可見得資料中說牠是「迷蝶」的可信度很高。

在後來的探訪行程裡，我先後在幾個不同的地點都看見牠們。我想，同時從菲律賓飛來那麼多隻黑脈白斑蝶的可能性太低了；最合理的解釋應該是如同之前的猜測：前陣子有隻雌的黑脈白斑蝶隨著颱風或氣流來到蘭嶼落腳，我今天看見的，應該是這隻雌蝶的後代吧！

或許有人認為黑脈白斑蝶既然來到蘭嶼定居繁殖，那麼是否就不再是「迷蝶」，而會繁殖遍布整個蘭嶼了呢？其實，這可不一定！黑脈白斑蝶也許不能適應蘭嶼較冷的天氣，隔年又全部滅絕了呢！

↑黑脈白斑蝶（♂）不但台灣幾乎見不到，連在蘭嶼也是罕見的寶貝迷蝶。

↑黑脈白斑蝶的雌蝶在下翅中央附近和黑脈樺斑蝶一樣，沒有一塊黑色的雄性性斑。

←這是我拍攝的黑脈白斑蝶作品中最滿意的一張，可惜因底片漏光而懊悔不已。

翻山越嶺為卵忙——採集黑脈白斑蝶

我騎機車遨遊在蘭嶼的環島公路上，又看見兩隻黑脈白斑蝶，幸運的又捕獲了一隻雌蝶，我再留下活口，放進三角盒中，準備從事一項大計畫。

來到了東清村旁的林務局廢苗圃，我背起沈重的「百寶囊」，沿著山邊小徑走去，找到一棵攀在小樹上的「蘭嶼牛皮消」，這是蘭嶼地區黑脈樺斑蝶幼蟲的食物，我猜黑脈白斑蝶的幼蟲應該也是以它的葉片為食物吧！

我從百寶囊中取出方糖，和了些水後，把捕捉到的雌黑脈白斑蝶抓出來，先將牠們餵飽，接著取出大捕蟲網，套在這棵纏滿了蘭嶼牛皮消的小樹上，隨後把雌蝶關入網中，綁起網口，完成套網工作。這是以人工飼養蝶類幼蟲時，利用雌蝶來採卵的方法。

用這種方法，許多雌鳳蝶或蛺蝶過一段時間後，就可順利產下卵來；不過對斑蝶來說，可就不太容易了！所以，我滿擔心這兩隻雌蝶不肯為我產下一些卵來。

對於「套網採卵」沒有十足把握，因此我決定再試試運氣，看能不能在野外找到黑脈白斑蝶的幼蟲或卵。所以，我再度背起行囊，沿著上山小徑，檢查路旁的蘭嶼牛皮消。

想找黑脈白斑蝶的卵也不太容易嘞！因為從來沒人知道牠的卵長什麼模樣，所以每當我發現蘭嶼牛皮消時，便仔細翻看每片樹葉；

↑蘭嶼牛皮消開花時非常耀眼奪目，它更是我打算飼養黑脈白斑蝶所必須依賴的植物。

任何一顆小卵、一隻小幼蟲，我都不會錯過！

上山的路陡得讓我汗流浹背。我沿路採集，渴了便喝水，餓了便吃餅乾，直到路越來越小，越來越難走，我才依著原路折返下山。回到山下，數數這趟採集的成果，總共有十一個小卵、二個較大的卵，還有三隻認不出身分的一齡小幼蟲。

這兩個較大的卵應該是青斑蝶的，而這十一顆小卵和三隻小幼蟲中，說不定就有黑脈白斑蝶呢！於是我用底片罐分別裝好，編上號碼，再各自拍照存檔；然後默默的向上蒼祈禱，別讓我的努力白費。

↑這是黑脈白斑蝶的卵，在外觀、大小上根本無法與黑脈樺斑蝶的卵區分出不同。

←在蘭嶼牛皮消植株上，我另外找到2枚外形明顯較大的蝶卵，一眼就能認出是青斑蝶的卵。

自作孽不可活！──啃斷馬兜鈴的珠光鳳蝶

蘭嶼的龍門橋是我最喜歡的地方之一，因為這裡有條清澈的小溪。

走入亂石林立的溪谷中不久，我驚動了一隻在溪邊休息的枯葉蝶。我緊盯著這隻到處飛竄的枯葉蝶，見到牠停在溪邊十多公尺外的一叢枝葉間；哇！沒當場目睹過程的人，八成分不清哪片「樹葉」才是蝴蝶呢！

我當然不會放過這種千載難逢的機會！於是組合好裝備，躡手躡腳的靠了過去；只剩一步就能取得最好構圖時，這隻枯葉蝶很不合作的振翅飛走了；錯愕的心情用「搥胸頓足」還不足以形容！

我用冰冷的溪水梳洗一番，將暑氣、悶氣全拋在腦後，沿著溪床輕鬆往上走。沒多久便發現身旁的稜果榕樹叢上，有隻蘭嶼縱條長鬚天牛正展翅飛翔呢！牠在空中盤旋了好一陣子，才慢條斯理停在遠方樹林中。這種天牛是蘭嶼白天最常見的大型天牛之一，可惜在台灣大家就沒有福氣見到牠的蹤跡。

這條小溪雖然水量很小，但是溪流落差大，而且大石塊到處散落；我本想沿溪上行，看來只好作罷！回到橋邊，我鑽入樹林中，想找找有沒有其他新鮮的玩意兒。

我抬頭四處張望時，認出了幾片馬兜鈴葉片，這是珠光鳳蝶幼蟲的食物。真高興能找到馬兜鈴，因為錯誤的造林政策和人為開墾，它在蘭嶼已成為稀有植物；連帶的，珠光鳳蝶也面臨絕

↑蘭嶼縱條長鬚天牛雄壯威武的英姿在蘭嶼島上相當常見。

跡的危險！

　　我仔細檢查每片葉片，共發現三隻紅紋鳳蝶幼蟲和一隻珠光鳳蝶的四齡幼蟲。爲了幫助珠光鳳蝶，我狠心把三隻紅紋鳳蝶幼蟲丟入遠方草叢，以減少珠光鳳蝶的競爭對手。

　　我的目光繼續向下搜尋，在離地不遠的藤莖上，瞧見一隻成熟碩大的珠光鳳蝶幼蟲。持著相機想爲牠留下一幀照片時，竟發現牠在啃食這棵馬兜鈴藤的木質表皮！過了二十分鐘後，牠就把附近唯一一棵木質藤莖啃斷了。我不知道牠爲什麼這麼做，但我十分確定，這株馬兜鈴遲早會死去，而樹上那隻珠光鳳蝶的四齡幼蟲可能也會來不及長大就餓死。珠光鳳蝶在蘭嶼島上歷經人禍、天災以後，竟還讓我發現了這種自作孽的行爲。

　　我想，就算投入再多經費在蘭嶼從事復育工作，可能都是枉然，牠們在蘭嶼島上絕跡恐怕是遲早的事了！

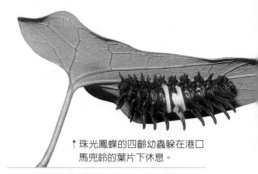

↑珠光鳳蝶的四齡幼蟲躲在港口馬兜鈴的葉片下休息。

↑無論馬兜鈴藤的樹皮有什麼重要而不可缺少的成分，珠光鳳蝶成熟幼蟲啃食的行為，一定對自身岌岌可危的族群有相當不利的影響。

烈日下天牛的餐會

當我回到住處，天色還早得很，蘭嶼午後的豔陽，曬得人頭皮發燙。本來想進屋裡休息，但一時心血來潮，想到樹林旁的日本前胡花叢上看看，也許會有一些新的收穫。於是我再度背起相機，朝著樹林中走去。

在數公尺外，便瞧見日本前胡花叢上，又有萬頭攢動的盛況，不過這回可不是大白斑蝶，也不是朽木蟲，而是清一色不怕烈日的天牛。

記得在許多年前，第一次來到這裡時，曾在蘭嶼的原始林中用捕蟲網抓過一隻大綠天牛，不過從此卻再也沒見過牠們的蹤影了。如今在我眼前的這兩三叢小花間，竟同時出現了五、六隻碩大美豔的大綠天牛，各自埋首吸食那些甜美的蜜露；在牠們的身旁，還有十幾隻體型較小的蘭嶼綠天牛交雜其間，另外還有二、三隻從沒見過的黑胸金翅天牛，同時加入這群集體的訪花吸蜜行列中。這些全都是台灣沒有的種類呢！

大綠天牛的個性較粗暴，當牠們吸蜜時，很不喜歡眼前有其他的爭食者出現；一旦有其他的天牛走近，牠們就會暫時停止吸食，用尖銳又凶猛的大顎攻擊對方。蘭嶼綠天牛似乎都懂得「保持距離，以策安

↑ 大綠天牛的姿色，在台灣天牛種類的排行榜中，可以算得上名列前茅的等級。

↓ 黑胸金翅天牛的體型稍小，但是身披金橙色絨毛外衣的翅鞘，也常讓人眼睛為之一亮。

全」，因為牠們根本不是大綠天牛的對手嘛！至於蘭嶼綠天牛彼此間則似乎溫和了許多，很少發生打架動粗的情形；大概牠們的食量較小，不必和對方爭搶食物吧！

另一個有趣的現象，是當雄天牛在花朵上覓食時，如果碰巧遇見了雌天牛，經常就會直接爬到雌天牛的身上去；雌天牛也不會拒絕，往往一拍即合。雌天牛就這麼一面進食、一面交尾，而且好像來者不拒呢！「食、色，性也」真是這群天牛的最佳寫照。

最離譜的是，我還看見一隻蘭嶼綠天牛偷偷爬到大綠天牛的身上去，拼命的想和這隻不同種的天牛交配，也不知道牠是想老婆想瘋了？還是腦袋「秀逗」？看了令人直想笑！

↓蘭嶼綠天牛就像是迷你品的大綠天牛，這隻雄蟲趴在專心覓食的雌蟲背後，當然是另有所圖。

嚇破膽的攀木蜥蜴

↑蘭嶼角鴞是蘭嶼地區夜行性昆蟲的主要殺手級天敵。

↑球背象鼻蟲又叫做硬象鼻蟲,他們算是蘭嶼、綠島兩地最有南洋味的代表性昆蟲,圓斑硬象鼻蟲則是蘭嶼最普遍的種類。

↑白點硬象鼻蟲在蘭嶼則是較稀有的種類。

趁著天色還沒變暗,我便先將誘蟲的燈光機具架好。這時發現,水泥廣場上原本遍地蟲屍,如今卻變得一乾二淨,大概被小鳥吃掉,或是被螞蟻搬光了吧!

今天黃昏的霞光特別漂亮,我爬到屋頂上拍了不少的燈塔與晚霞;直到夜幕低垂才收拾裝備,回來將水銀燈點亮。

在等待趨光飛行而來的昆蟲大量聚集前,還有兩、三個鐘頭的空檔,我準備好手電筒,騎著機車,到樹林多的地方觀察一些不擅長飛行的夜行性昆蟲!

才剛停好車,熄了引擎,路旁的樹林中,便傳來一陣陣此起彼落的蟲鳴聲,

蘭嶼角鴞也不甘示弱的「嗚嗚」叫著。我打開手電筒,沿著馬路旁的草叢搜尋;隨著燈束聚光,螽斯、球背象鼻蟲、竹節蟲、蟋蟀,不斷出現在我眼前。牠們有的一被燈光照到,便靜靜矗立不動;有的害羞得東躲西藏,有的卻若無其事的繼續享用晚餐。當然還有些活躍的飛蛾,不時圍在手電筒周圍打轉,讓人不勝其擾!

不久，我看見路旁有枝樹枝的前端，有隻攀木蜥蜴正閉著眼睛，做著春秋大夢。嘻！我又玩性大發，慢慢伸手抓住牠的長尾巴。只見牠噩夢驚醒般的大眼一張，四隻腳拼命向前猛划；可是怎麼都擺脫不了尾端的「魔掌」。我在瞬間突然鬆手，只見牠一個縱身，急著向前奔出。

真不巧，牠後腳的一根爪子鉤住了樹枝縫隙，於是像體操表演「大車輪」般的轉了半圈，最後倒掛在枝頭上。本以為牠會隨即轉身「逃命」，誰知道牠卻動也不動的倒吊在那裡，活像掛在雅美同胞（註）門前竹竿架上的「飛魚乾」。

↑這隻攀木蜥蜴獨爪掛在枝頭的精采特技，全是因作者調皮搗蛋的傑作。

我拿起相機，想對準這隻「蜥蜴乾」，忍不住的笑卻震動的讓我無法精準按下快門；直到我強忍住笑，才對牠按下四、五次閃光燈。可是，奇怪？牠怎麼還是好端端的吊在那裡？

咦？不太對喔！該不會是把牠嚇得魂魄全飛了吧！等了兩三分鐘後，牠仍像中邪般的毫無動靜，我再度伸手捏了牠尾巴一下，牠才驚魂甫定的翻過身來，火速衝入樹叢裡；到此，這場惡作劇才算以喜劇落幕。我想牠明天非得多抓幾隻蟲子補補，才能平衡一下今晚的浩劫吧！

（註：蘭嶼的雅美族近年已正名為「達悟族」。）

榜上有名的蘭嶼大葉螽斯

↑大剪斯擁有恐怖的利牙，堪稱台灣螽斯家族中的「第一剪」。

以往來蘭嶼，只要晚上到樹林邊閒逛，總會在闊葉樹叢上，見到蘭嶼大葉螽斯；我期待今晚還能再遇到這些老朋友。當我想得正高興時不經意抬頭一望，一隻肥胖可愛的蘭嶼大葉螽斯若蟲，正靜靜站在樹葉的尖端。

我忍不住伸手去逗弄這個老僧入定般的可愛傢伙，哪知牠卻冷不防的咬了我一下，接著跳入草叢裡；還好咬得不重，沒有破皮流血。牠算得上是我碰過第二兇的螽斯。幾年前，我曾在烏來附近，被一隻大剪斯的巨牙咬了手指頭，當時可流了不少血呢！

隨著手中強力手電筒的照射，在這幾叢長得不高的闊葉樹間，我先後看見將近十隻蘭嶼大葉螽斯。有身材圓胖而大小不同的若蟲，還有體型碩大、長著翅膀的成蟲；牠們大都頭部朝外，靜靜站在葉子前端，真搞不懂牠們怎會有這種習慣？

蘭嶼大葉螽斯和珠光鳳蝶一起被政府列為「保育類動物」；蘭嶼大葉螽斯等級屬於「珍稀類動物」，珠光鳳蝶則是「瀕臨絕種動物」。奇怪的是，在昆蟲買賣業中，沒人會抓蘭嶼大葉螽斯來販賣，所以一點也不值錢，更談不上「珍貴」；而比起蘭嶼的其他稀有昆蟲，大葉螽斯的數量也不少，一點也不「稀有」，怎會被列入「珍稀類保育種」呢？我想大概是因為蘭嶼大葉螽斯白天都躲起來不活動，而且很

少有人會晚上摸黑到樹林邊閒逛，碰上可能只在晚上活動的大葉螽斯；所以蘭嶼大葉螽斯才會糊裡糊塗變成「珍稀種」了。

想著想著，我竟在一段小枯枝上，看見一隻靜掛著的蘭嶼大葉螽斯若蟲，牠的上方還有一塊白色空殼。啊！這是隻剛脫完皮的若蟲呢！真可惜！如果早點發現，一定可以看見整個脫皮蛻變的過程。我草草拍了幾張記錄照，便收拾裝備回去了。

↑ 剛脫完皮的蘭嶼大葉螽斯若蟲，靜靜的垂掛在舊皮下的枝條休息。

在回家的路上，我暗自對自己承諾，下次來蘭嶼，一定要好好觀察蘭嶼大葉螽斯脫皮或羽化的過程；並仔細研究牠們的生態，看看牠們除了站在葉子前端不動外，到底都吃些什麼？還有白天又躲在哪裡休息？我想，這一定是個很有趣的課題！

↑ 蘭嶼大葉螽斯經常靜靜的站在樹葉的葉稍，圖中中間的是成蟲，兩旁較小的是若蟲。

懷璧其罪的保護色——尺蛾保護色的意外殺機

回到住處，已是晚上十點多。走近早先布置好的水銀燈下，只見廣場又是蟲滿為患的壯觀場面。

不過，我在草叢邊發現了兩隻不速之客——聞蟲而來的癩蝦蟆；瞧牠們鼓著大又圓的肚子，不知道又吃掉了多少蟲子呢！我愈看愈不順眼，於是伸腳趕牠們，沒想到這兩隻醜傢伙已經撐得跳不動，只能挺著大肚子一步步爬進草叢；看來這頓大餐，足足可讓牠們三天三夜消化不完了！

隨後，我在牆邊的排水溝旁，發現有隻蟑螂在快速的

↑蟑螂會捕食活生生的小蛾類，遇到被我踩死的木蠹蛾，對這隻美洲蟑螂更是得來全不費工夫。

爬行，身前則有隻小蛾正振翅掙扎，哇！沒想到蟑螂還會捕食昆蟲呢！實在出乎我意料之外。我趕緊提著相機躡手躡腳的靠向前去；可惜這隻蟑螂機靈得很，我稍微一動，便將牠嚇得放棄獵物，一溜煙躲進水溝去。而倒楣的小蛾早已回天乏術了！

我晚上點水銀燈誘蟲的主要目標，是想尋獲蘭嶼矮鍬形蟲。因為台灣出產的所有鍬形蟲中，我只剩下這種還沒有拍到；而這種稀少的鍬形蟲只分布在蘭嶼、菲律賓和幾個太平洋小島上，所以我才會不辭辛勞的到蘭嶼碰運氣。其實我也不知道牠們有沒有夜行趨光的習性，只好嘗試各種不同的方法囉！

我再度拿起手電筒，找遍水銀燈附近的角落和縫隙。

可惜天不從人願，到處都是姬扁鍬形蟲的天下，我想蘭嶼矮鍬形蟲晚上大概不會外出活動吧！看來只好等白天再想辦法囉！

既然真正的主角沒有上場，我只好拍些配角來充數了。當我蹲在水泥地上，正想拍一隻綠色的金龜子時，突然看見取景框中，竟然還有兩隻若隱若現的尺蛾。我原本一點都沒有察覺，因為牠們那身保護色和水泥地的斑點實在太像了，如果不蹲下仔細瞧，牠們幾乎就像消失般的在水泥地上隱形了；難怪一不小心，我就會踩死很多蛾類。

說起來昆蟲可真神奇！這兩隻尺蛾枯褐雜亂的外形，停在樹皮上就形成了躲避天敵的「保護色」；停到水泥地上時，隱身效果更是可以打個滿分！只是怎料得到，這種神奇的「保護色」反倒為牠們招來殺身之禍，慘死在無心人的腳下呢！

↓注視著這隻綠艷青銅金龜，大家很容易對另外兩隻「隱形」的尺蛾視而不見。

發現新紀錄──驚見鬼豔鍬形蟲幼蟲

↑劈開木材，我常發現姬扁鍬形蟲的蛹。

↑蘭嶼地區的許多枯木，簡直就是姬扁鍬形蟲的天下，這是朽木中剛羽化而體色尚未完全變黑的個體。

↑海風直襲的海邊，林投枯莖內都還可以找到姬扁鍬形蟲。

我起了個大早，還特別吃了頓豐盛的大餐，因為今天要去幹粗活囉！

一切準備就緒後，我騎上機車直達忠愛橋旁的原始林，一心只想到樹林裡找枯木或朽木，看看能否發現躲在裡面的蘭嶼矮鍬形蟲，或者是牠的幼蟲。

停妥機車，我從「百寶囊」中取出斧頭，背起包包，走入忠愛橋下的乾溪谷中。這條彎曲狹長的乾溪床四周，全是茂密的原始林，不曾體會這種陰森感覺的人，要獨自一人在仰不見天的森林溪谷閒逛，可需要幾分勇氣呢！我沿途專心找尋比較「上相」的枯木或朽木，只要不是人硬、或曾被各類蟲子蛀食啃爛的，我就會舉起斧頭劈開，看看有沒有我要找的寶貝。

一路朝上游走去的過程中，我發現有鍬形蟲寄居的枯朽木頭還真不少，可是，幾乎全是姬扁鍬形蟲大家族的成員，仍沒發現我要的蘭嶼矮鍬形蟲。

由於蘭嶼矮鍬形蟲的體型非常小，幼蟲也小，於是我

把沿途挖到的一些細小幼蟲,連同朽木屑統統裝進一個大塑膠盒裡;也許牠們全是姬扁鍬形蟲的一、二齡幼蟲(註1),但我仍不放棄任何機會,把牠們全帶回家去飼養,搞不好會有意外驚喜呢!

這時,溪谷愈來愈陡,也愈來愈狹窄難行,我決定往回走。我的身子早就溼透了,拿著斧頭的左手更是酸得要命,手掌也磨得又紅又痛。

折返忠愛橋時我仍不死心,繼續往下游走去,可是沒幾分鐘後,溪床的落差變得很大,到處都是兩、三人高的大石頭,最後只好放棄了。

在我轉身上行後不久,一塊不小的朽木橫在溪床石塊旁的枝葉堆中,我伸出腳用力將它踢翻,突然發現木頭底下,竟有兩隻體型碩大的鍬形蟲幼蟲,一隻在地面土堆上,一隻鑽入朽木中,還露出下半截身體;我一眼便認出牠們是鬼豔鍬形蟲的幼蟲,真是喜出望外,這可是蘭嶼島上第一次有鬼豔鍬形蟲的採集紀錄。

↑在蘭嶼找到鬼豔鍬形蟲的幼蟲,原本還希望養出菲律賓系的另一種,所以帶回台灣後一直被細心呵護到羽化成蟲。

我真高興這項新紀錄不再是由外國人先發現了。上蒼保佑我將幼蟲帶回家後,至少有一隻能順利養到羽化變成蟲吧!到時候我便可擁有蘭嶼有史以來的第一隻鬼豔鍬形蟲囉!(註2)

(註1:鍬形蟲幼蟲一生總共三齡,蛻皮一次多一齡。)
(註2:當初妄想養出的是菲律賓產的另一種鬼豔鍬形蟲,但是後來證實和台灣本島的是同一種。)

鑑定鍬形蟲幼蟲的新發現

　　我立志寫一本台灣鍬形蟲圖鑑時，便去蒐集了很多相關資料，連日本鍬形蟲圖鑑都買回來參考。其中一本日本圖鑑，不但有齊全的標本展示，連每一種鍬形蟲的幼蟲、蛹和成蟲的生態攝影，也都相當豐富完整，成為我今後努力學習的目標。

　　我開始尋找朽木，採集躲藏在裡頭的幼蟲來拍照記錄，然後再帶回家飼養。剛開始我分不清自己養的幼蟲的正確身分，只有將牠們養到化蛹、羽化變成蟲，才能確定自己拍到了哪一種的幼蟲和蛹。

　　由於採集到的幼蟲幾乎都得飼養半年以上，才會變為成蟲，於是我必須將一大堆幼蟲，不時從飼養的朽木堆中挖出來觀察，才知道牠們有沒有不同變化，以免漏拍某個階段；可是拍攝觀察的過程中，很多幼蟲或蛹會病死，最後就無法得知正確身分，拍的照片也就毫無用處了。另外，許多幼蟲直到羽化後，我才發現竟是已經養過、拍過的種類，又浪費了許多時間和底片。

　　為了解決這個困擾，我必須學會鑑定幼蟲的身分。日本圖鑑介紹說，用顯微鏡觀察幼蟲標本的大顎和腳，可以找出不同「屬」間的共通性。於是我學著做幼蟲標本，嘗試觀察之間的差別。可是最後還是失敗了，因為這個方法不但麻煩，而且幼蟲標本是死的，我想要鑑定「活」幼蟲的技術仍無法突破。

　　就在我想放棄時，透過觀察一隻幼蟲標本的身體時，發現牠的尾部腹面有一叢短毛；其他標本上也都有這樣的短毛，但有些毛叢的排列好像不大相同！難道不同種的鍬形蟲幼蟲，尾部剛毛會長得不一樣嗎？於是我趕緊將家中飼養的

鍬形蟲幼蟲一隻隻取出來，用高倍放大鏡檢查尾部毛列，發現共有十多種不同的花樣，而且同一根朽木中採集到的幼蟲，大部分毛叢外觀幾乎都相同；我猜八成用這個方法，就能分辨出那些小傢伙了！

接著我設法把這些幼蟲五花大綁，拍下牠們尾部腹面的毛列特寫，然後編上代號，接著就等這些幼蟲羽化為成蟲。現在我終於確定，同一種幼蟲的毛列，有特定的長短、粗細、疏密、分布位置和排列情形。

真是皇天不負苦心人！看來我可能還是發現這個新鑑定方法的第一人呢！

↑經過多次的觀察，我終於發現鍬形蟲幼蟲尾端腹面的剛毛列，可以用來從事種類的鑑定區別。

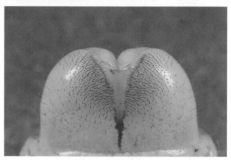

↑這是台灣最常見的扁鍬形蟲尾端毛列。

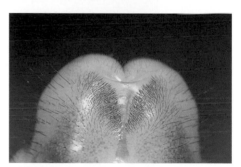

↑比較看看，這是鬼豔鍬形蟲幼蟲的尾端毛列，是不是各不相同呢？

意外的收穫——蘭嶼偽鍬形天牛

↑ 木麻黃枯木中的蘭嶼角葫蘆鍬形蟲的蛹。

↑ 我還在枯木中挖到過大細櫛角蟲的蛹。

↑ 大細櫛角蟲的觸角夠發達，夠奇特吧！

↑ 這隻美麗的斑翅四齒金龜，也是在蘭嶼原始林中的堅硬枯木內採集到的。

　　我改變方向，前往天池的登山口，希望在這條漫長的山路上，能找到心儀已久的寶貝。

　　剛走進樹林，便看見路旁有棵枯朽的木麻黃樹頭，我舉起手中斧頭把樹劈開，發現朽木中有不少的糞便碎屑，便小心翼翼往下挖，一會兒工夫，「逐一出土」的蘭嶼角葫蘆鍬形蟲的幼蟲、蛹和成蟲，陸續的被我裝進透明的底片罐中。收穫雖不差，但我卻不特別興奮，因為主角一直還沒出現呢！

　　沿著小路朝山上爬，路邊的樹林愈來愈茂密，眼前隨處都是朽木，不論大小、軟硬，我都會停下來劈一劈、找一找，直到左手手掌的水泡破了皮，流出血絲，手臂也酸得使不上力時，我才不太甘心的停下來休息。

　　這一趟的蒐集成績真不差，許多甲蟲的幼蟲、蛹、成蟲，陸續被我蒐集在百寶囊中，除了姬扁鍬形蟲、蘭嶼角葫蘆鍬形蟲外，還有比較少見的細櫛角蟲、偽步行蟲和花蚤，甚至還有種我

從來未見過，長得圓胖可愛，飛起來火速直奔的斑翅四齒金龜，這些都是台灣沒有或是不常見的寶貝。

我重新上路，忍著酸痛，邊走邊找朽木劈開，一步步朝著天池走去。

在靠近天池的樹林中，又瞧見了一截矮樹頭，用斧頭砍入樹皮縫裡，用力掀開樹皮時，一隻從未見過的黑褐色鍬形蟲掉了出來，我趕緊撿了起來。仔細一瞧才發現自己受騙了，牠就是鼎鼎大名的「蘭嶼偽鍬形天牛」，長得可真像鍬

↑蘭嶼偽鍬形天牛的外觀是不是比較像鍬形蟲？

形蟲！沒想到我竟然挖出這麼一隻稀有的寶貝天牛。我應該是除了發現者外，第二個在野外採集到這個傢伙的人呢！可惜這隻雌天牛的腹部有點刀傷，可能無法順利養下來讓牠產卵。我怕在回台灣之前，牠便死亡發臭而身首異處，所以為牠拍完照後，只好將牠放入毒瓶中，晚上再做成標本。

來到天池旁，平常缺乏鍛鍊的雙手早就不聽使喚囉！我取出誤了點的午餐乾糧，在這片原始林環繞的火山口湖旁坐了下來，一面吃餅乾、一面欣賞湖中央低飛盤旋的三隻燕鷗。

我心中還是念念不忘蘭嶼矮鍬形蟲，但是採集探索恐怕得暫時告一段落了。雖然有點失望，但我卻不灰心，或許老天爺有意要我多來幾次蘭嶼吧！（註）

（註：直到目前，連少見的蘭嶼豆鍬形蟲我都採集到了，但是蘭嶼矮鍬形蟲仍未有人再次採集到，真令人懷疑牠是否還存在於蘭嶼島？）

椿象的吸管真厲害！

↑這隻蘭嶼縱條長鬚天牛在天池旁的枯枝上爬行，不知道是為了什麼？

我在蘭嶼的天池，發現湖邊的一棵大枯樹上，有三、四隻蘭嶼縱條長鬚天牛，在樹幹上或枝條間到處爬行；我心裡產生了許多的疑問，這棵樹是牠們幼蟲的寄主植物嗎？這幾隻是剛羽化鑽出的成蟲嗎？還是因為求偶而聚集過來的？或是準備來產卵的雌天牛？我小心的靜觀其變，說不定又有新發現！

大約過了二十分鐘，這幾隻天牛接連飛走或爬得不見蹤影，我走到樹幹邊也找不到牠們羽化的洞口；我心中的疑問完全沒有答案，看來，昆蟲世界的奧秘，還有待深入探訪呢！

看看手錶，時候不早，該下山了。回到住的地方，才剛卸下裝備，便瞧見門口草坪上有三、四隻黃鶺鴒和灰鶺鴒，牠們在地上走走停停，不斷在地面啄東西吃，八成是在捕食螞蟻和小蟲子吧！我想按快門的衝動又油然而生；可是我沒有專拍鳥類的「大炮型」望遠鏡頭，只好裝上拍蝴蝶的小型望遠鏡頭將就。為了拍得更清楚些，我必須靠得很近，所以就乾脆脫掉襯衫，蓋著頭掩蔽起來，趴在草地上匍匐前進；終於順利的拍了幾張照片。

後來我再爬到一叢日本前胡花叢底下，原本想躲在花叢裡，等那群小鳥走近；不料，就在等候時，看見花叢裡有隻美麗的椿象，逮住了一隻小小的銹象鼻蟲。我再也沒心情

拍小鳥了，趕緊起身回去換上特寫鏡頭，為牠拍些照片。瞧牠把口器插在象鼻蟲身上，專心吸著牠的體液，這隻可憐的小傢伙早就一命嗚呼，六腳朝天了。

原以為椿象尖細的口器是從象鼻蟲體節的空隙插進去的，事實卻不然！我換了不同的角度拍攝後，這隻椿象因受到驚嚇，而把嘴下的獵物丟棄逃命去；我馬上撿起這隻象鼻蟲的屍體仔細查看。天哪！椿象的口器竟是從象鼻蟲最堅硬的胸部刺穿進去的呢！

還記得以前在做標本時，尖銳的昆蟲針常因刺不進象鼻蟲的身體而彎曲；怎麼一隻小椿象的嘴巴，竟有這等能耐，可以把象鼻蟲的硬殼刺出個小洞來？眼前的這一幕再度應諾了「一物剋一物」的至理名言！看來誰都不得不佩服老天爺創造萬物的偉大了！

↓可憐的銹象鼻蟲遭到這隻肉食性椿象一針斃命！

辣手摧蝶有話說

↑尖翅粉蝶在黃鵪菜上訪花的倩影。

回家的時候到了，我打包好行李時，已是日上三竿。我不太甘心，決定先往機場方向出發，沿途看見什麼新鮮東西，再隨機停下來拍照！

才剛將厚重行李疊上機車，便瞧見屋外遠處的草坪上，有隻白色粉蝶正飛飛停停。我馬上取出隨身攜帶的小望遠鏡一瞧，嘿！好像是一隻蘭嶼粉蝶或尖翅粉蝶的雌蝶呢！牠正在草坪間一叢叢黃鵪菜的小花上吸食花蜜。我頓時覺得血脈賁張，這是我在蘭嶼一直沒拍到的蝴蝶呢！

我健步如飛的來到這隻雌蝶附近，定神一瞧，果然是尖翅粉蝶。我趕緊在一、二公尺外，拍了幾張牠誘人的英姿，然後再趨步靠近，準備拍些特寫。

這種菊科的黃鵪菜花十分迷你，尖翅粉蝶在每一「朵」上停留吸蜜的時間只有一、二秒，我必須隨著牠的移動而到處跟蹤牠。還好這隻雌蝶的翅膀很「新鮮」，可能是剛羽化不久的「嫩蝶」吧！所以不但飛得不遠，而且還飛得輕輕緩

緩；拍照的時間裡，牠一直沒離開我的視線，讓人拍得不亦樂乎！

↑吃飽喝足後還在花朵上休息片刻。

後來，我覺得邊追邊拍的方法不但不方便，可能拍出來的效果也很差，於是決定先選好一叢花，坐下來對好焦距、構好圖，等蝶兒飛進畫面中，就可以按快門了。可是在蘭嶼，坐在日照充足的草地上可是大忌呢！因為很容易被一種非常小的德里恙蟎（蜘蛛的親戚）叮咬，一不小心可能就會被傳染致命的「恙蟲病」。可是……機會難得呀！只好聽天由命囉！更何況前幾天爬在草坪上拍鳥時，更沒想到這是危險行為呢！

↑從1992年至今，這隻尖翅粉蝶的標本仍完整如初的保存在我家中的標本箱裡。

於是我便在這些黃花叢間起起坐坐，沒想到這種「守花待蝶」的絕招真不賴，拍到了不少中意的畫面。直到換上一捲新底片，我才想到要節制一點，因為只剩下最後一捲底片了！

收起相機，這隻可愛的雌蝶仍流連花叢間，照理說我該感激牠而放牠一條生路，可是我家裡還沒有尖翅粉蝶的雌蝶標本，而且台灣擁有這種雌蝶標本的人恐怕也不多；假如有一天我要出版蝴蝶圖鑑的話，更不能沒有牠。

基於研究及出版圖鑑的理由，我只有狠下心來將牠抓起來做標本，讓這隻尖翅粉蝶死得有「尊嚴」與價值，因為牠的軀體會完好如初的被我永遠珍藏，而牠的靈魂也會永遠活躍在我的心中和我的書裡。

Taiwan Insects

永和寓所 I

乖寶寶長大了！

這次蘭嶼之行的收穫特別豐盛，不過後續的整理工作也特別累人。

首先，我必須將拍攝的一大堆幻燈片拿去沖洗，再分類整理；還要趕緊把採集回來的活蟲子，一隻隻分門別類的整理編號，再用合適的飼養箱飼養，並準備適當的食物。

例如體型不大的蘭嶼角葫蘆幼蟲，我會用小型的塑膠盒裝滿朽木塊和朽木碎屑飼養。蘭嶼角葫蘆鍬形蟲的蛹，則要用個塑膠盒，放入三分之一的潮溼朽木屑飼養；這樣就可以慢慢等牠們羽化為成蟲了。

體型碩大的鬼豔鍬形蟲幼蟲，要為牠準備一個大型的飼養箱。還有那兩隻難得的黑脈白斑蝶雌蝶，我先用果汁餵飽牠們，再拿捕蟲網將牠們套在陽台上的蘭嶼牛皮消的蔓藤植株間，希望牠們能早日產下一些卵來。

接著是檢查之前飼養的其他昆蟲。不知道我去蘭嶼的這些日子，牠們還好嗎？

我拿出糞金龜，打開飼養箱後，便瞧見牠在箱中到處爬行。牠曾在土堆中埋了顆大糞球，現在應該已在糞球中產卵了吧？為了觀察糞球的情形，我拿起一根湯匙，小心翼翼將泥土挖起。可是將泥土全都挖出來後，卻找不著那個大糞球。我恍然大悟，原來這隻糞金龜埋糞球的目的不是產卵，而是方便躲進地底下，慢慢享用大餐呢！看來，我想拍攝糞金龜幼蟲生態的計畫也泡湯了。

接著我取出裝著長腳蜂小窩的塑膠盒。打開盒子一看，發現這些幼蟲早被一

↑ 家中隨處可見的黑頭慌蟻，常是我飼養昆蟲的一大剋星。

群微小的黑頭慌蟻咬得四分五裂，沒有一隻倖存。我氣得顧不了黑頭慌蟻身上的腥臭，用手指將這群可惡的強盜揉死，都是牠們讓我拍長腳蜂羽化的計畫失敗的！

接著我想起客廳裡的花瓶中，還插著一段食茱萸枝條，不知道那群守秩序的椿象寶寶是否依然健在？走去一瞧，食茱萸葉片已經有點萎縮，可是一隻隻長大許多的椿象卻安然無恙，數一數，一隻也沒少呢！牠們還是那麼守規矩，靜靜爬在卵殼附近，悄悄吸著食茱萸葉片的汁液。

不過很可惜，這些椿象蛻下的外皮，全被我媽媽打掃環境時清除掉了，所以我無法從大小不同的椿象皮殼中，計算牠們一生中共有幾齡；不過，從野外的觀察經驗中，我已經可以認出這些臭傢伙的身分是「黃斑椿象」了呢！

↑ 食茱萸葉片上的椿象若蟲已經長大不少，但牠們仍聚在有卵殼的那片葉子上，從外觀上我已認出這是黃斑椿象。

↑ 這是黃斑椿象成蟲，平常並不會群聚，但冬天會一起擠在樹皮縫內過冬。

我得了恙蟲病

從我決定一輩子和昆蟲做朋友後，就算待在家中不出門，還是常為昆蟲的事，忙得不亦樂乎。這幾天我都沒出門找蟲子，有時拿出蘭嶼拍的幻燈片整理建檔，有時從冷凍庫拿出各種甲蟲，浸在熱水中軟化，仔細做成標本。

整理昆蟲圖片資料還算輕鬆，只要對照小筆記本，將拍照的日期、地點和昆蟲種類名稱等資料記在底片上，再分門別類儲藏起來，就算大功告成了。欣賞各式各樣的昆蟲圖片，同時回憶拍攝時的有趣情景，心情就和在野外時一樣愉快。

比起整理拍照檔案，做標本就是件辛苦的差事了。為了將標本調整到最完美的姿態，製作過程中，標本的姿勢要一再修正，一個晚上常常做不到十隻，便頭昏眼花、脖子酸疼了。

也許有人認為我很笨，既然做標本很辛苦，又沒有錢賺，幹麼花那麼多時間呢？但我有不同的看法！我喜歡辛勤做標本，並非特別熱中標本的蒐藏，而是因為在製作過程中會花很多時間瞧著一隻昆蟲，因此對牠的身體外觀會有深刻印象，將來才不會將牠和其他近似種混淆，可以減少鑑定錯誤的糗事嘛！

我相信國內外許多發現新品種的昆蟲專家，一定也

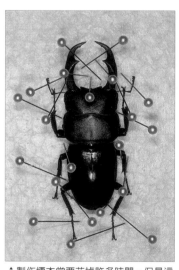

↑製作標本常要花掉許多時間，但是這並不是做白工的苦差事。

是終日與蟲為伍的人！因為只有親自接觸，才能認得出新品種昆蟲和已知的其他種類有何不同。不過，要發表新種昆蟲和發現新種昆蟲一樣困難，因為態度嚴謹的專家，必須蒐集全世界的相關圖書資料，確定其他地區從未有人發表命名過才行，這樣才不會發生同一種昆蟲，被重複取了兩個不同名字的情況。

↑許多外觀相近的昆蟲在野外活動時很容易讓人混淆不清，透過標本收藏比對，可以增加區分鑑定的功力。

從蘭嶼回來已有四、五天，整天沒出門卻覺得格外勞累，有種體力透支的感覺。拿出體溫計量了一下，有點發燒，難道感冒了？不對，我剛在蘭嶼的草叢中打滾過呢！該不會真的被德里恙蟎叮咬了吧？

我趕緊走進洗手間，脫下衣物，仔細檢查身體，發現在腋窩、肚皮、臀部等容易潮溼的部位，有好幾個小紅點，正是被恙蟲叮咬的痕跡。

哇！終於不幸得了恙蟲病！不過沒關係，我有法寶。明天一早起床，我要先到藥房買些治恙蟲病的抗生素——四環黴素來服用，免得自己一直發燒不退，痛苦萬分。（註）

（註：恙蟲病是因為恙蟲的叮咬，而傳染了立克次體，病原潛伏期大約一星期左右。朋友們如果到山區、離島、東南亞旅遊過後，有發生像感冒的不明發燒等症狀，就醫時，要向醫生說明曾經出遊，以免被當成普通感冒醫治，而導致發燒不退，多花錢又活受罪。另外，「四環黴素」是種可以消滅好幾種細菌的抗生素，不過，須經過醫師處方指示才能服用。我是經過醫生弟弟的指示購買的，並非亂服成藥。）

發現黑脈白斑蝶幼蟲

恙蟲病病發的第一個晚上，我熬得很辛苦，一下發高燒，一下又退下來；不過服了藥後，兩天便痊癒了。在家休息的日子裡，我便用來照顧一些家中飼養的昆蟲。

插在水瓶中的食茱萸枝條終於枯萎了，於是我把椿象若蟲拿到陽台外，趕到食茱萸植栽上讓牠們自由成長。這時我才發現陽台的食茱萸葉片上，有根長珠針別著一片乾枯的小葉片，上面還留有一點卵殼的舊痕跡，這才想起來上頭台灣烏鴉鳳蝶產的卵粒應該早就孵化了。我檢查一下食茱萸的葉片，發現有好幾處幼蟲啃食過的缺口，但卻找不到幼蟲。

看來，這隻小可憐八成被小鳥吃掉，或者又成為強盜螞蟻的受害者了。

隨後，我轉身檢查上了套網的蘭嶼牛皮消，兩隻黑脈白斑蝶雌蝶已經壽終正寢，算算日子也被我養了一個多禮拜，沒想到在蘭嶼沒產下半粒卵，回台北後卻先後生了二十多個小卵來。不過現在仍沒有受精或孵化的跡象；看來，我的如意算盤又泡湯了，這兩隻雌蝶可能根本不曾交配呢！真有點失望。

回到屋內，我取出從蘭嶼帶回來的十一個小卵，逐一檢查罐內的幼蟲；幸好這十一隻已經二齡的幼蟲都還健在。我仔細比對十一隻幼蟲後，發現6號和其他十隻長得有點不同，我認得十隻相同的幼蟲是黑脈樺斑蝶，那麼按常理判斷，6號這個傢伙很可能就是黑脈白斑

↑ 這是黑脈樺斑蝶的三齡幼蟲。

↓ 這是編號6號的傢伙，外觀上和其他10隻略有差異，我大膽判定牠就是黑脈白斑蝶的幼蟲。

蝶了。

　　早在兩、三年前，我就夢想要飼養黑脈白斑蝶，於是從蘭嶼移植了這棵蘭嶼牛皮消蔓藤回台北，沒想到果然派上用場了。但是這棵蘭嶼牛皮消的葉片，一定不夠十一隻幼蟲吃，於是我留下二隻黑脈樺斑蝶幼蟲，其餘的只能狠心丟棄，因為這樣才不會因為食物不夠而全部餓死。

　　為了安全起見，我費了好大的力氣，把爬滿蘭嶼牛皮消葉片的大花盆搬進屋內，然後把三隻幼蟲一起放到植株間，讓牠們自由攝食成長。

↑靠著種植多年，攀爬在公寓陽台盆栽間的一小棵蘭嶼牛皮消，我終於可以飼養期盼多年的寶貝。

　　幾天之後，這些幼蟲都變成三齡了，經常飼養蝴蝶幼蟲的我，一眼便能認出牠們是不同種類；而且在食物相同，幼蟲的模樣又相似的條件下，和黑脈樺斑蝶這麼相似的近源種，在台灣只有黑脈白斑蝶。所以我更有把握判斷，這隻幼蟲非黑脈白斑蝶莫屬了。

黑脈白斑蝶幼蟲準備化蛹了！

養了一隻得來不易的黑脈白斑蝶幼蟲，我很擔心牠會因照顧不周而病死，所以在牠順利羽化成蝴蝶前，我都不敢出遠門。

剛開始，這隻寶貝幼蟲約每四、五天便脫一次皮，我白天常到郊外和別的昆蟲打交道，晚上無法熬夜，因此一直沒機會目睹牠深夜脫皮的精彩過程。往往在牠休眠的隔日早上，才發現牠已經脫了皮、多了一齡，而且連皮都吃得一乾二淨，一點痕跡也沒留下！

這隻寶貝幼蟲在我細心呵護下，終於順利變為成熟的五齡幼蟲。當這隻幼蟲的身體不再成長，食量也明顯減少時，我知道牠蛻變化蛹的日子近了。我決定來個長時間守候，希望拍到牠由幼蟲變成蛹的神奇過程。

起初牠先停止攝食，不久後便一直停在一片蘭嶼牛皮消的葉片下，不再隨便攀爬走動。隨著糞便逐次排掉，牠的身體逐漸縮小；半天後，這隻幼蟲變得小小胖胖，而且身體變得沒什麼光彩，有點透明。

我知道化蛹的時候到了，除了上洗手間外，我連吃東西時都目不轉睛的注視著牠。

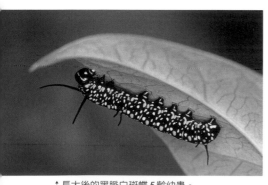

↑長大後的黑脈白斑蝶5齡幼蟲。

沒多久，我就發現這隻原本靜悄悄的幼蟲，開始活動牠的前半身，而且頭部一直在葉背主脈上來回擺動。我拿了一個放大鏡趨近觀察，發現牠在吐絲。十多分鐘後，牠已在主脈上纏繞出一團雪白的絲球了。突然間，牠停止吐絲動作，然後慢慢轉過身

去，尾部就停靠在那團絲球
附近。

　　經過幾分鐘的休息後，
牠迅速抬起尾足，隨即停在
那團絲球上；接下來，牠不
斷劇烈蠕動牠的尾部，尾足
卻不曾離開那團絲球。其
實，蝴蝶或蛾類幼蟲的腹足
和尾足是用來攀爬和固定
的，外觀看來好像是左右各
長了一個圓吸盤；可是在顯
微鏡下，這些腳上卻長滿了
微細的小彎鉤，牠們便是用
這些小彎鉤來抓緊攀附的東
西。當牠們在光滑的物體上
爬行時，會先來回吐出很多

↑化蛹前，牠先在葉片下不斷吐絲，製造一團可以用來固定自己的絲球。

↑開始固定時，牠轉身用尾足上的小彎鉤緊緊的鉤牢絲球。

細絲，黏在光滑的表面上，然後才用彎鉤抓住細絲爬行。

　　牠用尾足靠緊絲球，再奮力蠕動尾部，讓尾足的各個小彎鉤可以緊緊的鉤進絲球深處。當牠確定已做好這個步驟後，一切才又恢復靜止不動的狀態。

　　看來，牠已正式完成化蛹前的準備工作；要迎接另一段身體內部的改造工程了！

黑脈白斑蝶幼蟲的化蛹

起床後第一件事，便是去看看寶貝蟲兒的變化，果然不出所料，牠的三對胸足和四對腹足已完全脫離葉片，但尾部還黏在絲團上，懸空倒掛著！牠尾足上的小彎鉤緊勾著絲團，所以沒讓自己摔死；當初牠努力搓動尾部，這時可發揮了最大功效。

晚飯過後，我發現倒垂的蟲體變長了些，身上三對肉棘也有點萎縮下垂。我覺得幼蟲好像隨時會脫皮成蛹，可又沒把握還要等多久。

時間一分一秒過去，這隻不太合作的幼蟲仍好端端靜懸在那，我感覺牠好像又變長了些，表皮也更皺了些，那三對肉棘完全萎縮，而且直直下垂。就在我睏得快閉上眼睛時，發現這隻處於「前蛹」狀態的蟲體，開始輕微的蠕動身體，雖然頻率很低，但尾部表皮已明顯出現縮皺的現象，我的精神又重新振奮起來。

隨後半個鐘頭，蟲體蠕動的愈來愈頻繁，動作也愈來愈明顯，最後開始連續的劇烈上下蠕動。沒多久，牠的表皮從頭部背側裂開一條縫隙，隨著向尾部擠壓，裂縫愈來愈大，表皮內面則露出翠綠色的身體。大約過了二、三分鐘，牠的表皮已退到蟲體尾部了。

蛻去表皮的翠綠色蟲體便是蝶蛹，當整個外皮蛻到尾端時，我發現蛹的尾部突然從還黏在絲團上的表皮堆中抽出來。在蛹可能掉落前，蛹尾一根黑色的小柄馬上又向上緊靠著那團白絲球。經過了一兩下的搓動後，蛹尾又緊緊靠在表皮邊，黏住絲團了。這時我才恍然大悟，原來那根小黑柄的末端也長滿了微細的小彎鉤，難怪會勾住葉片上的絲團，使蛹不會掉下來。（註）

接下來，牠並沒有馬上休息，反而更大幅度的扭轉擺動身體。剛蛻完皮的蛹體還是軟的，不停扭轉的蛹體末端，不斷擠壓揉搓黏在絲團上的蟲皮，最後蟲皮竟然應聲落下。

這個表演完神奇特技的蝶蛹，慢慢減緩擺動而趨於平靜，結束了化蛹過程。

在黑脈白斑蝶幼蟲化蛹後隔天已經變硬，定型成翠綠色的美麗蝶蛹，身上還有不少銀色和金黃色小亮點，非常醒目。這是因為牠的體內含有蘭嶼牛皮消的毒素，所以形成了這種標準的「警戒色」形態，使得天敵不敢隨便吃食牠。現在，我的寶貝蟲兒已變成蛹了。

（註：不論是幼蟲尾足上或是蛹末端長著的小彎鉤，都可以一碰觸就黏住絲團。這個構造與功能，直到最近二十多年才被人類模仿而發明了「魔鬼氈」。）

↓烏鴉鳳蝶蝶蛹末端密布著許多的小彎鉤。

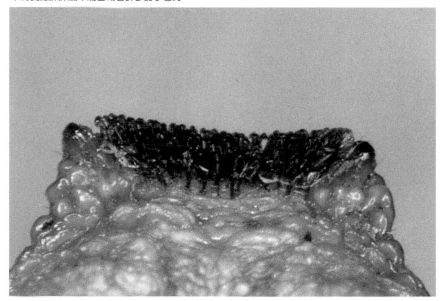

↑ 隔日，黑脈白斑蝶幼蟲萎縮彎曲倒掛
　著，而牠尾足上的小彎鉤仍緊鉤著絲
　球，讓自己固定在葉片下而不會掉落。

↑ 即將脫皮化蛹前，蟲體伸長，外皮向尾
　端推擠皺成一團。

↑ 劇烈蠕動身體開始脫皮，外皮裂開露出
　綠色的蛹體。

↑ 外皮向尾端擠去，露出蛹體的前半身。

↑ 外皮完全脫離前，蛹尾的黑色小柄自舊皮抽出。

↑ 黑色小柄迅速抬起來去碰觸絲球，利用滿布的小彎鉤再鉤牢絲球。

↑ 經過一陣子蠕動，蛹體將舊皮自絲球上擠掉。

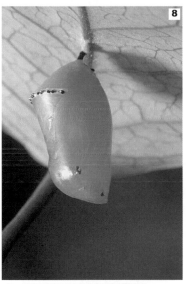

↑ 一兩天後定型的黑脈白斑蝶蝶蛹。

Taiwan Insects

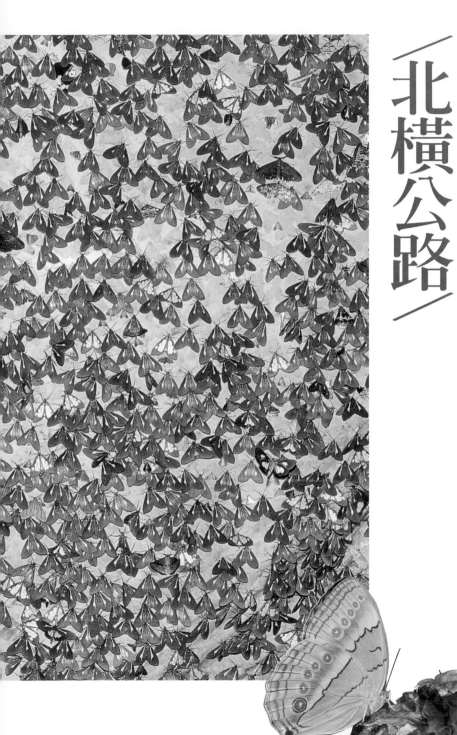

北橫公路

↑北橫中段仍保有相當廣闊的原始林，自然可以孕育出豐富的昆蟲資源。

中海拔山區是昆蟲的樂園

　　現在，我的寶貝蟲兒已變成一個蛹了。由於一般普通蝴蝶的蛹期，最少都有七～八天，看來我又可以輕鬆的出門去走走，不必擔心蝴蝶隨時會羽化了。可是，今天我起得太晚了，不太適合到近郊找蟲子，於是決定花個二、三天的時間，到北橫公路去碰碰運氣吧！

　　這回行程的主要目的地是地處桃園縣和宜蘭縣交界的中海拔森林區。這種海拔高度在一千公尺以上的地方，會有很多平地見不到的各類昆蟲，而且牠們的生態習性，和平地常見的昆蟲不完全相同，說不定我這次又會有很多意外的遭遇和驚喜。

　　兩個半鐘頭後，我便來到北橫中段人口較密集的下巴陵，按照往常的習慣，下車休息一下。才走進餐廳，就看見熟悉的老闆，笑咪咪的和我打招呼，我們的話題總離不開一些經常出現在北橫附近的熟面孔，這些人都是捉蟲子、拍蟲

↑秋天的北橫公路還是個賞紅葉的好去處。

子或研究蟲子的專家。記得當年和他們初次認識的時候,也多半是在北橫公路的路上,如今大家早已是相互交流、無話不談的「蟲友」了。

　　吃完了午飯,順便買了晚餐,然後繼續開車,向東邊崎嶇的山路駛去。大約半個鐘頭後,就來到我最常駐足的原始林附近。

↓這是拍攝於北橫巴陵三張連續作品,大家同意當時這個地區算是昆蟲天堂吧!

可愛的笨蝶

↑漆黑鹿角鍬形蟲是較稀少的晝行性昆蟲，夏季在北橫中段附近偶爾可以發現牠的身影。

我停下車不久，無意間仰頭看見空中有隻黑漆漆的甲蟲，正緩緩盤旋飛舞著，看起來很像鍬形蟲。我趕緊取出望遠鏡，哇！是平地見不到的漆黑鹿角鍬形蟲！可惜牠飛得太高，我只好靜靜欣賞牠飛行的英姿，直到牠消失在遠方樹叢中，我才慢慢回過神來。

沒一會兒工夫，我瞥見一隻後翅有紅白花紋相間的蝴蝶，沿著路面十～二十公尺高的空中緩緩飛過。我驚叫一聲，火速提起有十公斤重的攝影裝備，健步如飛的追了上去，因為那是隻我從沒機會拍到的寬尾鳳蝶。

我邊跑邊盤算，假如牠在前方不遠的溪邊停下來吸水，那我就「賺到了」。可惜我的如意算盤打得太天真，牠過了溪邊仍不停的飛著，然後，愈來愈高、愈來愈遠。我只得放慢腳步，這才感覺到肩上的攝影裝備重得要命，整個人還喘得上氣不接下氣！不過我並不懊惱，能夠見到「國蝶」的輕柔舞姿，也值得安慰了。

回到車子邊，我取出包包中的相機和鏡頭裝置妥當，免得待會兒看見精彩畫面，又會措手不及。

突然間，有隻台灣黃斑蛺蝶在我身旁滑翔低飛，我見牠久不離去且愈靠愈近，我乾脆靜止不動，等待牠下一步的舉動。沒想到牠在一陣盤旋後，竟停落在我褲角上，隨後更伸長了口器在我的球鞋上胡亂吸食。我終於明白，吸引牠的東西，竟然是人人害怕的鞋臭味！

就在我用左手旋轉焦距，剛剛留下「歷史見證」時，這隻台灣黃斑蛺蝶，大概從我的球鞋上吸不到「美味甘泉」，而我最靠近牠的左手手汗又被牠嗅個正著，所以牠縱身躍起，便停在我的左手手背，暢飲我的汗水。

↑這隻大膽的蝴蝶停在我褲角上，吸食著球鞋上的臭汗水。

這下我更緊張了，慢慢伸直左手，右手抓起沈重相機，對準了便按下快門。接下來用拇指扳動上片桿，再度拍下第二張。就在我準備拍第三張的時候，不知道是牠已經吃飽喝足了，還是被我吃力的顫抖嚇著，這隻可愛的傢伙竟舉翅揚長而去。這時，我好像聽到牠低聲的告訴我：「可愛的蝶痴，謝謝你的手汗大餐。」我很想回牠一句：「可愛的笨蝶，謝謝你的賞臉，下回歡迎再來光顧，但別找錯對象囉！」

→最後乾脆跳到我左手暢飲「美味甘泉」。

原始林旁的昆蟲盛會

台灣中海拔山區的天氣經常變幻莫測，原本還陽光普照，沒一會兒工夫，馬上就變得雲霧瀰漫，陰涼了許多，很多本來白天常見的蟲子，一下子都躲得不見蹤影。

趁著下午昆蟲較少的時間，我將車子開到樹林旁的溪邊，找個空曠的地點停好。嗯，這裡的視野不差，就選這裡當今晚的「工作」地點吧！我將車上的夜間誘蟲裝備全都搬下車，將一切準備就緒，只等夜幕低垂；趁著離天黑還有一段時間，我先養精蓄銳，小睡片刻。

當我一覺醒來時，天色已黑了。我趕緊發動發電機，撐開白布，刺眼的水銀燈頓時將周遭照得雪白一片。看著身邊的霧氣還沒散去，我想今晚一定又是豐收的一夜，因為夜晚趨光性昆蟲在雲霧的阻隔下，完全見不到星月的光點，牠們遲早會飛到我架設好的水銀燈附近。

才點亮水銀燈不久，我就看見三三兩兩的蛾類，跌跌撞撞的飛到水銀燈旁和白布上；剛開始牠們的活動力正旺盛，並不會乖乖停下來，所以我也不急著先睹為快。

我吃了隔餐的涼便當，然後回到車上，換上厚重且深色的禦寒衣物。這可是在夜晚誘蟲時要特別注意的細節喔！因為深色的衣褲才不會招來蛾類停滿身，而為了避免有毒的蛾類鑽進衣服內，引發皮膚過敏，我還必須戴上防寒頭套，束緊領口，並用襪子封住褲管的開口。等我一切準備就緒後，白布上早已經布滿昆蟲；看來今晚又將有場昆蟲盛會。

我拿出板凳和一大疊蛾類圖鑑，坐在車子旁邊，用望遠鏡仔細瀏覽白布上的蟲子。單是蛾類就讓人目不暇給，其他夜行趨光的昆蟲也種類繁多，還有各式各樣的鞘翅目甲蟲。

　　中大型甲蟲是我特別喜歡研究、收藏的類別，所以我拿出一大袋各種尺寸的飼養罐和底片罐，依照甲蟲體型，選了合適的罐子個別裝起來，防止牠們彼此咬傷身體或咬斷腳和觸角。

　　忙了好一陣子，看看手錶，已經九點多了。不過昆蟲的夜生活才正要開始呢！此時，白布上的蟲子愈停愈多，我正準備開始為牠們拍照留念！看來今夜我真要名符其實的「挑燈夜戰」了！

↑夜晚在原始林旁點1、2盞水銀燈，運氣好碰到起霧時，就有機會看到飛蛾撲火的盛況。

↑這是我夜間採集的實況現場，遇到這種好成績，忙到半夜2、3點才睡是常常的事。

↑到了深夜時，蟲況好的現場，蛾群會在水銀燈下堆積成一個土丘狀。

寒夜與蟲為伴

　　山區的霧氣愈來愈濃，接著便下起一陣陣毛毛雨。我馬上收起相機，為水銀燈撐起小雨傘，然後再拿出一支比張開雙臂還大的雨傘插在車子旁。我坐在這隻大傘底下，繼續用望遠鏡守望著白布上的昆蟲，只要有我中意的鍬形蟲、天牛、金龜子、步行蟲、象鼻蟲、叩頭蟲等鞘翅目成員，我便走過去將牠們撿回來。

　　突然間，我隱約聽見前方地上有個大甲蟲掉落的撞擊聲，我想這隻蟲子大概是獨角仙、長臂金龜或是超大型的鍬形蟲吧！打開手電筒，朝著聲音的方向找去，才走沒幾步路，就看見了一隻雌長臂金龜跌在石子地上。這種傢伙我見多了，於是順手撿起來，將牠丟入遠方的草叢裡；但願牠不要再飛來「湊熱鬧」，免得被我不小心踩死。

↑傘布上結滿了小雨珠，附垂耳尺蛾的身上卻是滴水不沾。

↑清晨，這隻圓端擬燈蛾翅膀上凝結了均勻分布的露珠，牠必須等到太陽蒸發水珠，曬熱身體後才有力氣飛行。

　　大約一小時的光景，雨停了，霧也散去，該是我專心拍照的時候了。我剛走出雨傘，手電筒便照見一隻美麗的附垂耳尺蛾，停在滴滿雨珠的傘布上，可是翅膀上卻是滴水不沾；可見得雨珠根本不能附著在蛾類的鱗翅上，要不然，蛾類那兩對碩大的翅膀一旦沾溼，重量便會增加許多，飛不了多久，就要停下來休息了。

　　隨後我又撿到兩隻大型的台灣深山鍬形蟲和一隻松斑天牛。不知

道牠們是什麼時候飛來的，大概是夜晚的氣溫驟降，此時牠們早就凍得趴在地上，動都不動。我想附近的草叢裡，可能還有些我還沒發現的蟲子吧！

為了安全起見，我換上長筒雨鞋，拿著強力手電筒，開始東翻西找。首先在車子後面的颱風草葉片上，發現一隻不小的螽斯，牠的身體上沾滿了微細的小雨珠，真是好看！看來牠也在寒夜裡凍了很久了吧！要不然翅膀上的小雨珠怎麼還能均勻密布呢？看起來還有點像是平均凝結的小露珠。

看見了這幾幕情景，我終於明白，昆蟲不是恆溫動物，因此牠們的活動能力和氣溫高低有明顯關係呢！難怪天剛黑不久時，牠們總是生龍活虎的，到了深夜過後，就變成懶洋洋的模樣。

相同的道理，寒冬裡大部分的昆蟲都會銷聲匿跡，那是因為過低的氣溫，使得牠們暫停一切生長與活動，處於完全休眠狀態的「越冬期」。牠們大都躲在比較溫暖避風的場所中越冬，大家當然見不到囉！

↓這隻被凍僵的螽斯，身上滿布著小水珠，讓人分不清是雨珠或是露珠。

夜深時分拍蛾忙

在深夜時刻，夜行性昆蟲的趨光活動會漸趨平緩，但卻是我拍攝蛾類的最好時機；何況還有一些例外種類，專挑半夜十一、十二點後才姍姍來遲呢！

白布上密密麻麻的大小蛾類，當然有族群龐大的熟面孔，可是叫不出名字或陌生的種類更多，我不可能一一認得拍過沒有。還好我在圖鑑中已把拍過照片的種類、地點、日期都詳細記載清楚，只要隨時拿圖鑑比對，查看自己的記錄情形即可。

不過這種尋找過程很浪費時間，因為五、六本蛾類圖鑑中，共有一千種左右的蛾類；常要費上好久工夫，才能在找到蛾類的名稱，何況還有許多種類無法在圖鑑上找到。

不過，只要我認出一種生面孔，書本記錄中也確定還沒有拍過照，我便會用樹枝輕輕的將牠從白布上移下來，讓牠停在附近的草叢上。假如一切順利，我便可再多拍一種蛾類的棲息姿態圖片。可是在移動牠們的過程中，經常會將牠們嚇得振翅起飛而前功盡棄，只能另外找尋下個目標。

所以一個晚上如能拍到十種蛾類，我就心滿意足囉！那麼為什麼不直接在白布上拍呢？因為千篇一律的白布背景很乏味，而且微風一吹，白布就左搖右晃，焦點根本對不準；所以我還是多花點時間，和這群夜晚的舞姬鬥智囉！

那麼，既然已經有圖鑑了，為何還要花時間拍呢？其實一般人看到蛾類展翅標本圖鑑，還是很難認出牠們夾翅停在野外的各種模樣。

↓這隻叫做艷葉夜蛾的傢伙，做成展翅標本和其他蝶蛾的外形差異不大，但是棲息的姿態就無法從標本圖中一窺奇特了。

假如能專心研究各種不同的昆蟲類別，而且將牠們的影像拍攝存檔、整理成書，那麼以後的人們就能認得野外每一隻蟲子的正確名稱了。

眼前飛來一隻碩大的大眉紋天蠶蛾，正跌跌撞撞的飛飛停停，這是我不曾見過的稀有

↑大眉紋天蠶蛾雙翅展開寬度可達16公分左右，算是台灣體型第二大的蛾類，而且相當少見喔！

種；我趁著牠停在地上的一小段時間，先為牠拍張照，要等牠完全安靜下來，恐怕還得花很長時間呢！

運氣真不差，沒想到拍一次就OK了！今晚的成績特別理想，算算大概已拍了十多種大小蛾類，可以提早收工了，明天還有別的重頭戲呢！

我將停在衣服上的蛾類揮走，進車內舖好我的「床」，順便將闖進車內的小傢伙抓起趕走。一切準備就緒後，再將發電機熄火；突然間，四周變得一片漆黑，晚安！

←皇蛾是台灣最大的蛾類，也是世界上體型最大的鱗翅目昆蟲，展翅寬可超過20公分，在鄉下或低山區不算罕見。

↑鉛色水鶇是台灣許多溪谷地中最常見的鳥類。

大自然的野台戲——吃與被吃

我在溪水邊盥洗完畢，精神更加抖擻；趁著煮開水時，著手收拾昨晚的誘蟲工具。

昨晚白布上萬蟲密布的壯觀場面已經不見了，只剩一些零星的慢郎中，有的來回爬動，有的微幅擺翅，正準備飛進樹林休息。我拆下白布猛力一抖，助牠們一臂之力，只見原本停在布上的蛾類四處飛竄。

突然間，溪邊躍起一隻鉛色水鶇，臨空攔截，將一隻白色飛蛾逮個正著；隨後再度降落在溪中的大石塊上，兩三下子便將那隻白蛾的身體啄食下肚。落下的薄翅隨風飄進溪流中，跟著潺潺溪水載浮載沈，一下子就消失蹤影。

此時，另一邊的大樹上，不斷傳來吱吱喳喳的鳥鳴聲，我拿起望遠鏡一看，有群冠羽畫眉正在枝叢間蹦蹦跳跳，不停啄食躲在樹叢裡休息的飛蛾呢！瞧牠們樂得七嘴八舌，好像特別感謝我為牠們準備的豐盛早餐。夜間誘蟲的隔日，早上醒來看鳥吃蟲，幾乎已經成了我獨創的賞鳥方式，不知道那些專門拍鳥、賞鳥的朋友們，有沒有想到使用這種怪招呢？保證大有收穫喔！

隱約看見身前的一叢杜鵑花枝條間，有小鳥活動的身影；定神一瞧，是隻難得一見的稀有種鳥類——黃山雀！牠的嘴上正叼著一隻圓端擬燈蛾。我趕緊跑到車上拿出相機，回到花叢前捕捉鏡頭；黃山雀已把蛾夾在右腳下的枝條下，身體早被牠吃掉了大半。忽然，牠抬頭瞪了我一眼，不過好

↑正不停啄食腳下圓端擬燈蛾的黃山雀，牠算是台灣的稀有種鳥類。

像不太在乎我愈靠愈近，只顧專心吃牠的美味佳肴！

過了幾秒鐘，蛾的翅膀掉入草叢裡，黃山雀的嘴巴上和右腳下方的枝條，沾滿了那隻倒楣鬼的毛和鱗片！牠低頭將嘴巴在枝條上來回擦了幾下，才從容不迫的飛離命案現場。看完這幕短短的自然生態野台戲，我心中不斷出現兩句話，那就是：「早起的鳥兒有蟲吃，早起的人兒有鳥看」，真過癮！

隨後，我把工具收回車上，沒想到板凳下方竟躲著一隻台灣大鍬形蟲的雌蟲，我從不曾在野外採集過台灣大鍬形蟲的幼蟲，這隻雌蟲剛好自動送上門來，我回家後一定要好好侍奉牠，希望牠能為我多生幾個卵；讓我有機會拍到台灣大鍬形蟲的幼蟲和蛹，進一步了解牠們的生活情況！

↑板凳下的台灣大鍬形蟲雌蟲得來全不費工夫，帶回家我會以貴賓的等級善待牠。

長臂金龜——台灣的巨無霸金龜子

這趟北橫之旅收穫頗豐。我從瓶瓶罐罐的昆蟲中，挑出還沒拍過的種類，拍下照片記錄存檔；不想做成標本的，就把牠們放掉。

當我拿著瓶瓶罐罐來到大樹下時，赫然看見一隻體型巨大的長臂金龜雄蟲，牠正張大六隻腳，靜靜貼在樹幹上。瞧牠那對比雌蟲修長許多的大前腳，真是迷人！

初次見到這種台灣最大型金龜子的人，一定會愛不釋手；不過，當你一手抓起牠時，不小心就會被牠胸部兩側的硬刺夾住、刺傷。這種生性害羞的大甲蟲經常會埋首在牠攀到的物體上；如果不小心被牠攀在手掌上，可千萬別用力扯下，要不然，牠腳爪上的尖鉤一定會鉤得讓你哇哇大叫。

記得很久以前，我只喜歡抓蝴蝶，為了採集稀少的蝶種，我偶爾會到北橫拉拉山山區。當時我還騎著一部老爺機車，晚上不能露宿郊區，只能睡在山區旅社裡；由於太早睡會睡不著，所以有時會走到戶外散步。

↑傲人的雙臂正是長臂金龜讓人又愛又怕的焦點。

有一回，我在屋外的路燈下，看見一隻長臂金龜的雌蟲。我生平第一次看見那麼大、那麼漂亮的金龜子，真是欣喜萬分；帶回家後，還秀給親朋好友看呢！後來，我聽說長臂金龜的雄蟲「手臂」更長、體型更大，心裡就一直想擁有一隻雄蟲標本，可是一直沒機會。

後來，我到南部的藤枝森林遊樂區拍照，晚上就在附近路燈下找長臂金龜，可惜找到的還是雌蟲。有個利用課餘時間抓蟲子賺錢的山地小朋友也跑來撿蟲子；他瞧我那麼喜歡長臂金龜，就告訴我他家冷凍庫裡有隻公的，我要的話可以賣我一百元，我當時竟毫不考慮就拿出一百元給他。

隨著自己和昆蟲的接觸多了，發現長臂金龜是台灣中海拔森林中非常常見的甲蟲，雖然被政府列入珍貴稀有的保育類野生動物，但牠們的數量還算蠻多的，從南到北都有。每次夜晚點燈誘蟲時，總可以見到幾隻；最多的一次曾一晚上飛來將近三十隻，還有出現十四隻雄蟲的紀錄。現在我再看見牠們，經常必須伸手將牠們丟入山谷草叢，以免自己不小心踩死牠們。不過，這種外觀奇特的超大型金龜子，一直是我心中認定台灣最漂亮的一種昆蟲，如果讓我遇著了，仍會忍不住多拍幾張照片！

↑和雄蟲相比，長臂金龜的雌蟲真是失色不少。

↑夜晚趨光後靜靜「貼」在樹幹上的長臂金龜雄蟲，隔天到樹下拍照時意外相見，讓我忍不住又多拍了幾張照片。

→長臂金龜的體色光澤和翅鞘斑紋會因個體不同而略有差異。

台灣深山鍬形蟲的相撲大賽

今天一早，我拿出瓶瓶罐罐中的各類甲蟲，想為牠們留下記錄照。

當我打開裝著台灣深山鍬形蟲的大罐子，準備將牠抓出來時，沒想到牠竟馬上抬起頭部，揮揚兇猛的大顎，打算對我的手指來個致命一擊。還好我的反應快，沒讓這隻小戰神的狡計得逞，要不然我的手指又得遭殃了。

我將這隻張牙舞爪的傢伙倒在地上，再從牠的胸部兩側抓起來。這時候只見牠六隻腳不停擺動掙扎，好像很不服氣的樣子。

我突然想起我採集了兩隻台灣深山鍬形蟲，何不乾脆讓牠們兩隻「好戰份子」來個世紀大戰呢？我連忙找出另一隻，只見牠也是神情緊張的姿態，我樂壞了，因為待會兒一定有場好戲可看囉！

我的雙手左右各拎著一隻「擂台賽」的主角來到大樹

↑讓兩隻體型相當的好戰份子狹路相逢，大家準備看場相撲擂台賽。

↑戰況激烈時，牠們的腳邊經常會挑起一些樹皮碎屑，讓聲色效果直達滿分。

邊，將牠們按在樹幹上，頭對著頭怒目相視。隨著口中喊出「噹」的開打訊號，我把手指輕輕放開，牠們馬上像狹路相逢的世仇般，你一嘴我一口的咬得吱吱作響。

由於牠們的大顎較修長，不容易馬上將對方咬傷，再加上牠們有鍬形蟲中最好鬥的個性，所以在還沒分出勝負前，根本不會有鳴金收兵的打算；看牠們如此打拼，真樂壞了我這個頑皮又奸詐的旁觀者。

台灣深山鍬形蟲的大戰和日本相撲大賽有點兒像。在近身纏鬥，彼此較勁的過程中，兩方都會賣力咬緊對方身體，然後想盡辦法將對方向上抬舉。最後腳爪抓力差的一方，會被咬起來舉在

↑ 左邊這隻全身被挑離樹幹已算戰敗，只要牠一放鬆大顎就會被甩到樹下去。

空中，被對方摔到樹下，結束這場鍬形蟲的相撲大戰。

面對眼前這兩隻拼命三郎，我怎捨得在第一回合分出勝負後就罷手呢？於是我將戰敗的一方從樹下撿起，輕輕的拍打牠幾下，激發牠更兇猛的鬥志，再把牠放回樹幹上，繼續欣賞下一回合的比賽。

經過一回合接一回合的比賽，我發現這兩隻體型相當的鍬形蟲似乎旗鼓相當，兩方的戰績各有輸贏，而且打得很有興致。遇著牠們稍作休息時，只要用手指輕敲牠們的翅鞘，馬上又會戰得難分難捨。貪玩的我在這棵大樹邊觀戰了許久，直到後來想起要節省底片，才意猶未盡將兩隻可愛的「演員」收起來。這場比賽，牠們算是「平手」。戰局結束，最快樂的是身兼導演、攝影師、裁判與觀眾等多重身分的我。

北橫之光──大紫蛺蝶

我收拾起簡單的裝備，沿著北橫公路的路旁閒逛，才出發不久，前方路旁便有許多冇骨消花叢散布在樹林邊，雖然植株頂端的花序還未完全盛開，不過各類鳳蝶卻爭先恐後的在花叢上起起落落，吸得津津有味。

欣賞完鳳蝶訪花的景象之後，我走近一片鬱密的樹林旁，發現路面上散落著百香果的綠色果皮，這絕非路人的傑作，因為誰能忍受那酸得難以入口的青澀果肉呢？最有可能是台灣獼猴整群橫掃而過的證據，因為個別行動的松鼠或飛鼠根本不會有這麼大的肚量嘛！可惜台灣野外的猴群大都怕人，不然我還可拍到猴子吃大餐的盛況呢！

正當我想得入神時，眼前突然有隻超大型蛺蝶盤旋而過，瞧牠翅膀表面泛起一片迷人的紫藍色光彩，哇！那是已經兩、三年不見的大紫蛺蝶。

↑在尚未鋪上柏油前，北橫公路中段沿線不難遇見大紫蛺蝶停在潮濕路上吸水。

↓大紫蛺蝶翅膀表面有著這迷人的光彩，因此成了許多捕蝶人的最愛。

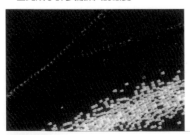

這隻迷人的傢伙竟在路面上空轉了個彎，停在離我不遠的公路安全護牆上，不久便伸長口器，靜靜吸吮著護牆上未乾的露水。

早在1986年4月底，我就曾為了採集這種蝴蝶而騎了三個多小時的機車，第一次遠從台北來到北橫，從此也就逐漸愛上北橫這處昆蟲的大寶庫。

大紫蛺蝶早已被政府列入保育類動物的名單中，但卻無法避免牠們日漸稀少的噩運。主要原因倒不是人類的捕捉威脅，而是自從北橫公路中段鋪上柏油後，路面常被太陽曬得酷熱發燙，很多

稀有蝶類已不太在地面上吸水覓食，當然就難得一睹丰采。而最嚴重的影響則是北橫公路沿線的原始林面積日漸縮小，變成桂竹林和果園，各類昆蟲賴以維生的特殊植物被砍伐後，昆蟲也就日漸稀少了！

　　哇！這隻大紫蛺蝶還在吸水呢！我趕緊將背包拋在一旁，端起相機，躡手躡腳的靠過去。不明就裡的人，八成會以為我腦袋「秀逗」，要不怎麼獨自一個人跪在深山的路旁「朝拜」呢？忍著膝蓋的疼痛，好不容易來到這隻寶貝的身旁，接下來只聽見相機不斷發出快門聲響。

　　接下來遠方竟傳來汽車的疾駛聲，將這隻大紫蛺蝶嚇得揚長而去，氣得我差點破口大罵，不知道要等到哪年，才能再拍到這樣精彩的畫面呢！

↑遠遠見到大紫蛺蝶停在公路護牆上吸水，讓我不得不跪下身子向牠緩慢前進。

←「朝拜」牠的目的，就是渴望著這張我一生中可能空前絕後的完美特寫。

昆蟲標本背後的故事──一隻瀕死野貓的啟示

前方不遠的路面上有隻黑色甲蟲，正以牛步般的速度爬行著。我趨近一瞧，原來是隻台灣深山鍬形蟲的雌蟲。我曾養過數十隻台灣深山鍬形蟲和高砂深山鍬形蟲的雌蟲，希望牠們能產下卵，讓我看看深山鍬形蟲的幼蟲，可是牠們從來不曾產過卵，我至今仍不清楚牠們幼生期的生態情形。我目前已經暫時放棄人工飼養繁殖這類鍬形蟲的研究了；所以我伸手將這隻不知道馬路危險的雌蟲撿起來，丟到路旁的崖邊下，以免牠被汽車壓死，平白犧牲生命。

台灣深山鍬形蟲在夜晚的活動力最旺盛，如果白天能見到牠在路上爬行，表示晝行性的漆黑鹿角鍬形蟲，應該也很容易遇到吧？於是我開始留意路面上，順便找尋山壁排水溝中的「漏網之蟲」。

運氣果然不差！在短短的十分鐘內，我就在排水溝中撿到一隻台灣深山鍬形蟲雄蟲和一隻漆黑鹿角鍬形蟲雌蟲。這是我第一次採集到漆黑鹿角鍬形蟲的雌蟲呢！牠的外觀酷似常見的鹿角鍬形蟲雌蟲；不過翅鞘特別的光滑漆黑，我確定這是較稀有的「漆黑鹿角」，因為鹿角鍬形蟲的翅鞘上會有許多微細的小刻點。仔細的撫摸欣賞一番後，我才小心的將牠收集起來。

本想沿著排水溝繼續走下去，可是過不久，我看見水溝中有隻微微抽動的野貓。哇！真可怕，有支金屬箭頭從牠的左眼後方插入，另一端長著倒鉤的箭尖則穿出牠的右耳外。真是慘不忍睹，八成是被夜裡打飛鼠的獵人誤認成飛鼠而造成的。我心中知道牠活不久了，但沒有槍可以幫牠解脫，用刀斧讓牠安樂死又下不了手，想了好久，仍想不出幫牠解決痛苦的好辦法；最後只好黯然離開。

　　往回走的路上，我心中不斷出現一連串「結束生命」的問題。記得小時候，我每次看見討人厭的毛毛蟲都會用腳將牠們踩死，如今我不再隨便踩死沒有大害的小生命，開車時甚至還會儘量避免壓死路面爬行的昆蟲、癩蝦蟆或蛇等。

　　可是爲了製作標本收藏研究，我卻必須毒死一些毫無抵抗能力的昆蟲，因爲我認爲這些昆蟲死得有尊嚴、有價值。這些極具研究價值的昆蟲標本是爲了讓人們更深入了解牠們，進而在自然界裡保護昆蟲，尊重牠們該擁有的生存環境；這應該是這些昆蟲死後所留下的最佳意義吧！

→這是鹿角鍬形蟲的雌蟲，用放大鏡仔細觀察，牠的翅鞘滿布極微細的小刻點。

↓這是漆黑鹿角鍬形蟲的雌蟲，牠的體背特別光亮漆黑，而且比鹿角鍬形蟲罕見。這隻漆黑寶貝在被我飼養到壽終正寢後，還被我特別細心的製成標本，如今仍完好收藏著。

青剛櫟枝叢間的餐會

↑大曼這座橋邊的青剛櫟枝叢間常有各類昆蟲爭相覓食樹液，用望遠鏡觀賞很吸引人，但是採集起來相當困難。

　　北橫公路中段，下巴陵向東約三、四公里處叫大曼，這裡有座溪谷極深的鋼拱橋；橋頭前方有塊寬廣空地，是停車休息欣賞風景的好地點。

　　駐足在橋頭空地，第一件事便是拿起望遠鏡，對準崖邊那棵高聳粗壯的青剛櫟樹叢，展開搜尋。這些熟悉的地點、樹和動作，讓我想起多年來的經歷。以前騎機車來時，大曼附近的路面尚未鋪設柏油，地面上到處都有蝴蝶駐足吸水，整條公路的上空就如同一條自然的「蝶道」。當時走訪北橫採集昆蟲，抵達大曼後我就很少再往東邊前進，因為這裡已是昆蟲天堂了。

　　崖邊這棵青剛櫟大樹的細枝條上長滿了「蟲癭」（註），裂縫中會不斷流出香醇樹汁，味道隨風散去後，常引來各類昆蟲爭相吸食。我那時常手持捕蟲桿在橋頭的空地上來回走動，許多前來覓食或路過的蝴蝶，一不小心就會飛進我的網子裡。至於在樹叢間覓食的甲蟲，只須換接上細長的捕蟲

桿，將網口朝上靠近甲蟲停棲的枝條後，再用力抖動附近的枝叢，那些受到驚嚇的甲蟲就會六腳一縮，跌入捕蟲網內。正因如此，家中收集的許多稀少標本，全都來自北橫大曼。

↑在沒有鋪上柏油之前，北橫公路大曼附近是我心中的昆蟲天堂，地面上隨處可見稀有的蝶種駐足吸水（拉拉山三線蝶）。

如今公路路面早已拓寬，加鋪柏油，而且大曼北方的山上，正是超限開發成高山果園的上巴陵，森林面積大量減少，加上附近農墾地噴灑農藥的影響，大曼地區的蟲況已不復當年了。眼前的青剛櫟枝叢只剩幾隻常見的蛺蝶穿梭其間。

當我正觀看一隻台灣小紫蛺蝶吸食樹液時，牠身邊突然飛來一隻台灣大胡蜂。這隻兇惡的虎頭蜂才剛停下，便張著大「虎牙」把原先的主人趕得落荒而逃，津津有味的獨享大餐。不過話說回來，這隻台灣小紫蛺蝶還真識相，要不然可能就會冤死在虎頭蜂的大「鋼」牙下了。在遠方的枝條上，有隻比較陌生的蝴蝶身影，我舉起望遠鏡一看，是隻較稀有的雌黑黃斑蛺蝶。這麼遠的距離想拍照存檔根本不可能，捕蟲網也還差一小段。

我失望的拉回捕蟲網，樹叢裡突然躍起一隻台灣小紫蛺蝶，追著我的捕蟲網飛了一段距離。大概是剛才被虎頭蜂趕走的那一隻吧？難道牠受了虎頭蜂欺負，就轉而找我的捕蟲網出氣嗎？真是不知天高地厚的傢伙！

（註：蟲癭是因為昆蟲幼蟲、真菌或細菌寄生在植物的花、葉或根、莖部分，所引起的畸形生長。）

樹林中的老饕——環紋蝶

今天的天氣眞好，午後常濃雲密布的山區，現仍豔陽高照，視野也特別開闊。由於路況很好，路上車輛又少，我就一邊開車，一邊留意路面和路旁的蟲況。

每經過較潮溼的地點，總會見到幾隻三線蝶在路面吸水；當我的車子從牠們身邊經過時，只見牠們一鬨而散的四處飛翔，過不久，牠們又會飛回原地去喝個過癮。我常想，怎麼有那麼多蝴蝶喜歡吸水？而且一吸就吸好幾分鐘；如果仔細觀察的話，還可以發現牠們都是邊吸邊拉呢！我想大概是牠們一直在過濾、吸收水質中的微少養分或礦物質吧！

車子來到一處喬木林立的樹叢旁，前方不遠的林中飛出一隻碩大的橙黃色蝴蝶，沿著樹林邊輕緩的飄浮前行。喜歡蝴蝶的人應該可以馬上猜出，牠就是鼎鼎大名的環紋蝶！

環紋蝶是環紋蝶科的成員，台灣就只有這唯一的一種（註）。這種外觀美麗、飛行姿態輕緩優雅又有點笨拙的大型蝶種，常給初次採集的人們意外的經驗。因為如果你第一網沒有捕中的話，牠那四片大翅膀就會靈活的載動身體，在人們的捕蟲網邊左閃右躲，像小朋友們玩老鷹捉小雞一般的亂竄，一下子工夫，就會胡搖亂擺著翅膀，消失在樹林裡。

我開車跟蹤這隻環紋蝶十多公尺後，見牠突然筆直降落在遠方路旁的樹林下，這個令人熟悉的舉動，意味著牠找到美味大餐了。我連

↑六月的山區，有個爛鳳梨就很容易招來環紋蝶駐足，忘情的享受甜食大餐。

忙找個較寬敞的路邊停車，帶著相機，半蹲著身體，緩緩向牠靠近。來到牠前方時，我看見這隻老饕停在一個爛鳳梨上，正和一群長著紅眼睛的果蠅埋首共享大餐，一點兒也不在乎我逼近的身影。

　　一定有人覺得奇怪，沒有任何住家的原始林旁，怎會擺著一個爛鳳梨呢？啊哈！這是我那些常跑北橫的「蟲友」們安置的誘餌，鳳梨除了蝴蝶以外，還會吸引一些金龜子、鍬形蟲、虎頭蜂、蠟斑蟲、舞蠅、螞蟻等，還有其他叫不出名字的小甲蟲呢！

（註：環紋蝶科現今分類系統已併入蛺蝶科中的環紋蝶亞科；而且近年台灣北部局部地區偶爾可見兩種新入侵的環紋蝶類。）

↑ 到職業捕蟲人罕至的山區，我常會自備幾塊爛鳳梨放在路邊，回程時常有不同的收穫。

↑ 鍬形蟲更是爛鳳梨的忠實愛好者，牠們經常挖個小洞住進鳳梨中，不分晝夜的在裡面「吃、喝、拉、撒、睡」。

↑ 金艷騷金龜原本就喜歡吸食樹液，牠更無法抗拒爛鳳梨的吸引力。

火爆浪子——黑腹虎頭蜂

剛一起身，就看見一旁的樹木間，另有半個蟲友布置的鳳梨，插在不高的一段樹枝前端。這塊鳳梨放在日照較充足的地方，我想會來吸食的昆蟲種類，可能和樹蔭下的不太相同。於是我站在這塊鳳梨旁邊，靜靜等待昆蟲朋友自動送上門。

首先我看見一隻稀有的白蛺蝶在附近空中來回盤旋，我按耐住心中的興奮，像木頭人般站著。這種蝴蝶雖然已見過不少回，可是一直拍不到牠，本希望今天能夠如願，哪知道這傢伙

↑白蛺蝶算是比較稀少的蝶種，在北橫有多次和牠擦身而過的機遇，但是總無法順利採集到標本或拍到圖片。最後，還是在大曼的青剛櫟枝叢間，拍攝到這唯一較特寫的倩影。

在附近徘徊了二、三分鐘後，還是不肯下來光顧大餐。看來白蛺蝶可能和我犯沖吧？

一隻黃腳虎頭蜂循味停在鳳梨上，才享用沒一會兒，另一頭又停下一隻黑腹虎頭蜂，各自在鳳梨上慢步啃食，我站在一旁等著好戲上場。

十幾秒後，兩隻虎頭蜂不期而遇，我本以為會有陣廝殺對決，哪知道黑腹虎頭蜂剛抬起大獠牙，黃腳虎頭蜂就「嗡！」的一聲逃離現場。這兩種體型相當的虎頭蜂到底誰兇誰狠，立見真章；難怪在台灣蜂類叮人致命的記錄中，黑腹虎頭蜂位居榜首呢！

過不久，鳳梨上又停了另一隻黑腹虎頭蜂，我想牠們兩隻都是同一種，大概不會有什麼精彩結局。可是當牠們彼

此靠近的時候,原先那隻黑腹虎頭蜂突然轉身,張牙就咬了對方一口。受到突如其來的攻擊,這隻後到的傢伙也嚇得落荒而逃了。

接著又先後停下了兩隻黑腹虎頭蜂,原以為又有好戲上場,可是

↑ 這兩隻黑腹虎頭蜂能在這爛鳳梨上貼身相處,我推測牠們應該是同巢的手足。

牠們竟相安無事的在鳳梨上慢步覓食。我仔細推敲,結論是這三隻黑腹虎頭蜂可能都是同巢的親姐妹(註1)。至於被趕走的那隻黑腹虎頭蜂,應該是不同巢的異族吧!假如這個推論正確,那麼同種的虎頭蜂間,大概也有清楚的領域劃分。假如築巢太相近的同種但不同族群間,彼此成員和領域發展到某一程度後,說不定會發生族群間的滅門大戰呢!

我想許多讀過昆蟲書籍的人都知道,牠們是利用「費洛蒙」的味道來區分彼此是不是同巢的「自家人」。可是「社會性昆蟲」(註2)的身上,怎能分泌出五花八門、不同意義和功用的費洛蒙呢?牠們身上的嗅覺器官又是如何分辨出其中的不同?這許多問題,恐怕還值得人們花些時間去研究呢!

(註1:會外出覓食的虎頭蜂幾乎都是工蜂,而工蜂都是沒有生殖能力的雌蜂。)
(註2:有群體生活、社會組織的昆蟲。)

誘餌上的實驗（一）──黑腹虎頭蜂

欣賞完虎頭蜂為了食物，將牠們的兇暴本性表露無遺後，我心中仍感意猶未盡。

這時我突發奇想，不知道牠們會不會為了保護食物，而攻擊眼前的我？於是我將相機收進車內，並且打開車門，模擬好逃命的路線，手中並拿著捕蟲網準備好防禦的措施後，小心謹慎的靠近忙著進食的這二、三隻黑腹虎頭蜂。有隻比較機靈的傢伙，發現身前有個龐然大物逐漸逼近時，突然抬起前身和我怒目相視，嚇得我倒退了一大步。

等我回過神來，才確定自己並沒有遭受攻擊，可是這並不能確定這隻虎頭蜂抬頭「怒視」的行為，到底是怕我而做出的警戒狀態？還是真正生氣而準備起身攻擊？為了進一步確定結果，我必須激怒牠們才行。於是我在附近的樹叢裡，折下一段長枝條，並且留下前端一兩片的樹葉，再次回到鳳梨誘餌旁，這回我將捕蟲網拿在身前，隨時可以攔下準備飛來叮我的虎頭蜂。

等我十分肯定這樣的準備夠安全之後，我用另一手拿著那隻長枝條，伸向前去騷擾這幾隻黑腹虎頭蜂，沒想到這

↑看見虎頭蜂的長相，經常讓我不寒而慄，也因為用敬畏的心和專業的認知與牠們打交道，我慶幸至今仍未慘遭虎頭蜂的毒針攻擊。

↑黑腹虎頭蜂是台灣最兇惡的第一殺手級昆蟲，只有在牠們覓食的時候，我才敢近身去拍攝牠們的生態照片。

些原本凶暴無比的傢伙，竟然相繼逃離現場。這下子我才終於確定，覓食的虎頭蜂受到干擾時，並不會使用毒針來保護食物，只是我還不能判定牠們臣服的是枝條還是人！其實牠們應該不會聰明到看得出，對牠們真正有危險的是捕蟲網吧！

看完了這段實驗說明，大家可別以為虎頭蜂怕人喔！千萬別忘記每年秋天，虎頭蜂繁殖到達顛峰的時候，全台各地總有虎頭蜂群起叮人的事件發生，因而倒楣喪命的民眾也不在少數呢！牠們可以算是台灣地區最危險的野生動物了，比起各類毒蛇，還真有過之而無不及呢！

那麼生性凶暴的黑腹虎頭蜂，怎麼會被我一趕就跑了呢？簡單的說，工蜂覓食的時候，對人畜的攻擊性很低；可是遇到護巢的狀況，牠們可全都是拼命三郎，而且經常是傾巢而出跟對手搏命。我還記得聽捕蜂人提過，曾經就有台灣大虎頭蜂叮死牛隻的紀錄。所以大家在野外遇上了虎頭蜂時，記得「安全第一，走為上策」嘍！

↑這是台灣扇角金龜的雌蟲，頭部後緣上方的長方形突起有別於雄蟲的長三角形突起。

誘餌上的實驗（二）──台灣扇角金龜

趕走了虎頭蜂不久，耳邊「嗡──」的一長聲劃過，沒經驗的人可能會嚇一大跳，以為虎頭蜂來報仇了。不過依我的直覺判斷，這是一隻中型的甲蟲。果然不錯，一隻有著豔綠光彩的台灣扇角金龜，聞香而來的停在鳳梨旁的一叢枝葉上，我想牠的準確性差了一些，不像虎頭蜂可以直接降落在鳳梨上。

這隻前來覓食的台灣扇角金龜才剛降落，便在枝叢間朝著鳳梨的方向疾步爬去，可是，牠所停下的枝葉，並沒和鳳梨直接相通。這時候，只見到牠爬在一片比較靠近鳳梨的葉片前端，抬起前半身張腳舞爪的。大概牠已經嗅到可口的點心就在眼前，想伸長著腳攀爬過去。

可是，牠並不會估算這中間還差了好幾公分的距離，也不懂得展翅輕飛過去，就可以盡情享用；這個小傢伙顯出六神無主的神態，開始在枝叢間重新遊走。牠運氣還不壞

嘛！竟然爬到了最靠近鳳梨上方的一叢枝葉上，只要牠再重新伸展牠的前半身，馬上就可以跨步過去鳳梨上。

不過，我可不想讓牠順利的爬過去，我想確定牠到底會不會直接飛到鳳梨上。於是趕緊伸手把這叢枝葉折彎一點，加大這隻甲蟲和鳳梨的距離。隨後，牠又站在一片最前端的樹葉上，伸長著前腳拼命想攀到鳳梨上。

這傢伙的前腳愈來愈靠近鳳梨了，於是我決定再將樹枝折彎一點。可惜我用力過猛，意外的將枝條折斷，突來的強烈震動，竟然把這隻準備大吃一頓的台灣扇角金龜嚇得揚翅而去，害得我這項實驗竟然以失敗收場，真是懊惱！

←爛鳳梨近在幾公分外，這隻台灣扇角金龜挺高著半身卻怎麼也搆不著。

←經過一陣爬行遊走，牠幸運的接近了爛鳳梨，就在我伸手做實驗的同時，折斷樹枝讓牠嚇得逃離現場。

巧遇紅星天牛

↑姿色美艷動人的紅星天牛，觸角上左右還各有三叢「毛刷」，不知道這個構造有什麼特別的功用。

　　離開鳳梨誘餌，我繼續開車沿著北橫公路向東走。由於不是假日，路上來往的人車很少，我放慢了速度，順便留意路旁的蟲況。突然間我眼睛一亮，看見一隻不小的紅色天牛，正在路面上空緩緩的飛著，沒多久，牠就降落在路邊的一棵大樹附近。

　　我趕緊將車開到較寬的路旁停下，心裡想著，不知道能不能找到牠？因為牠可能是稀有罕見的種類呢！接著，我馬上以熟練的技巧，準備好必要的裝備後，來到那隻天牛剛剛停下的地點。老天爺真保佑，牠就乖乖的停在樹幹上，動也不動一下呢！

　　瞧牠那身朱紅色的翅鞘外衣上，左右各有三對黑色醒目的小圓點，而且牠頭上觸角靠近基部的前半段，每節觸角上還長著一團像是刷子般的粗毛，真是美麗極了！這是我第一次親眼目睹的稀有品種──紅星天牛！我在驚嘆之餘，小

心翼翼的將捕蟲網放在身旁以備不時之需，然後才放心的爲牠留下最光鮮亮麗的紀念照。

↑ 很多天牛都有特定的寄主植物，像這美麗而不多見的黃紋天牛，在台灣朴樹樹幹上較有機會找到。

原本我猜想，這隻紅星天牛停在這棵樹幹間，也許是打算找尋產卵繁殖的場所吧！於是，我拿著捕蟲網在一旁靜靜的等著，假如牠真在這棵樹的樹幹間產卵，那麼我不但有機會拍到精彩的畫面，而且還可以記錄下這種天牛幼蟲的寄主植物呢！（註）

↑ 蓬萊白條天牛的寄主植物是水麻、密花苧麻、長梗紫麻等，牠的幼蟲會蛀食這些植物的莖，而成蟲則常在葉片上駐足啃食。

我心裡打這個如意算盤的念頭還沒消失，這隻美麗的傢伙並不怎麼合作，只見牠休息片刻，接著就揚起翅鞘飛了起來。我嚇得趕緊舉起捕蟲網將牠從空中攔下，有點失望的將牠收了起來。

遇到這個小小的挫折，我並不太在意，因爲研究記錄昆蟲的生態，本來就是變化多端的挑戰，更何況是這種稀有的種類呢！我相信——只要毫不灰心努力去做，終究會有成功的一天。

（註：天牛幼蟲都是以木頭纖維爲食物，但由於不同種類的差異，牠們會蛀食不同新鮮程度的木頭；以腐木爲食的幼蟲，牠的雌蟲產卵較不挑剔，但是以活植物纖維爲食的幼蟲，雌天牛就常會找到特定的寄主植物產卵。）

皇天不負苦心人——邂逅寬尾鳳蝶

接近池端（註）的原始林旁溪谷環境，是我造訪北橫時另一個常駐足的地點。我一下車，便在溪邊的砂石地上撒尿，因為雄寬尾鳳蝶和其他鳳蝶一樣，對薰人的尿騷味特別鍾愛。準備就緒後，我便拿著相機在溪邊來回遊走，期盼寬尾鳳蝶趕緊出現，停下來飽餐一頓我的「貢品」。

平常，我根本不會挑剔是誰來用餐；不過，今天的情形不同，我認定只有寬尾鳳蝶是受歡迎的上賓，所以先後趕走了貪吃的台灣烏鴉鳳蝶、黑鳳蝶和白紋鳳蝶，生怕牠們占著溪邊溼地上的「貢品」，害得寬尾鳳蝶不敢下來享用大餐。

時間一分分過去，希望愈來愈渺茫。哇！已經中午了，我取出早上買的便當，先吃飽再說吧！

午飯過後，溪谷附近來往的蝴蝶逐漸減少，看來今天又白忙一場了。我無精打采的將車子開到溪旁的樹蔭下，打開車門讓清涼的微風吹進車內，打算睡個午覺，好好補充一下體力。

↑這隻珍稀國蝶專心趴在溪邊享用我的款待，這也是個人唯一一次拍攝到寬尾鳳蝶的健康成蟲。

一覺醒來，已過了一個半鐘頭，精神也振奮不少，我決定為灰頭土臉的車子洗刷一番，再到別處闖闖，便順手將車內的紅臉盆丟向溪水邊的砂石地，然後回到車上脫掉登山鞋，換上雨鞋準備洗車。

當我走到紅臉盆旁，看到眼前的情景時，卻受到前所未有的震驚——竟然有隻寬尾鳳

蝶停在臉盆旁邊約二十公分的「貢品」遺址上。我趕忙火速回車內拿相機，再躡手躡腳的回到現場。那隻「曠世珍蝶」依然好端端的平鋪著翅膀，伸展著口器，「趴」在地上暢飲著「瓊漿」。

　　瞧牠動也不動，不像一般的鳳蝶那麼敏感，我便大膽移開臉盆，從容的拍了好幾張照片。隨後我在一旁仔細打量牠，怎麼牠和一般鳳蝶豎著翅膀吸水的模樣完全不同呢？是寬尾鳳蝶的習性？還是這隻傢伙已經年老體衰了？

　　牠「趴」著的姿態實在有點不雅，我突發異想，想輕輕吹牠一下，看牠會不會夾起翅膀，讓我瞧瞧不同的姿態？接著，我忍著刺鼻的尿騷味，跪下身子將頭靠近牠，而牠還是不理睬我的逼近。

　　我朝牠輕吹了一口氣，沒想到牠的反應如此神速；只見牠馬上起身，筆直朝天空飛竄。沒想到這種珍稀國蝶受到驚嚇時的反應，也和一般的蝶種完全不同。

　　十多秒鐘的時間內，牠的身影愈來愈高，愈來愈小，最後就消失在藍天白雲襯托下的遠山稜線邊，再也見不到牠的蹤影了。

（註：北橫的「池端」近年來被改名為「明池」。類似的狀況常為昆蟲分布的文獻考據等學術研究，帶來非常大的麻煩；拜託今後的「偉人」們，別再隨意更改地名了。）

←兩年後，我在中橫佳陽的馬路中央，發現這隻慘遭兩次車禍而即將斷氣的可憐兒！

大膽的判定還需小心求證！

繼續著我的北橫之旅。此時，離天黑還有一段不算短的時間，不過山裡的各類昆蟲大都躲得不見蹤影。於是，我換回原來的登山鞋，拿出斧頭等裝備，沿著溪谷朝上游的方向走去，打算找一些腐朽的林木，看看有什麼其他的寶貝。

當我熟練的敲敲溪谷旁樹木底下的一些朽木時，找到幾隻躲在朽木中的鍬形蟲幼蟲。拿起高倍放大鏡仔細檢查牠們的尾部剛毛，發現牠們全是豔細赤鍬形蟲或平頭大鍬形蟲。這兩種幼蟲我已經養過許多

↑劈枯木主要是想採集鍬形蟲幼蟲，能夠碰巧發現剛羽化的成蟲是讓人最高興的事（台灣鬼鍬形蟲蛹室內的幼蟲和剛羽化的成蟲，攝於南投梅峰）。

次了，所以我陸續的將這些幼蟲放回朽木內，免得帶回家後會忙不過來。

後來，我又發現一段比較腐爛的朽木，剛一剖開，便瞧見一隻鍬形蟲幼蟲，而牠的身上還有一隻像是蠅蛆般的小幼蟲。這隻小幼蟲的頭部正鑽在鍬形蟲幼蟲的體內呢！看見這一幕，我馬上就知道這隻鍬形蟲已經被「寄生」了。

記得曾經在書本裡讀過，有些食蟲虻的幼蟲，是鍬形蟲或金龜子幼蟲的天敵；於是我毫不懷疑的認定，這就是「食蟲虻幼蟲」。

我小心翼翼的將這兩隻幼蟲收起來後，繼續將這段腐木徹底的挖開。結果發現在鍬形蟲幼蟲鑽食腐木所造成的隧道中，另外有兩個用絲編織成的硬繭。我的直覺告訴自己，

這兩個繭應該就是「食蟲虻的繭」。

　　將這隻寄生的小幼蟲和兩個蟲繭全部收妥以後，我才沿著原路走回去。一路上我特別得意，心裡想著，我又可以多養到一類昆蟲了。

　　可是，在判定昆蟲的經驗中，只憑自己的印象或片面的看法就來決定，是太武斷了一些，這可能會造成判斷錯誤呢！

　　看來，我必須把我找到的這類似「食蟲虻」的幼蟲，養到成蟲後，才能得到確定的答案！

←在枯木裡鍬形蟲幼蟲鑽行的隧道中，找到了2個這種堅硬的絲繭。

↓這隻被我初判為「食蟲虻的幼蟲」，正一頭鑽在鍬形蟲幼蟲體內，攝食寄主的「血肉」。

夜晚的吸血鬼——陸生渦蟲

黃昏之後,我選擇了一處靠近溪谷且樹林茂密的路旁,將夜間誘蟲的水銀燈具準備妥當,打算今晚再來開場昆蟲夜總會!

可惜天黑後依舊萬里無雲,仰頭望去更是滿天星斗,經驗告訴自己,今晚的蟲況一定比前一次差很多。果然不出所料,入夜後誘蟲燈光旁的白布上,停下來的趨光性昆蟲老是三三兩兩,而且大部分都是常見種類。

由於今晚沒起霧,也不下小雨了,所以我有更多的時間到處逛逛,準備好手電筒去找尋一些不會趨光的蟲子。

當我離開燈光誘蟲的現場愈遠,發電機的吵雜聲音也就愈小,這時候我清楚聽到屬於自然的聲音。除了遠方溪谷傳來陣陣的流水聲外,身邊偶爾會響起「嘰!嘰!」的蟲鳴聲。隨著手電筒的強力光束照去,多半可在草叢中,發現一兩隻翠綠的螽斯,正賣力鼓動翅膀縱情高歌。

一般人總認為螽斯摩翅發音有求偶的作用;我不清楚等待情侶自動找上門的方法有沒有效?於是念頭一轉,就蹲在一隻螽斯旁靜觀其變,希望有新鮮的觀察記錄。十幾分鐘過去,我已蹲得兩腳發麻,那隻螽斯依然不停鳴叫著,附近卻不見絲毫動靜。隨後,我站起身來活動一下,順便找找附近的草叢是否有同種的螽斯可以觀察,免得我一直空等下去,到天亮也沒有結果。

突然間,我看見不遠的草叢裡,好像有隻蛾類正不停擺動翅膀,仔細一瞧,那不是蛾類,而是一隻細蝶,怎麼白天才出來活動的種類,晚上竟還會動個不停呢?

走近一看,我著實嚇了一跳,這隻細蝶的身上纏著一條黏滑細長的陸生渦蟲。這隻細蝶在晚上睡覺時,不小心遭

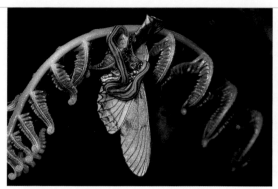

↑細蝶遭受「吸血鬼」纏身後，拚命掙扎仍擺脫不了半夜斷魂的命運。

↑看見這隻黃邊土苔蛾的悲慘下場，讓我聯想到電影中大蟒蛇吃人的畫面。

到這隻「吸血鬼」纏身，看來八成凶多吉少了。原本我只知道水蛭或陸蛭專吸人畜的血液，沒想到還有這種扁形動物會是昆蟲的剋星，只是不太確定牠是利用嗅覺或是觸覺找到倒楣鬼的？

後來，我又在一叢芒草的葉片間看見一隻相同的渦蟲，緊緊纏著一隻體型較小的黃邊土苔蛾。這隻倒楣的苔蛾動也不動，可能早已一命嗚呼。我想這種背上長著三條黑線的渦蟲，可能專挑晚上出來覓食，說不定昆蟲的體液正是牠的主食呢！沒想到我隨處閒逛，還發現昆蟲的另一類天敵，真是喜出望外。

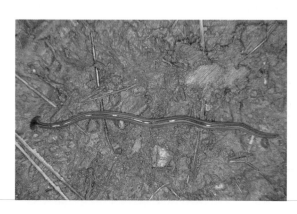

←這是陸生渦蟲的全貌。

姍姍來遲的小風箏──長尾水青蛾

由於打燈夜採的成績不佳，我只好提早收工。

回到下巴陵時已是深夜時分，山區的居民或遊客早已就寢。這個時候，夜行趨光的昆蟲由於氣溫變低，活動力已減弱不少；此時找尋昆蟲的探索工作，也比較不會受到好奇的人們盤問干擾了。

於是我開著車從下巴陵朝拉拉山山區上行，每遇到路燈，便下車到路燈下的草叢間搜尋，期待有新的收穫。

在半山腰的一棟小木屋旁，我看見一盞非常明亮的水銀路燈，心想：應該會有一些「撲火」的昆蟲趨集活動才對！

才剛下車，突然見到漆黑的夜空中，有一片雪白耀眼的「紙片」，搖搖擺擺的隨風而來。我盯著這片「白紙」由遠而近，最後就繞在燈光附近盤旋碰撞。這一幕我相當熟悉，那片會趨光盤旋的「白紙」，就是「長尾水青蛾」！

長尾水青蛾是台灣常見的大型美麗蛾類，除了冬季外，全島中低海拔山區的夜晚，都不難在路燈附近看見趨光飛來的長尾水青蛾。第一次看見這種碩大美麗的「天蠶蛾」，一定會愛不釋手，想將牠們抓回去永久收藏。不過可別太貪心喔！一次採集三、四隻的話，標本箱可能就放不下了。

過了好一陣子，這隻姍姍來遲的長尾水青蛾大概飛累了，終於停落在小木屋旁

↑趨光飛累了，長尾水青蛾（♂）常會停在路燈下的草叢間休息。

的草叢裡。雖然我已經見過這種蛾不下十數回，不過這麼迷人的蛾類，仍使我忍不住要多瞧一眼。

長尾水青蛾最吸引人的，就是後翅下方那對修長且略微捲曲的尾狀突起，還有水青色翅膀中央那四枚長得像眼睛的花紋。很多人說牠長得像小風箏：「小風箏」這個名號取得真貼切，因為牠不但外形長得像風箏，連趨光飛行的姿態，也和技術不佳的人放的風箏一樣，總在空中時上時下、時左時右的翻滾搖擺，有時候還會突然失速，筆直跌落在地面，再突然躍起呢！

我曾在清晨觀察過幾次長尾水青蛾起飛，躲入樹林中休息的姿態，牠們每次都不偏不倚的朝樹林筆直飛去，和牠們夜晚趨光飛行的「搖擺」姿勢，簡直判若兩「蛾」嘛！

從這點大概可以推論，蛾類夜晚的趨光飛行並不是牠們的本意，而是在夜晚飛行活動時，因為靠近燈光，受到燈光照射的刺激，最後才不得不演出「飛蛾撲火」的失常飛舞姿態吧！

↑長尾水青蛾的雌蟲體型較大，展翅寬度約13公分，翅形也和雄蟲略有不同。

↑姬長尾水青蛾只分布在中高海拔山區，牠是台灣產三種同屬近親中體型超迷你的一種，展翅寬度只有6～7公分。

↑台灣長尾水青蛾是長尾水青蛾的近親，但雄蟲的翅膀底色呈現濃黃色。

倖免於難的寶貝——台灣大鍬形蟲雄蟲

我開車來到上巴陵時，特別將車速放慢，並且不斷將車子停下，環顧四周的牆角和路面。因為這裡的路燈特別多，是理想的採集地，也許會有額外收穫呢！

當我重新驅動車子沒多久，發現剛駛過的路面上，好像有隻黑色鍬形蟲爬過。於是我趕緊煞車，走出車門彎下腰去，伸手將車底這隻差點慘遭巨輪輾過的幸運傢伙撿起。仔細一瞧，居然是我一直嚮往能採集到的「台灣大鍬形蟲」雄蟲，真是踏破鐵鞋無覓處，得來全不費功夫！

在上巴陵或中低海拔的山區，這種台灣大鍬形蟲並不特別罕見，細心一點的話，總有機會在路燈附近的陰暗處找到雌蟲。可惜雄蟲被發現的機會比雌蟲少得多，不知道是否在牠們繁殖的下一代中，雌、雄個體的比例本來就非常懸殊？或是雄蟲趨光後，不喜歡停留在明亮的地點，所以不容易被人們發現？還是雄蟲的趨光性較弱？總之，昆蟲生態世界中，不為人知的謎還多得很！

由於台灣大鍬形蟲雄蟲的採集數量不多，因此「榮登」國內的「保育類野生動物」之一。其實根據我後來的調查與飼養紀錄，台灣大鍬形蟲雌蟲的繁殖力並不差，只要將受過孕的雌蟲和大一點的朽木養在一起，牠們多半可以在朽木中產下卵來。

雌蟲會先用大顎在朽木上咬出一個彎月形深洞，深度約一公分，然後在中央最深的地方，產下一粒直徑約二公釐的卵，接著再用大顎咬下許多木

↑這隻體長約5公分的台灣大鍬形蟲，差點命喪我的車輪下。

屑，將洞口填平，修整到幾乎看不見有產卵痕跡為止，這樣卵粒才不致遭天敵侵害。

只要照顧得當，一年後便可羽化成小型的成蟲了。只是這種鍬形蟲幼蟲的食量不小，想要養出大型雄蟲，恐怕要費很大工夫去準備巨大的朽木枝幹，成功的機會才會較高。（註）

而且，大型雄蟲的幼生期，可能要在朽木中待兩年，甚至更久的時間，想飼養這類昆蟲的人，必須具備更高的耐心與經驗。

由於野外採集的雌蟲，受過孕的比例不低，再加上繁殖的幼蟲中，雌雄的數量相差不大，由此推斷雄蟲在野外的數量，不應該會比雌蟲少很多。難得一見的原因，可能真的是因為雄蟲和雌蟲生態習性不相同吧！

（註：近年來國內飼養鍬形蟲的風氣與專業技巧，比起以往算是突飛猛進；到專賣店去買一些人工的飼養材料來飼養幼蟲，較容易長出大型的成蟲。）

→這隻大型的「台大」體長約7.5公分，是同年在北橫同一位目前已去逝的職業捕蟲人借來拍的，而這隻寶貝大概早已珍藏在日本某個蟲痴的標本箱中。

↙飼養「台大」雌蟲的枯木上，仔細找尋後剝開木屑，終於找到牠的產卵處。

↓小心挖出產卵痕中的木屑，卵粒藏在小洞的最底層。

燈桿上的昆蟲生態

當我繼續開車，沿著上巴陵的崎嶇小路，向拉拉山山區駛去時，來到一盞屬於「寶燈」級的水銀燈旁，我將車子停妥，再拿出強力的手電筒，準備仔細的搜尋一番。

剛抵達燈下的電桿旁邊，我一眼便瞧見燈桿上有隻蟋蟋正在享用大餐，而牠的美味佳餚竟然是一隻粉蝶燈蛾！看牠專心進食的模樣，連我靠在牠的身旁，閃光燈不停閃著，對牠卻毫無影響。蟋蟋的外觀很像是蟋蟀，又有點像螽斯，牠們都是直翅目的昆蟲；蟋蟋的種類比較少，大部分都是肉食性昆蟲。很高興第一次目睹牠兇猛獵殺蛾類的生態，親自印證了書本上面的知識。

隨後，我在燈桿下的一個紅磚塊上，發現了一團密集排列的小卵，透過高倍的放大鏡頭看去，好像是經過細心排列的小梨子。這次是誰的傑作呢？我很肯定這是某隻趨光而來的雌蛾所產下的小卵，可惜沒能親眼目睹產卵過程，所以無法確認到底這個多產的媽媽，是哪種蛾類？原本我還試圖要數一數總共有幾個卵呢！可是每次數到一半，眼睛就花了，只好大略的估算一下，我想總數大概超過兩、三百個吧！

在路燈燈桿上看見或多或少的蛾卵，這可是非常普遍的

↑這隻蟋蟋爬上電桿捕食粉蝶燈蛾。

↓電桿下磚塊上的蛾卵，讓我怎麼數也數不清。

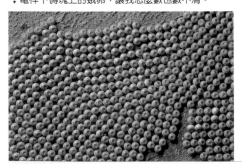

情景，可見得許多蛾媽媽的個性還挺隨便的。當牠們肚子內的卵太脹的時候，也顧不得幼蟲孵化後有沒有寄主植物的葉片可吃，就把卵隨處亂生。這麼一來，孵化的幼蟲，可能很多都因找不到適當的食物吃而餓死。

各位朋友會不會擔心這種蛾類，有天會絕種呢？其實，大家別擔心！因為孵化出來的幼蟲，肚子一餓便會隨處亂爬，一找到樹葉或雜草，便咬一咬、試一試。久而久之演化的結果，這種蛾類的幼蟲，不但爬行能力強，而且可以適應吃食的植物種類，會愈來愈多喔！這樣子，牠們就不用擔心，萬一有天某種特定植物絕種時，牠們也會因為沒食物吃，而跟著走上滅絕的道路了！

↑電線桿上蛾類產卵是很普遍的昆蟲生態，這隻沿著電桿向上產卵的毒蛾雌蟲，會用尾部的毛叢黏在卵粒上加以保護。

↑這個木頭老電桿上同時出現了4樣東西，分別是一對白斑素獵椿象，一隻毒蛾和一堆碩大的蛾卵（非毒蛾所產），大家能推理出誰先來後到嗎？

燈下巧遇怪螳螂

大部分蟲子的外觀都是綠色或褐色；也就是躲避敵害的最佳保護色。但有趣的是，擁有絕佳保護色的夜行昆蟲，趨光飛到窗台或電線桿上停棲時，那身保護色就常派不上用場了。

靠近拉拉山森林遊樂區的小山路上有座水蜜桃園，園內的農舍邊有盞愛蟲人公認的「甲蟲寶燈」。來到燈下，我先巡視電線桿四周。在約三公尺高的水泥電線桿上，我瞧見一隻很像蟑螂的傢伙，靜靜平鋪著身子趴在那兒。

我覺得很奇怪，這隻「蟑螂」身材怎麼如此修長呢？於是，我取出小望遠鏡仔細一瞧。哇！牠不是蟑螂，而是一隻很像蟑螂的螳螂！

這是種我從未見過的螳螂，不但體型扁平，連停棲姿態也和一般螳螂完全不同，牠竟然將六隻腳平鋪在身體兩側，難怪會被我誤認成蟑螂了。

當場我不清楚這種螳螂是否被分類學家發現而命名過，不過牠可能還沒有中文名字，如果讓我來替牠取中文名字，我想為牠取名為「扁花斑螳螂」，因為牠身體扁平，而且還有著一身褐色雜亂的花紋。（註）

停棲到樹幹上的偽皮螳螂，可以利用一身樹皮般的顏色，躲過天敵的追蹤。

我想將牠採集回去，更進一步研究鑑定，於是順手撿起一根長樹枝，準備將牠挑下來。沒想到，當樹枝尖端輕輕碰到牠的身體時，牠馬上嚇得縱身起飛，降落在不遠的大樹

幹上。

　　瞧牠這般敏捷的身手，眞是出乎我的意料，牠和一般螳螂那種慢郎中的個性，眞是有著天壤之別。

　　幸好，我的眼睛緊盯著牠從水泥燈桿上起飛，直到降落在樹幹上，要不然就再也找不到牠了。因爲牠那一身褐色雜亂的花紋，一旦停在樹皮上，立刻就發揮了保護色的功用。

　　眼前這一幕怎能錯失呢？於是我準備好拍照工具後，先用手電筒對準這隻「扁花斑螳螂」，然後小心翼翼的靠近牠，拍了些照片。最後，當然還是忍不住想將牠捉起來囉！

　　由於牠停的位置不高，所以我直接用手抓。只是天不從人願，當我的手指離牠只剩一、二公分時，牠竟然沿著樹幹向上飛奔直竄，速度比起蟑螂可毫不遜色呢！

　　由於牠身體的花紋色彩和樹皮簡

↑靠近樹皮螳螂近看，可以發現牠用平舖的方式趴在樹幹上，和一般螳螂「拱手祈禱」的模樣完全不同。

↑拉拉山附近還出產著另一種叫「屏頂螳螂」的怪傢伙，牠的頭頂上長著一根扁平的犄角哦！

直沒有差別，所以才一、二秒時間，就在我的注視下隱身失蹤。雖然我不太甘心的用手電筒來回搜尋了好一陣子，可惜再也看不到這隻奇妙、罕見的怪螳螂了。

（註：日後經由圖片鑑定出這隻螳螂叫做樹皮螳螂。）

敲樹撿蟲的絕招

夜晚，在山區的路燈下採集甲蟲時，還有一處大家常忽略的地方，那就是路燈周圍的樹叢枝葉上。因為許多趨光飛來的昆蟲，在路燈附近盤旋時若碰到樹木的枝葉，就會停下來休息。只是夜晚的光線非常昏暗，只憑肉眼很難看清高聳在路邊的樹叢間，有沒有躲藏著甲蟲寶貝。想要採集這些躲在樹叢間的趨光甲蟲，不妨試試看接下來介紹的「絕招」，保證會有意想不到的收穫喔！

我再度回到「甲蟲寶燈」旁，進行我的「絕招」！

首先，我自車內取出可伸展四公尺長的大鋁桿，然後走到路燈旁的大樹下，雙手握緊鋁桿，再將桿尾伸到樹頂的枝葉叢間，用力的敲打，接著馬上安靜聆聽物體掉落路面的撞擊聲。

這招我已施展過太多次了，所以幾乎可從撞擊聲的快慢、大小和特色，大略判斷出掉落的東西是枯枝、樹葉，還是心中期待的甲蟲。每當聽見令人振奮的「甲蟲聲」時，我會趕緊放下桿子，拿起手電筒，對著發出掉落聲響的柏油路面照去，設法找到這隻突遭夜半驚魂的「失足者」。

我曾在這盞路燈附近，一夜就「敲下」了五十幾隻的各式鍬形蟲和金龜子，還包括了超大型的長臂金龜呢！還記得那時候，每敲一次樹叢，甲蟲掉落的聲音總是此起彼落。路面上沒被我找到而遭意外踩死的小甲蟲

↑往年在上巴陵到拉拉山間有不少蟲況超好的「甲蟲寶燈」。

還真不少呢！

但是近年來這附近山坡地的開發越來越嚴重，昆蟲的數量也逐年銳減；看來，這個「甲蟲寶燈」的美譽，恐怕即將變成「歷史名詞」了。

今晚這裡的「蟲況」當然比不上往日，不過在我奮戰不懈，幾回敲打樹叢後，還是聽見了「迷你級」的聲音。最後的成果是：一隻薄翅鍬形蟲（雙鉤鋸鍬形蟲）、一對台灣肥角鍬形蟲，和幾隻常見的小金龜子。

經常採集甲蟲的人，遇到這種事倍功半的收穫，多半都會大失所望。可是，樂觀一點的看法是，能夠採集到一對台灣肥角鍬形蟲也不錯嘛！將牠們帶回家去養在一起，細心的照料，觀察牠們結婚、產卵，或許還可以培養出一大群牠們的兒女呢！這不也是很有成就感嗎？這樣才是令人敬佩，且堪稱技冠群倫的「昆蟲玩家」喔！

↑「甲蟲寶燈」附近的樹上，很容易能敲下像雙鉤鋸鍬形蟲等中、小型的鍬形蟲。

↑ 能夠敲下一隻台灣肥角鍬形蟲的雄蟲，成績算是差強人意。

↑ 平頭大鍬形蟲的雌蟲是北橫優勢種，帶回家去產卵繁殖下一代是有趣的挑戰。

枯葉？夜蛾？枯葉夜蛾！

有些較大型的甲蟲，在夜晚趨光飛行時，可能會停在路燈旁較粗大的樹木枝幹上，當你敲擊樹葉枝叢時，未必能將牠們嚇得裝死，從樹上掉下來。所以，在我用鋁桿敲遍附近每一棵樹叢後，索性爬到燈旁一棵不是很大的山櫻花樹上，然後像隻調皮的猴兒一樣，使出吃奶力氣，拼命搖動這棵小樹。隨後，我馬上聽見樹下的草叢裡，發出一聲超重量級的撞擊聲，大概是長臂金龜或鬼豔鍬形蟲吧？當然，內心仍免不了希望牠是一隻比較罕見的大傢伙。

在拉拉山附近地區，夜晚會趨光的大型甲蟲，比較常見的就是長臂金龜、獨角仙和鬼豔鍬形蟲。在春夏交替的這個季節，聽見大型甲蟲掉入草叢的聲音，心中當然祈禱牠是長角大鍬形蟲或是台灣大鍬形蟲；至於秋天的時候，便希望牠是另一種比較稀少的大圓翅鍬形蟲。

當我從山櫻花樹上爬下來後，便拿起手電筒，在路邊的短草叢間仔細搜尋，看看是否會有意外驚喜。

不過，我半蹲著身子，在草叢中尋找了好一陣，卻遍尋不著那隻從樹上掉落的大甲蟲，難道會是我判斷錯誤，誤將枯樹枝掉落的聲音當成甲蟲嗎？

就在我打算放棄時，卻在離電線桿不遠的枯葉叢間，赫然發現一隻六腳朝天的長臂金龜雌蟲。哇！果然被我料中了，不過這並不是我心中期待的傢伙，所以我伸手將牠翻過身來，讓牠能快點飛走，免得被我不小心踩著

↑枯葉堆中這隻枯葉夜蛾差點被我踩死，你看到牠了嗎？

了。

接著，我的手電筒燈光集中在一隻疾行的步行蟲身上。由於燈光的照射，這隻小傢伙緊張得到處亂竄。當牠快速的身影一腳碰到身前的一片「枯葉」時，這片「枯葉」突然騰空躍起，然後在十～二十公分外再度落下。

這個突如其來的景象，真讓我大吃一驚，等我回過神後仔細瞧去，哈哈！我又上當了，那片「枯葉」其實是隻如假包換的夜蛾；真不負牠「枯葉夜蛾」的大名！瞧牠一身精彩絕倫的擬態功夫，不得不讓人佩服天造萬物的偉大。不過，話說回來，這隻幸運的傢伙，還好有步行蟲救牠一命，要不然，牠可能就會慘死在我不知情的魔腳下囉！

←假如沒有看見那對觸角，大家能相信這段枯枝是一隻「偽小眼夜蛾」嗎？

↓尋找夜蛾大挑戰，畫面中的枯枝堆裡有幾隻夜蛾呢？答案是2。

Taiwan Insects

永和寓所 II

養隻鍬形蟲並不容易

待在家裡的日子，我必須將野外帶回家的各種昆蟲，依生態習性，布置出相近的飼養環境。

以鍬形蟲為例，我會找個小水族箱或大一點的塑膠飼養箱，將朽木碎屑和糞便腐土鋪在底層，再噴上一些水分，布置成森林中腐植地面般的環境。然後放進一兩根粗細適中的潮溼朽木後，才將特別精選的鍬形蟲成蟲放進飼養箱中；我還會放進一兩片蘋果或梨子（註）。當然，還要蓋緊頂蓋，以免牠們「投奔自由」。

可不是這樣就萬無一失了，我還必須經常檢查每個飼養容器，隨時補充朽木碎屑的水份和食物。如果這些成蟲不幸「壽終正寢」，還得馬上將牠們製成標本，才不會腐爛後身首異處；順便檢查飼養箱，看看有沒有雌蟲產下的卵粒。

經過長期觀察記錄，我發現不同種類的鍬形蟲產卵，會有一定的習慣與偏好，有的喜歡將卵產在腐土堆中，有的卻專挑朽木內產卵。最有趣的共同點是，產下的蟲卵會因吸收了朽木或腐土中的水分，而逐漸脹大。大部分的蟲卵，都會在產下的四～八天內孵化成一齡幼蟲，然後就靠吃箱中的朽木或碎屑長大。

↑鍬形蟲的卵會吸收水分而脹大，這個即將孵化的卵內還可以看見幼蟲的大顎。

↑經常翻動朽木觀察飼養的鍬形蟲幼蟲，較容易造成牠們染病死亡，這是一個感染黴菌死亡的蛹。

　　一、二個星期後，一齡幼蟲便會脫皮，長成二齡幼蟲，這時候幼蟲的頭部會變大許多。再經過二～四個星期，牠們不斷吃食，二齡幼蟲會再脫掉一次皮，變成三齡幼蟲。

　　鍬形蟲的幼蟲一生只有三齡而已，可是這段三齡生活史期間，短的最少要二、三個月，長的則需一～二年的時間呢！

　　爲了精確記錄每種幼蟲的生活史，我每隔一段時間便將飼養箱中的朽木與碎屑倒出來，仔細觀察、記錄幼蟲的生長情形，順便補充一些朽木食料。假如飼養箱中的幼蟲長大很多，變得太擁擠時，我還必須準備其他飼養容器，將幼蟲疏散分居。遇到有幼蟲病死時，要將屍體清除乾淨，甚至要爲健康的幼蟲換個家，並清洗消毒原先的飼養箱，以免傳染病菌散播，使牠們全部死亡。

　　這樣子的細活需要高度的毅力與耐性，常會忙到半夜三更，累得腰酸背痛。但每當在家中拍到昆蟲生態中最精彩的畫面，或是發現一些書本上不曾學到的知識和經驗時，我就覺得非常欣慰了！

（註：蘋果或梨子腐爛容易滋生果蠅、細菌，不能勤於替換天然食物的人，不妨用小型的椰果果凍來取代，這是極佳的成蟲人工餌料。）

↑ 不想拍照的人可以用玻璃瓶或透明塑膠罐飼養鍬形蟲幼蟲，這樣可以隔著容器觀察裡面造好的蛹室與幼蟲。

↑ 瓶內蛹室中的幼蟲隔一段時間後脫皮變成了一個蛹。

不識繭中土蜂真面目

從北橫回家的隔天，我繼續照顧整理帶回家的昆蟲。打開原先養鍬形蟲幼蟲的塑膠盒時，我嚇了一跳。

原本還胖嘟嘟的鍬形蟲幼蟲，這會兒已變成「乾扁四季豆」，身體被「食蟲虻」幼蟲吃掉大半，動也不動了。而這隻寄生天敵才一天多，體型竟大了二、三倍！

隔了一天半，當我再次觀察時，牠竟不見了，一旁卻多出一個蟲繭，和先前在北橫採集到的那兩個完全相同。而被寄生的鍬形蟲幼蟲只剩空頭殼和蟲皮了！

從這二、三天看來，這隻幼蟲的成長階段應該不會超過一個星期。牠為什麼要在這麼短的時間內，完成幼蟲期的攝食成長階段呢？有兩個可能的理由：一、寄生幼蟲沒能力進行防腐，為避免寄主腐敗產生毒素，所以採速戰速決。二、牠們的成蟲蛋生得少，為避免幼蟲期被其他天敵捕食寄生，所以必須趕緊長大，以繭來保護身體，增加存活機會。

兩、三個星期後，我挑了一個繭用剪刀剪開，想觀察牠們變蛹或羽化的情形，卻發現裡面仍躲著一隻幼蟲，和平常飼養的其他昆蟲生態大不相同。我將剪開的繭和其他兩個一起收起來，後來這個開了口的蟲繭裡的幼蟲竟慢慢萎縮死去了。

大約再過了二、三個月，剩下的兩個繭仍毫無動靜。我猜想這繭裡的小東西大概要越冬之後才會羽化吧！那牠們是以幼蟲型態越冬，還是以蛹越冬呢？於是我又將另一個蟲繭剪開，結果仍是隻縮小了點的幼蟲。所以牠們應該會等到即將羽化的季節，先脫皮成蛹，然後再羽化吧！

到了隔年春天的某天早上，我突然看見塑膠盒裡有隻蟲子嗡嗡飛著，仔細一看居然是隻蜂類，不是食蟲虻！我趕

↑這隻寄生的幼蟲只隔一天便長大了許多,而鍬形蟲幼蟲也被吃得身體縮皺成一團。

↑再隔一天半,鍬形蟲幼蟲被吃光了,只剩下一個頭殼和一團木屑糞便;而寄生的幼蟲,也吐絲結成了一個硬繭。

緊找尋昆蟲分類的書,分辨出牠是「土蜂科」成員。書裡說牠們的幼蟲是金龜子類幼蟲(多半生活在腐土中)的寄生性天敵,沒想到土蜂媽媽也找得到枯木中的鍬形蟲幼蟲來寄生呢!

幾天後,另一隻土蜂也羽化了。為了日後更精確鑑定出身分和名稱,我將其中一隻做成標本。雖然至今仍未能鑑定出身分,可是每當我看見了這隻標本時,便會想到牠讓我誤判為「食蟲虻」長達半年多,我從此學得科學研究要虛心客觀,要不然連自己錯了都不曉得!假如我又將錯誤資料留傳下去,影響就更嚴重了!

(註:這隻土蜂後來從日本書籍中查出牠的學名,我在圖鑑中將牠取名為橙頭土蜂。)

←隔年春天,繭裡羽化出來的不是食蟲虻,而是一隻叫「橙頭土蜂」的寄生蜂。

迎接蝴蝶仙子的誕生

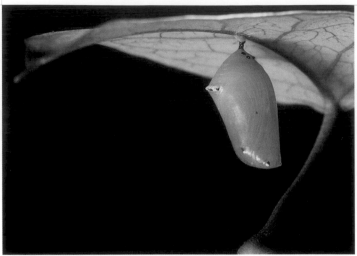

↑ 黑脈白斑蝶的蝶蛹，在羽化的前幾天，顏色仍是翠綠的。

　　今早起床後，原本打算到陽明山走走，可是在檢查家中飼養的昆蟲後，欣喜發現「黑脈白斑蝶」的蝶蛹顏色不再那麼翠綠，在蛹體的翅膀部位，已出現些許黑白相間的花紋。這個蝶蛹很可能會在今夜羽化變成一隻美麗的蝴蝶喔！於是我留在家中，準備來個全程觀察！

　　推測今晚大概又得終夜守候，所以吃完午飯後，我又睡了一頓飽覺，這樣才有精神挑燈夜戰。

　　天黑後，當我再次仔細觀察蝶蛹時，已經可以在蛹體兩側，清楚看到黑底的白色斑紋，這的確是黑脈白斑蝶的上翅縮影模樣；這個倒掛的蛹體上方，蝴蝶身體腹部的顏色和花紋都很清楚呢！

　　我興奮極了！在蘭嶼翻山越嶺，好不容易才找到這個小卵，細心照顧一個月後，「她」就要長大成「蝶」了！這種期待的心情，和即將當爸爸的人，守在產房外的心情，大

概沒有太大差別吧！

　　我剛開始觀察蝴蝶羽化過程時，只要蛹體一出現蝶翅斑紋後，我就會目不轉睛、寸步不離的守著蝶蛹，連上廁所時都會請同學或家人代為監視。結果卻常在精疲力盡的瞌睡中，錯失最精彩的羽化過程。等到我突然驚醒後，蝴蝶早就爬出蛹殼，和我四眼對望了。

　　如今，觀察蝴蝶羽化的經驗豐富多了，勝算可說是十拿九穩，因為我已能掌握羽化前的各種跡象與流程。

　　像黑脈白斑蝶的蛹體上，出現蝴蝶上翅和腹部的明顯顏色與斑紋時，表示

↑隔了幾天，蛹體的兩側，已經可以清楚的看到黑底白紋，這是黑脈白斑蝶上翅的縮影呢！

蛹內已經蛻變出一隻完整的蝴蝶雛體了，這時候，蛹壁變得只剩一層薄薄的透明殼，我們才能看清裡面的模樣。可是，此時蝴蝶的體翅仍緊貼著蛹殼，離牠掙脫枷鎖的時間，還要好幾個鐘頭，甚至半天以上呢！哈！我絕不會再像從前一樣緊迫盯「蝶」，以免自己體力耗盡而前功盡棄。

　　我設法讓自己放輕鬆些，將蝶蛹連同附著的盆栽，一起搬到沙發旁，並布置好攝影裝備。然後蹺起兩腿，一下子看電視，一下子翻書報；每隔二十～三十分鐘，再留意一下蛹的動靜。

　　用這種方法觀察蝴蝶幼蟲變成蛹，或是由蛹羽化為成蟲，大概十之八九都能夠「抗戰」成功，一飽眼福呢！

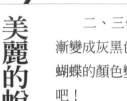

美麗的蛻變

二、三個鐘頭後，透明蛹體上的黑色斑紋，有些已逐漸變成灰黑色，蛹內的蝴蝶已漸漸脫離緊貼的蛹殼了。蛹內蝴蝶的顏色變淡和脫離蛹殼有什麼關係？讓我舉個例子說明吧！

假如有人穿件白色薄襯衫跳進泳池裡，當他爬出水面時，溼透的襯衫一定會緊貼著身體，而變得透明，我們不但可以看見他襯衫內有沒有穿內衣，連形狀和顏色也一目了然。這時候，如果用手指撐起襯衫，讓襯衫和身體間夾著一點空氣，就會變成不透明了；而內衣的顏色也就會變淡，影像也會模糊些。

所以，當蝶蛹內的蝴蝶顏色變淡，透明感逐漸變差時，就像溼襯衫和身體間夾著空氣一樣，表示蝴蝶的體翅已不再緊貼著蛹殼；離牠羽化的時間也就更近了。

等蝴蝶翅膀的顏色全都變淡時，代表翅膀已完全脫離蛹殼了。我不敢再掉以輕心，連忙守在一旁，靜靜等候即將上演的好戲。

大約半小時的光景，蛹體內橙黃色的腹部位置，突然上下急遽的蠕動，隨後不久，蛹體腹面的頭部和胸部間便出現了一道裂縫，倒掛在蛹殼內的黑脈白斑蝶一下子便探出頭來，隨即用中、後腳攀住蛹殼，使勁將屈捲在蛹殼內的身體和翅膀向外拉出。哇！這正是我最期待的一刻！就這樣，前後不到半分鐘的時間，原本一個有著斑紋與色彩的蝶蛹，一下子就變成了透明的空殼；而那隻蟄伏多時的美麗彩蝶，便靜靜抓緊蛹殼，倒懸在下方。剛羽化的黑脈白斑蝶，翅膀還是軟軟、小小、皺皺的，接下來就等待翅膀慢慢伸展成形囉！

↑黑脈白斑蝶羽化時，努力將翅膀和腹部抽出蛹殼外。

↑鑽出蛹殼後，靜靜的倒懸在蛹殼下方。

在觀察過程中，除了偶爾看見牠微微蠕動腹部，或是移動一下後面四隻腳的攀附位置外（前腳已經退化縮在胸前），實在無法用肉眼看出蝴蝶的翅膀「長大了」！可是十多分鐘後，牠的翅膀已經伸展成標準的蝶翅模樣，但仍靜靜倒掛在蛹殼下方。

這會兒，牠總算完成羽化過程；接下來再經過幾個鐘頭的休息和等待，牠就會正式成為一隻到處悠游飛舞的彩衣仙子囉！

↑10多分鐘後，成蟲的翅膀已逐漸伸展成型。

尊重大自然的生存規則——讓牠生於斯，長於斯

不曾觀察過蝴蝶羽化，或觀察不夠仔細的人常會說：蝴蝶剛羽化後的蝶翅又溼又小，要等到翅膀變大、變乾時，才能快樂飛翔。但是這樣的形容不夠詳細確實，容易讓人誤會。

其實，剛羽化的蝴蝶，根本看不出翅膀潮溼，可是翅膀裡倒是有許多水分。初羽化的蝶翅又小又皺，但這時蝴蝶腹部有許多體液，牠會收縮腹部，藉著翅膀上的中空翅脈，將體液灌注到翅膀內，翅膀就會像灌氣球般的慢慢撐大；等定形後，翅膀內的水分會慢慢回收到腹部，從肛門排出，然後翅膀就會變硬、變輕了。

↑ 這是蝴蝶的翅膀特寫，黑色線條部位是翅脈，中空的翅脈在蝴蝶羽化時可以用來輸送體液撐大翅膀；當翅膀硬化後翅脈就變成骨架。

↓ 野外活動的蝴蝶，下翅嚴重破損仍不會影響牠們的飛行能力。

為了親自驗證這個現象，我曾做過一個對照實驗。我先用手指將野外正在飛舞的紋白蝶的翅膀摘掉一小塊；但這隻翅膀殘破的蝴蝶，並沒有因此受傷，也沒有任何體液從缺口中流出。將這隻蝴蝶放走，牠仍可自由飛行。可是，有一次我在蝴蝶剛羽

化，翅膀還沒完全成形時，用剪刀將牠的一個翅膀剪掉小小一角，這個小缺口便不斷滴出深綠色體液。最後，牠的四個翅膀竟然都不能伸展成形，當然也就飛不起來了。

很多人都有養幼蟲到羽化成蝶的經驗，而且常是在早上起床後，發現羽化後的蝴蝶已在明亮窗邊掙扎飛行。大部分的人可能就順手將蝴蝶放出窗外，分享牠們喜獲自由的成就感。

不過我覺得這不值得鼓勵喔！例如有人把台北地區原本沒有的蝴蝶幼蟲，帶回台北飼養，羽化後就直接放到戶外，而這隻蝴蝶飛到附近山區時，碰巧被研究人員採集或觀察記錄下來，就可能影響到這種蝴蝶族群分布統計的正確性了。

記得曾有位在蝴蝶館工作的朋友，將蘭嶼才有的琉璃帶鳳蝶帶回台北飼養繁殖，卻不小心讓許多後代成蟲逃到野外去。結果這些琉璃帶鳳蝶便和台灣本島的烏鴉鳳蝶發生雜交繁殖，這兩種蝴蝶雖是同一種，但因生長地區不同，外觀也大不相同。因為這次人為疏失，蝴蝶雜交後，竟出現了許多中間型模樣，擾亂了大自然的生態分布。

↑這是蘭嶼的琉璃帶鳳蝶，牠是本島烏鴉鳳蝶的另一亞種。若將琉璃帶鳳蝶野放在本島，牠會和烏鴉鳳蝶自然交配繁殖，而影響本島烏鴉鳳蝶基因的單純度。

我認為除非有重大理由，否則人類根本無權改變生物在地球上的自然分布或生態變化。假使人們不懂得尊重大自然運行的道理，有一天吃虧遭殃的，可能就是人類自己呢！

Taiwan Insects

陽明山

為八卦陣中的冤魂編個故事

從事昆蟲生態的探索研究，台灣從南到北我有不少特別熟悉且偏愛的去處，這一回我決定到陽明山。

我在天剛亮時便整裝出發。決定先去造訪坐落在半山腰的私人柑橘園，探望我的昆蟲朋友。這有著一大堆好處喔！第一，果園主人平常都將昆蟲誤認為大壞蛋，所以有人要來「抓蟲子」，主人可歡迎得很。第二，這些柑橘園不在陽明山國家公園內，所以不必擔心觸犯法律。第三，蟲子多的季節裡，柑橘園中反而沒有成熟果實，因此不必擔心有「偷摘果實」的嫌疑。第四，柑橘園有人照顧整理，毒蛇或虎頭蜂等危險動物出現的機會也較少，較安全。因此北部的朋友如果喜歡昆蟲的話，夏季不妨多跑跑柑橘園，相信會有不錯的成績。不過還是要先徵求果園主人同意喔！這樣才不會遭到主人訓斥，掃了抓蟲子的興致喔！

才剛到柑橘園旁，抬頭便瞧見金露花的圍籬上方，有張殘破的人面蜘蛛大網，邊緣還黏著一隻琉球青斑蝶。奇怪，怎麼找不到這張網的主人呢？我取出捕蟲桿子，碰碰那隻琉球青斑蝶，結果牠動也不動一下；看樣子，牠已死在蜘蛛網上很久了。

我站在圍籬旁思索了一陣子，想出最合理的劇情：

有天早上，這隻琉球青斑蝶恰巧來到這叢金露花旁。牠看見到處是甜美的花朵，樂得頭都昏了，正準備衝下去飽餐

↑這隻琉球青斑蝶黏在蜘蛛網上，無法動彈，雖然沒有成為人面蜘蛛的大餐，但是最後仍困死在蜘蛛網上。

一頓時，突然誤闖了人面蜘蛛設在花叢間的大陷阱，一下子就給黏得無法掙脫了。同時，守在網中央的人面蜘蛛感覺到有獵物上門，馬上一個箭步衝向琉球青斑蝶，一口咬住，免得牠乘機脫逃。

當人面蜘蛛準備享受獵物時，卻聞到獵物身上有股刺鼻辣口的辛臭味，不禁暗罵：「眞衰！這東西怎能吃嘛！」於是牠自動放棄，並試圖將纏黏在琉球青斑蝶身上的絲線咬斷，準備將牠趕走。

咬到一半時，纏在琉球青斑蝶身上的絲線鬆動了，這隻驚魂未定的傢伙便拼命擺翅掙扎，在網邊左搖右搖，使得想趕走牠的人面蜘蛛，根本無法順利的接近，咬斷最後幾根黏在蝶翅上的絲線。

經過一連串的嘗試與失敗後，人面蜘蛛終於放棄這個殘破的陷阱，搬家到另外的地方織網了。

你認為琉球青斑蝶的下場會如何呢？掙脫不了最後幾根纏翅的絲線，當然是困死在那張殘破的蜘蛛網上，成了我看到的情景囉！

↑人面蜘蛛捕獲蝴蝶時，為了防止獵物因鱗片脫落而逃離陷阱，會先吐絲將蝴蝶包綑成一團再慢慢享用大餐。

↓吃飽後，人面蜘蛛會將獵物屍骸上的絲線咬斷丟棄，然後再重新吐絲整理捕捉下一隻獵物的陷阱。

編故事也要邏輯的推理

↑琉球青斑蝶幼蟲吃食有毒的甌蔓，所以體內含有來自食物的毒性，一般肉食動物不敢隨便捕食牠們。

↓當琉球青斑蝶幼蟲變成蛹後，體內的毒性可以讓天敵不敢隨便吃食，外觀上還長著鮮明的銀色光點，來警告別人不可隨便侵犯。

　　看過上一篇的故事後，讀者一定認為我的想像力特別豐富，才能編出這樣的故事情節。雖然我並未親眼目睹整個過程，可是編出這個故事可非毫無根據，我可是經過細密周詳的分析推理才編出來的喔！

　　喜歡蝴蝶的人應該都知道，斑蝶類是「不好吃」的昆蟲，尤其是青斑蝶類，牠們體內都含有劇毒。因為牠們幼蟲時期吃的食物，是毒性很強的「蘿藦科」植物；琉球青斑蝶也不例外，牠的幼蟲最愛吃有毒植物甌蔓的葉片，因此成蟲的體內還保有幼蟲時期留下的毒素，一般肉食性動物根本不會打牠們的主意。

　　人面蜘蛛則是郊外或山區常見的大型結網蜘蛛（註），結下的網直徑常超過一公尺以上，網上的蜘蛛絲更是又粗又黏；有些小孩還會把牠們的蜘蛛絲纏在竹竿頂

端,製成捕捉熊蟬的工具呢!因此,再強壯的大型蜻蜓、蝗蟲或螳螂,只要被人面蜘蛛網黏住,幾乎都沒能倖存。

觀察過蜘蛛捕蟲進食的人一定都知道,蜘蛛並不會把獵物吃下肚去,而是分泌消化液,將獵物的體內養分,連同體液一起吸光;而且結網蜘蛛剛捕捉到獵物時,會從尾部不斷分泌絲線,用最後兩隻腳拉著絲線將獵物團團圍住,以免牠們逃跑。

那麼,當有毒的青斑蝶類碰到人面蜘蛛時,又會是怎樣的結果呢?這個答案在書本中可就找不到了。

為了追根究底,我曾經做過多次實驗。當我用捕蝶網捉住青斑蝶類,朝著人面蜘蛛網上丟去時,反應靈敏的人面蜘蛛總會迅速擒獲中網的實驗品;可是有趣的是,牠並不會分泌絲線將青斑蝶纏住,而是慢條斯理的將黏在蝴蝶身上的絲線一根根咬斷,將這隻有毒的傢伙驅逐出境;當然囉!網破了還得自己重新補好,以等待其他好吃的飛蟲上門。

因此,當我看見琉球青斑蝶困死在殘破的蜘蛛網上,才會聯想出琉球青斑蝶掙扎得太劇烈,人面蜘蛛不容易咬斷最後幾根蜘蛛絲,結果只好棄網搬家的這個故事了。

(註:蜘蛛有結網的也有不結網的。如蠅虎、蟻蛛、蟹蛛等類都是不結網蜘蛛。)

↑琉球青斑蝶長大成蟲後一樣有恃無恐,因此牠們常輕緩的在花叢間覓食活動。

↑青斑蝶類家族不大,但不論哪一種都是人面蜘蛛的拒絕往來戶(這是小紋青斑蝶)。

柑橘林中——鳳蝶的樂園

夏季的柑橘樹園就像是昆蟲的生態園，精彩極了！我剛鑽過圍籬，迎面就瞧見一隻黑鳳蝶，在柑橘樹叢間來回穿梭，久不離去。

看牠來回盤旋慢慢飛翔的姿態，我猜牠是隻正在找尋產卵場所的蝴蝶媽媽！果然不錯，不一會兒就見牠在一枝柑橘嫩芽的葉梢暫停了一下，隨即彎下腹端，產下了一粒米黃色小卵。

夏季會在柑橘園活動的鳳蝶中，最常見的是黑鳳蝶、大鳳蝶、無尾鳳蝶、柑桔鳳蝶、烏鴉鳳蝶和玉帶鳳蝶，因為這六種鳳蝶幼蟲都喜歡吃柑橘類植物的葉片，所以蝴蝶媽媽常會飛到柑橘園中產卵。在北部郊區的柑橘園裡，黑鳳蝶和大鳳蝶更是常客，幾乎每回到柑橘園內都會見到呢！

其實這裡不只會出現鳳蝶媽媽而已，因為這裡是幼蟲的生長環境，所以一定會有剛羽化而還未交配的「鳳蝶先生」或「鳳蝶小姐」；許多雄鳳蝶也懂得到柑橘園中追女朋友呢！

前方就有隻藍黑色的大鳳蝶雄蝶，正緊跟在一隻雌蝶身旁翩翩起舞，展開溫馨動人的求偶攻勢呢！我趕緊準備好裝備，打算來個全程「跟監」；我躡手躡腳跟在牠們身後，前前後後到處穿梭。

沒多久，我便發現這隻雌蝶好像只顧著在柑橘樹叢間找尋目標，一點都不理會身後那隻雄蝶。雌鳳蝶一生只能交配一次，所以這隻雌大鳳蝶可能是已交配過的「蝴蝶媽媽」，來到柑橘園只是為了產卵；沒想到身邊卻跑來一隻不識趣的追求者，害牠無法專心產卵。

不久，這隻雌蝶趁雄蝶追求攻勢稍緩時，趕緊在一棵

小柚子樹的嫩葉上，產下一粒卵。可是隨後那隻雄蝶又飛近雌蝶身邊，死纏著不走，結果這隻蝴蝶媽媽就結束了盤旋緩飛的姿態，朝空中急速振翅，高飛了一小段，然後便沿著固定方向揚長而去。

↑ 大鳳蝶媽媽在柚子葉上產卵，另一旁的雄蝶仍不死心的在一旁大獻殷勤。

　　我彷彿可以聽見蝴蝶媽媽說：「這位先生，我已經芳心有屬了，請你不要再纏著我，我絕不會愛上你的！」可是那隻想老婆想得快發瘋的二楞子，好像不懂雌蝶的意思，仍跟在雌大鳳蝶身後緊追不捨。

　　雄蝶先生根本不可能追求成功的，最後遲早要放棄；而我也只能目送這兩隻無緣的大鳳蝶離去。哎！願天下有情「蟲」皆成眷屬吧！

↑ 有時候雌蝶會停止活動，在樹林旁找個地點停下休息，專心觀賞雄蝶的舞姿，若滿意追求者的表現，最後才會同意地靠近交配。

↑ 黑鳳蝶媽媽將小卵粒產在柑橘樹的嫩葉上。

柑橘樹的剋星——星天牛

柑橘樹是人類大量種植的經濟作物，不過大自然裡一物剋一物，往往會有繁殖力強的優勢種昆蟲專門危害這些大量栽培的植物。像鳳蝶類的幼蟲會吃食柑橘樹葉片，對果農而言算是害蟲；不過比起星天牛，牠們的危害就算微不足道了。

喜歡昆蟲的人對星天牛應該不陌生，每年五～六月間是牠們成蟲活動的旺季，柑橘樹上常會見到星天牛求偶或交配的生態，而受過孕的雌蟲，往往也會到柑橘樹幹上活動。

這些雌星天牛喜歡在離地不遠的樹幹上，用強壯有力的大顎將樹皮咬出個破洞，再轉身在破洞裡產下一粒長橢圓形的白卵，最後還會用破洞旁的碎屑，將小洞回填鋪平。這些孵化後的幼蟲則會鑽進樹幹內，啃食柑橘樹的纖維組織。

由於天牛幼蟲的食量驚人，常會在樹幹內到處鑽洞啃食，將整株樹幹鑽得千瘡百孔，嚴重影響樹木發育成長，甚至造成樹木枯萎病死！因此星天牛幼蟲更是柑橘果農們深惡痛絕的昆蟲。

我造訪這座柑橘園不久，便見到這片果園的主人，我看見牠手中拿了一根長鐵絲，便知道他又忙著為柑橘樹除蟲了。

還記得第一次認識他時，他就親自示範用鐵絲鉤出天牛幼蟲的絕招。一根柔軟的鐵絲沿著天牛幼蟲留在樹幹上的排便孔插

↑星天牛正在柑橘樹上啃咬準備產卵用的小洞。

↑掀開產卵後的樹皮縫隙，可以找到這種長橢圓形的卵。

↑星天牛在柑橘樹幹內長大羽化後，會用銳利的大顎咬開樹幹鑽出來，接著進行求偶、繁殖下一代的生命歷程。

進去，只要三兩下子，便拉出一尾被鐵絲前端彎鉤，戳得體無完膚的天牛幼蟲。

我向他借來鐵絲，想試看看能不能鉤出天牛幼蟲；花了九牛二虎的力氣，結果只把那根鐵絲戳得扭曲變形，仍是一無斬獲，真不得不佩服他神乎其技的真功夫。

記得我當時曾問過老農夫，這樣慢慢鉤死一隻隻幼蟲，不是很花時間嗎？怎麼不用農藥毒殺呢？他的回答短而有力：「躲在那麼深的樹幹中，農藥噴不到的啦！」哇！原來是這麼簡單的道理呀！

老農夫對天牛幼蟲的習性一定瞭若指掌，只要握著洞外鐵絲，就能感覺出洞內的隧道有多寬？該轉彎了沒有？戳到幼蟲沒有？要不然怎麼我將鐵絲戳得歪七扭八，卻毫無所獲，而他卻隻隻手到擒來？

經驗的累積也一種知識，書本裡可不一定學得到喔！

↑遭天牛幼蟲寄生嚴重的柑橘樹，會因成長不良而枯萎。

鐵甲武士斯文的求偶方式

「喂！這邊有哩！」，我朝著聲音方向望去，約莫二十公尺外的老農夫，一邊向我招手，一邊指著身前的一叢柑橘樹。我說了聲：「謝謝！」，連忙朝他指示的方向快步走去。

↑身長6公分的鬼豔鍬形蟲雄蟲，在台灣已算是大型鍬形蟲了，但是在鬼豔家族中只能算是短牙的小弟弟。

來到這棵柑橘樹旁，眼前出現一隻全身漆黑亮麗的鍬形蟲，靜靜停在離地約一公尺的樹幹上。這是一隻身長約六公分的鬼豔鍬形蟲雄蟲，在鍬形蟲的大家族裡，牠可算是人見人愛的大傢伙了；不過在鬼豔鍬形蟲這一族中，這隻短牙的雄蟲，只能算是小兒科呢！

在盛夏季節，北部的柑橘園中，常會見到鬼豔鍬形蟲停在樹幹上，用強壯的大顎將柑橘樹皮咬出一大塊傷口，然後再用口器，舔食吸下慢慢滲出的樹液。

原本我打算仔細觀察這隻短牙雄蟲進食的情形，可是由於我接近牠的動作太明顯，嚇得這隻原本專心進食的傢伙六腳一縮，從樹幹上跌入草叢；接下來便拼命向地面下鑽去，十幾秒後便將自己埋在鬆軟土中，躲藏在雜亂草叢裡的地底。

隨後，我蹲在地上放眼向四周搜尋，又發現遠方一棵柑橘樹幹上，有堆黑黑的東西，八成又是鬼豔鍬形蟲吧？走近一瞧，嘿！不但是鬼豔鍬形蟲，還是雌雄兩隻疊在一起；雄蟲還是長牙的耶！

牠們是在交配嗎？不對！底下的那隻雌蟲不停的用大

顎啃咬樹皮，然後獨自享用著樹液；而趴在牠背上的那隻雄蟲跟牠頭尾剛好相反，根本無法交尾嘛！而且雄蟲也沒有和雌蟲爭搶食物的舉動，只是不斷搖擺著觸角，顯得有點緊張，偶爾還會用觸角輕輕碰一碰雌蟲的翅鞘。這到底是怎麼回事呢？

曾經有朋友認為，雄鬼豔鍬形蟲趴在雌蟲身上，是等著分享雌蟲的樹液，我卻不這麼認為，因為雄蟲也可以自己咬破樹皮呀！我就剛親眼目睹雄蟲啃咬樹皮的覓食狀況。

經過多次的觀察後，我才確定，這是雄鬼豔鍬形蟲求偶的過程，牠們不像其他許多昆蟲一般強行求愛，而是在一旁靜靜等候，等雌蟲吃飽了，才進行下階段的愛情攻勢，可是又怕別的競爭對手搶了身旁的「準夫人」，所以就乾脆趴在雌蟲身上，呵護自己愛慕的女朋友囉！

↑長牙的雄鬼艷鍬形蟲靜靜的守護著專心進食的雌蟲。

↑鬼艷鍬形蟲先生真是斯文的紳士，柑橘園中處處可見雄蟲痴痴等待的鏡頭。

←鬼艷鍬形蟲不但斯文而且有大將之風，覓食地點不難看見牠包容其他昆蟲一起來分享大餐。

↑台灣小紫蛺蝶雌蝶翅膀腹面有著微弱的金屬光澤。

↓台灣小紫蛺蝶雄蝶的翅膀顏色和雌蝶完全不同。

↑平時的口器是捲曲在頭部下方。

台灣小紫蛺蝶靠觸角尋找美味

觀察鬼豔鍬形蟲的求偶過程眞是辛苦的差事，因爲雄蟲總是靜靜守候，而埋首大餐的雌蟲好像永遠吃不飽；像是有意考驗追求者的眞心與耐性！這可苦了蹲在一旁觀禮的我，最後兩腳發麻只好放棄了。

告別「愛情長跑」的鬼豔鍬形蟲，我繼續蹲在柑橘園中，搜尋四周樹幹上的動靜。不一會兒，我發現身邊有隻身手敏捷的蝴蝶，在雜亂的樹叢間快速盤旋低飛，是隻蛺蝶。

牠隨即在不遠的一棵柑橘樹幹上停了下來，我終於看出牠是隻台灣小紫蛺蝶的雌蝶。牠夾緊翅膀時呈現土黃色略帶金屬光澤的斑紋，美麗極了！和全身都是橙黃色的台灣小紫蛺蝶雄蝶比較起來，簡直「判若兩蝶」，實在很難想像牠們雌、雄的外觀差異竟會這樣懸殊！

這隻蝶兒在柑橘樹上停妥後，先不停上下擺動兩根修長的觸角，接著便倒立著身子，

沿著樹幹緩緩步行，模樣相當俏皮可愛；尤其是倒著身子在樹幹下方走，還有點像是特技表演呢！牠的腳步還沒停妥，便慢慢的伸出鮮黃色長「吸管」，啊！原來是找到食物了。

↑ 這隻倒著走的台灣小紫蛺蝶像是表演特技般，找到食物便伸長口器暢飲樹液。

接著，牠就將口器尖端，來回在樹幹上輕輕碰觸探尋，最後便停留在樹皮的一處小傷口上，靜靜的吸著樹液了！

這幕情景我司空見慣，但仍十分佩服天造萬物的神奇，想和大家分享其中的生態奧秘。

首先從柑橘樹幹的傷口說起，樹皮受傷後的新鮮傷口會不斷滲出樹液，時間一久，樹汁會因腐敗發酵而散發濃烈氣味；人類的嗅覺不夠靈敏，所以嗅不出來，但一些嗅覺靈敏又偏好吸食樹液的昆蟲，自然就會被氣味吸引過來覓食！所以我們常在柑橘園中發現蛺蝶、蛇目蝶、金龜子、鍬形蟲、螞蟻、虎頭蜂和許多的蠅類。

這隻台灣小紫蛺蝶來到柑橘園中時，只盤旋低飛個兩三回，便能很快確定方向，停在這棵樹幹上。牠揮動頭上兩根觸角，就是要進一步判定食物氣味的來源，因為觸角正是牠嗅覺神經的菁華所在。我想，就算蒙起牠的眼睛，牠或許一樣可以跌跌撞撞找到滲流樹汁的傷口處覓食；可是一旦剪掉牠的觸角，恐怕就得經常挨餓了！

是豬，是獅，也是蟲！

不到半個鐘頭，我就觀察了三隻台灣小紫蛺蝶、一隻紅星斑蛺蝶、一隻琉璃蛺蝶、一隻白條蔭蝶和一隻雌褐蔭蝶；牠們全是到柑橘樹幹上覓食的傢伙。

偶爾還會看到一、二隻虎頭蜂從我身邊飛過，或在樹幹上逗留！平常在野外，如果遇到繞在我身邊飛舞，久久不肯離去的虎頭蜂，我都會警覺的趕緊低頭離開；這是我和牠們「交談」的「肢體語言」，意思是說：「我怕你了，我並沒有惡意，現在我要走了！」，不過遇到正在覓食的虎頭蜂，我就不太在意了，因為這些傢伙不是負責保家衛巢的「巡邏蜂」或「攻擊手」，通常不會主動攻擊人，有時候還挺怕生的呢！

果園裡的短草叢與枯葉堆上可以發現許多中小型蟋蟀，隨著我腳步的靠近而跳來跳去。這是牠們逃生保命的本能反應，不過假如牠們有更高的智慧或判斷力，應該就能分辨出我不是衝著牠們而來的，何況牠們擁有一身絕佳的保護色，靜靜躲在草叢中反而不容易暴露自己的行蹤，這樣不是更安全嗎？

↑這些乾砂地上的漏斗狀砂坑，就是蟻獅的窩。

走到路旁的大杉木下，發現樹頭附近的紅土砂地上，有五、六個漏斗狀的圓形小坑。小砂坑的洞口直徑約三公分，深度約二公分。記得在很小的時候，爸爸就曾教我如何捕抓躲藏在砂坑土堆裡的蟲子。於是我再度重拾童年野趣，蹲下身子，撿起身旁的細枯枝，對準砂坑中央插進去，

轉了幾圈再輕挑幾下，躲在砂底的蟲子便被我挖了出來。瞧牠緊張得僵著身子裝死的模樣，真是俏皮！牠其貌不揚的外觀，加上肥胖的身材，就像「躲在砂裡的豬」，所以台灣話叫做「砂豬」。

接著，我隨手抓來一隻倒楣的螞蟻，扔進另一個漏斗狀的小砂坑中。只見一陣騷動後，螞蟻就半沈入砂堆中，過了不久就不再掙扎了，看來牠已被躲在砂中的小怪獸捕獲了，這就是牠的國語名稱被叫做「蟻獅」的原因。

我從背包中取出塑膠盒，先後挖了兩隻蟻獅，順便包了一包砂土，小心翼翼的收起來。我想帶回家去好好飼養，說不定很好玩呢！

←野外草叢或樹幹上偶爾可以見到酷似蟻獅的小昆蟲，牠並不會躲在砂坑中，而是四處遊走覓食的「長角蛉幼蟲」。

↓從砂坑中可以挖出這種台灣話叫「砂豬」的蟻獅，牠是「蛟蛉」的幼蟲。

175

陪蟻獅玩遊戲

回到家後，我便想拿兩隻蟻獅來「玩遊戲」。我將牠們從砂土中挖出來，並把這些砂土分裝在兩個較小的容器內，分別放入兩隻蟻獅。

↑蟻獅倒退著身子可以鑽入砂土中。

↓一下子蟻獅便會完全埋入砂土中。

剛把蟻獅放入小盒內，只見牠們從靜止不動的狀態，變為緊張的倒退著身子快速蠕動。不一會兒就將自己埋進砂土裡面；接下來便毫無動靜。

我知道牠們為了捕食獵物，遲早都會在砂土表面做出小圓坑；但十多分鐘過去，兩個盒子內仍毫無動靜，我等得有點睏了，想先去洗個澡後，再繼續等待！

洗完澡回來，發現有個盒子裡的砂土中已出現完整的小圓坑；另一個盒子內的小砂坑也已完成雛形。而砂坑底端，還隱約可看見蟻獅的大獠牙呢！

我屏氣凝神的盯著即將完工的小砂坑。過了一會兒，砂坑中央露出了蟻獅的頭，牠以迅雷不及掩耳的速度，一再用頭將附近砂土向外挑起，砂坑中央的砂土接二連三的噴到洞口四周。

一轉眼，砂坑就變深了，形成標準的漏斗狀小圓坑。等一切工事構築完成，這隻蟻獅又將自己的頭和大獠牙堆進

砂土裡，靜候獵物來臨。

接下來是我犒賞蟻獅的時候了。我走出陽台，在各個花盆間尋找倒楣鬼。經過一陣子後，我逮著幾隻體型較大的長腳捷蟻和鼠婦（註）。

我在兩個砂坑中各丟進一隻螞蟻。其中一隻蟻獅反應很快，感覺到螞蟻掙扎的震動後，馬上竄出頭上那兩隻大鉗子，一把夾住螞蟻，隨後便將螞蟻拖入砂土中，只剩半個身體露在外面。

↑ 這隻長腳捷蟻被我抓來當蟻獅的祭品，剛丟入砂坑不久，下半身就被拖入砂土中成了待宰的羔羊。

一分多鐘後，螞蟻的腳不再掙扎，我拿出鑷子輕輕夾出螞蟻，而緊夾著螞蟻不放的蟻獅，也跟著露出了頭部。哇！蟻獅頭上那兩根彎鉤狀的大獠牙，早已經深深插入螞蟻體內了。原來這兩根大獠牙不但是捕捉獵物的工具，也是吸食獵物體液的口器呢！

↑ 蟻獅頭上這對大獠牙就是捕捉獵物的工具，而且還是刺吸獵物體液的口器。

一陣子後，小螞蟻的體液很快就被蟻獅吸光了，只剩下一個空軀殼。蟻獅的大獠牙先是輕輕鬆開，接著頭兒一頂，螞蟻的屍體便連同一些砂粒被彈到砂坑外頭。

砂坑因為螞蟻的掙扎攪動，顯得有點凌亂。這隻蟻獅又再次使出抬頭噴砂的技術，將小圓坑修整得像剛才一樣完好如初，靜靜等待第二道菜。

（註：鼠婦是甲殼綱的小節肢動物，受到驚嚇時，會縮成一團。）

麵
包
蟲
──
蟻
獅
意
外
的
一
餐

　　一些行動敏捷的螞蟻在跌入蟻獅陷阱後，會再接再厲往上爬；在不受干擾的情況下，斜壁上的砂粒會逐漸鬆動坍落，但只要牠不斷往外爬，最後還是可能逃命成功。

　　所謂道高一尺，魔高一丈，由於蟻獅的捕蟲技倆完全是被動的，可能在三天內還等不到一隻倒楣鬼跌入洞中，怎麼可以眼睜睜看著上門的美食逃脫呢？別擔心，蟻獅有更妙的絕技來防止掉入洞中的獵物脫逃。假如蟻獅剛開始不能一把擒住獵物，而落入洞內的蟲子已在斜壁上掙扎往上爬時，蟻獅便會迅速判定出獵物位置，並用抬頭噴砂的技巧，朝獵物方向猛噴砂子，讓這隻獵物隨著噴出的砂粒滑落坑底；動作再快的螞蟻，恐怕都很難離開這個陷阱了。

　　被我飼養的這兩隻蟻獅可真好命。以前在野外，牠們過的可能是有一餐沒一餐的日子，但被我飼養後，由於我喜歡觀察牠們狩獵的「實況」，所以我屋外陽台花盆裡的小蟲子，幾乎全都遭了殃；最後，我竟然找不到體型稍大的小蟲子，可以抓來餵食蟻獅。

　　「窮則變，變則通」，我突然想到寵物店裡，有販賣給小鳥吃的麵包蟲（擬步行蟲的幼蟲），我可以買一些來當食餌嘛！於是我花了十元，買了一堆的麵包蟲，再挑選一些體型特別小的，來當餵食蟻獅的餌。

　　這些體型比螞蟻或鼠婦大許多的麵包蟲，被我丟進小砂坑裡後，雖然掙扎翻動得比小蟲子劇烈，可是餓著肚子的蟻獅，仍可順利將牠們制服。

　　由於麵包蟲對蟻獅而言，是重量級的食物，所以這兩隻蟻獅經常被我餵得撐飽肚皮。隔了三～四天後，我發現有個飼養盒中，再也見不到蟻獅構築的捕蟲小砂坑。我猜，這

個盒子裡的蟻獅，可能已經「成熟」，準備化蛹了。隔天，另一隻蟻獅也不再製造捕蟲陷阱；兩隻蟻獅各自靜靜躲在砂底下，一點動靜也沒有。

我怕影響牠們化蛹的蛻變過程，因此不敢隨便將砂土翻開；只好等過幾天，再好好仔細觀察牠們有些什麼樣的變化。

→鳥店販賣的麵包蟲原本是用來當成養鳥的餌料，買回家後可以當成肉食性昆蟲的替代餌料。

↓用麵包蟲投餌來餵食砂坑中的蟻獅，蟻獅照樣可以把體型較小的麵包蟲，拖進砂底去慢慢吸食。

↑用鑷子夾著麵包蟲，甚至可以用來餵食家中飼養的螳螂。

陪蟻獅長大

蟻獅成熟後會一直躲在砂土底下，直到變爲成蟲後，才鑽出泥土表面。

我飼養的那兩隻蟻獅在成熟後，便一直躲藏在砂土中；大約過了一個多星期，我才好奇的將兩個飼養盒裡的砂土翻開。我發現蟻獅不見了，而砂土中多出了兩個直徑近二公分的圓形砂球。

我用剪刀小心翼翼的將其中一個砂球剝開，原來這是蟻獅吐絲，連結砂粒而成的砂球「繭」。不過在繭裡面已看不到蟻獅原本的模樣，牠變成一個外貌非常奇特的「蛹」。

仔細觀察蟻獅的蛹，發現牠已具有成蟲的雛形，除了發達的複眼和口器外，還有兩根不算短的觸角。最特殊的是，牠的胸前還有左右對稱的「翅膀」，小小厚厚的，有點像是米黃色玉珮。

↑砂土中蟻獅吐絲織結的砂球繭。

↓剝開蟻獅的砂球繭，可以看見繭是用絲將砂粒連結而成的。左邊則是蟻獅變成的蛹。

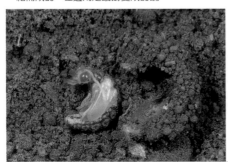

觀察拍照完畢後，我便將這個已暴露在外的蛹，重新放入飼養盒裡的砂土表面；也將另一個蟻獅的砂球繭埋回砂土中，等待下一階段的變化。

過了一陣子，有天我打開飼養盒時，意外發現飼養盒中，有隻長得有點像蜻蜓的昆蟲，在盒裡的砂土上爬行掙扎，但翅膀卻縮皺成一堆，根本無法飛行。根據我的經驗，

推斷這是隻羽化失敗的畸形蟲。

　　飼養蝴蝶時，如果將蝶蛹從植物枝條上取下，放在飼養容器中飼養，蝴蝶羽化後，找不到可以攀附的物體，會一直待在容器下方爬行掙扎，最後翅膀就會變成畸形。這是因為大部分的中、大型蝴蝶羽化時，都要倒掛身子一段時間，讓翅膀慢慢伸展成型！我猜，這隻蟻獅的成蟲在羽化時，大概也需倒掛身體，讓翅膀有空間向下伸展成型。而飼養盒的邊壁一定太光滑了，蟻獅的成蟲根本爬不上去，所以翅膀才會變成畸形！

　　為了防止另一隻蟻獅成蟲羽化後，也同樣發生畸型，我找來許多的枯樹枝插在飼養盒砂土中。我猜想，裡面的蟻獅變為成蟲後，一定可以順利找到向上攀爬的支撐物。

　　隔了幾天後的一個早晨，我發現家門口的紗窗內，停了一隻名叫「蛟蛉」的昆蟲，牠就是蟻獅的成蟲。牠有四片既薄又大的正常翅膀，正在輕緩優雅的飛行呢！

　　哇！真高興，經過一次失敗後，我終於讓第二隻蟻獅順利變為蛟蛉了。

←蟻獅羽化的成蟲叫做「蛟蛉」，長相有點像蜻蜓，但牠們可不是蜻蜓的近親。

Taiwan Insects

埔里 I

馬利筋病了，有免費的良醫！

秋天一到，天氣就一天比一天涼爽。冷鋒過境時，北部的蟲子常會減少。不過，中南部的山區倒常讓我有不錯的收穫！

我有位好朋友住在埔里，開了一家免費參觀的錦吉昆蟲館；他是位跑遍各地的台灣本土昆蟲行家，尤其是蝴蝶和甲蟲，更是他專精的項目！

到了錦吉昆蟲館已是下午，我和老友閒話家常後，便拿著相機到昆蟲館外的蝴蝶園，看看有什麼新鮮題材。蝴蝶園旁的花圃，種滿各種供蜜植物，是專門吸引蝴蝶駐足的植栽。

↑馬利筋的植株間很容易找到外觀醒目的樺斑蝶幼蟲，這是牠的頭部特寫畫面。

我第一眼便瞧見幾株半個人高的馬利筋，植株頂端開滿了橙、黃兩色的小花。馬利筋不但會吸引蝴蝶，而且葉片還是樺斑蝶幼蟲的食物呢！在枝葉叢間，一下子就被我找到了六、七隻大小不一的樺斑蝶幼蟲；正專心啃食著馬利筋的葉片呢！

找尋著樺斑蝶幼蟲的同時，我在一株馬利筋上，還發現圍成一堆堆的鮮黃色小蟲子。這些群聚的昆蟲，就是「夾竹桃蚜」。

喜歡種植盆栽的人都知道，蚜蟲是專門吸食植物汁液的小昆蟲，繁殖力很強，往往會把寄居植物害得營養不良，嚴重的話，植物還可能病死。而夾竹桃蚜，便是夾竹桃和馬利筋兩種植栽的剋星。

因為這座蝴蝶園中養殖著許多蝴蝶幼蟲，所以很少進行蟲害防治，以免農藥害死其他無辜昆蟲；才導致這群蚜蟲如此的肆虐。

我正為馬利筋的健康擔心時，瞧見一枚尚未成熟的青色果實上，有隻顏色鮮豔的紅色瓢蟲，牠停在一堆夾竹桃蚜的身旁，靜靜的待著。我仔細的觀察牠的翅鞘，鮮紅的底色中央，有個很像海軍船艦上船錨形狀的黑色斑紋，這不就是小有名氣的「錨紋瓢蟲」嗎？

取出特寫鏡頭，對準這隻錨紋瓢蟲時，我才更清楚看出，這隻錨紋瓢蟲可沒閒著呢！牠的櫻桃小嘴正嚼個不停；而口中的美味正是身旁這群小蚜蟲。難怪牠會靜靜的趴在那兒不動，和原本到處爬個不停的習慣大不相同，原來現在是牠的用餐時間哪！

看完這一幕，我想這些馬利筋有免費的「醫生」治病，應該不會馬上就病入膏肓吧！

↑數不清的夾竹桃蚜群聚在一起吸食馬利筋的汁液，中央還有一隻螞蟻向蚜蟲索食蜜露。

↑馬利筋果實上來了一隻錨紋瓢蟲當駐站醫生。

愛吸蚜蟲肉汁的蚜獅

馬利筋是蘿藦科的有毒植物，大部分昆蟲都無法吃它，可是樺斑蝶幼蟲和夾竹桃蚜卻可以吃，不但不會中毒，還會把毒素保留在體內，讓其他肉食性天敵不敢隨便動牠們的腦筋。不過，大自然中常有「一物剋一物」的現象發生，像錨紋瓢蟲就根本不怕夾竹桃蚜的毒性，照樣把牠們當作美味佳餚。

觀賞完錨紋瓢蟲的吃相後，我想，既然有這麼多夾竹桃蚜，應該也有雌瓢蟲在蚜蟲堆裡產卵繁殖吧！於是我繼續在馬利筋枝葉間仔細搜尋。不出所料，一下子就找到二隻瓢蟲幼蟲，牠們雖然其貌不揚，可是吃蚜蟲的速度可一點也不輸給成蟲。我猜這二隻可能就是錨紋瓢蟲的幼蟲呢！只是沒有親自養到長大成蟲，沒辦法得到正確答案。

過了不久，我找到了一隻外觀和瓢蟲幼蟲大不相同的小傢伙，牠全身長滿尖細的毛刺，頭上還有對大獠牙，有點像蟻獅。牠是蟻獅的近親，叫做「蚜獅」。顧名思義，就是蚜蟲的剋星！眼前這隻蚜獅混在夾竹桃蚜集團中，大獠牙下正夾著一隻小獵物。才一會兒，這隻倒楣的小蚜蟲就變成半透明的空殼，鮮黃色的體色也隨著體液被蚜獅吸光而消失。當這隻蚜獅將嘴下的蚜蟲

↑ 馬利筋的葉叢間，蚜獅正用大獠牙在獵食夾竹桃蚜。

↓ 蚜獅的口器和蟻獅的大獠牙一樣，可以用來捕捉獵物並吸食牠們的體液。

料理完畢後，馬上將蚜蟲的軀殼扔在一旁，又在身旁夾起另一隻體型較大的夾竹桃蚜，靜靜享受美味的肉汁大餐。

蟻獅長大變成蛟蛉，蚜獅的成蟲則叫做「草蛉」。草蛉和蛟蛉一樣，有四片不小的透明翅膀，只是草蛉的模樣比蛟蛉更柔弱、纖細，而且大部分是草綠色的。可能就是這個緣故，牠們才被取名為草蛉吧！

以前也曾見過一、二次蚜獅，但和這回見到的卻不大一樣！以前見到的蚜獅，背上都有著一大堆「垃圾」，當牠伏

↑ 蚜獅長大就變成外觀纖弱的草蛉。

↓ 這隻正在獵食蚜蟲的蚜獅，背上黏著的一堆垃圾，其實正是牠的戰利品兼偽裝掩蔽用素材。

在植物枝幹上不動時，看起來就像一堆雜物，根本認不出牠們的本來面目。起初我還猜不透牠們哪來那麼多垃圾，後來才弄明白，原來有很多蚜獅在進食完畢後，會把獵物的屍骸黏在自己的背上。這可不是用來宣揚自己的英勇戰果，而是背著雜亂的垃圾可以用來掩蔽敵人的耳目喔！不過，這回發現的蚜獅並沒有背垃圾的習慣，大概是種類不同，有著不一樣的生態習慣吧！

赤星瓢蟲與錨紋瓢蟲戀愛中？

　　我已經先後發現了樺斑蝶幼蟲、夾竹桃蚜、蚜獅、錨紋瓢蟲的成蟲和幼蟲。這些昆蟲的食物都是直接、間接來自馬利筋，所以馬利筋是「生產者」，其他吃食或吸食馬利筋的，就是「初級消費者」；至於捕食初級消費者的，就算是「二級消費者」了。

　　沒一會兒，我發現有隻黃褐色的蠅蛆，從馬利筋的花柄縫隙中緩緩爬下。瞧牠尖尖的頭部，一高一低的搖晃著，簡直像恐怖片中的異形。我盯著這隻外觀滑軟的蠅蛆爬到一堆夾竹桃蚜附近，沒想到當牠的尖頭碰到了肥大的蚜蟲後，就將頭兒一抬，馬上將這隻黃色的小傢伙舉起，然後便是一陣輕微的晃動。不到一分鐘的時間，這隻蚜蟲便慢慢在蠅蛆頭部前端消失了。原來牠也是吃食夾竹桃蚜的「二級消費者」，這時我才大膽判定，這隻蠅蛆應該就是「食蚜蠅」的幼蟲。

　　接下來的一幕不但較溫馨，主角也較賞心悅目。我發現一隻錨紋瓢蟲，背上背著另一隻同類，馬不停蹄的在另一株病得有點枯萎的馬利筋上快速鑽動。這是一對瓢蟲夫婦正在卿卿我我呢！可是，下方的那隻雌瓢蟲怎麼急躁的到處爬行呢？難道牠也懂得害羞，想找個較隱密一點的地方嗎？結果牠走到一隻夾竹桃蚜旁，馬上停了下來，一口咬住這隻倒楣的傢伙，狼吞虎嚥起來。原來是

↑我發現這隻「赤星瓢蟲」的雄蟲似乎找錯對象了，怎麼和錨紋瓢蟲交配呢？

↑這是貨真價實的赤星瓢蟲，注意牠前胸背板兩邊的大白斑內側是圓弧狀的。

↑這是很像赤星瓢蟲的錨紋瓢蟲，牠的大白斑內側呈現出一個明顯的彎角。

雌瓢蟲肚子餓了！哈哈！

　　等到兩隻交尾的瓢蟲停了下來，我才突然發現，怎麼上方那隻雄蟲長得不太一樣，好像是赤星瓢蟲嘛！怎麼會有這種事情發生？真是亂來！不過，說牠是赤星瓢蟲，好像又有點不一樣。為了進一步確認到底是牠們弄錯了，還是我錯了，我開始將所有瓢蟲全都採集下來。我發現有的確實是錨紋瓢蟲，有的「很像」錨紋瓢蟲，有些卻又「不太像」。看見這麼多的花紋變化，我想牠們應該都是錨紋瓢蟲，只是個體有不同的外觀差別吧！

　　事後回到台北，我趕緊找出一大堆有關瓢蟲的資料，終於進一步確定，錨紋瓢蟲的外觀的確有很大的變化，有的真的非常酷似赤星瓢蟲，只是赤星瓢蟲翅鞘上的紅色斑紋比較圓。讀者看得出牠們之間還有什麼不同嗎？

1．2錨紋瓢蟲的外觀有很大的變化。
3連這隻翅鞘完全沒有黑斑的也是錨紋瓢蟲。

陰錯陽差的糗姻緣

一早醒來，正要出發到關刀山時，羅先生的大兒子興沖沖跑了過來：「叔叔，趕快來看件稀奇的事兒！有兩隻不同種的蝴蝶正在交配呢！」半信半疑的我迅速提著相機，隨著他衝進蝴蝶園。

哇！如果不是親眼所見，我實在難以相信，在自然環境中竟然有這種「陰錯陽差」的怪事。在我眼前的枝叢間，有隻玉帶鳳蝶的雄蝶，正和一隻黑鳳蝶的雌蝶「黏」在一起，進行「異族通婚」的洞房大典，為了怕錯失這難得一見的畫面，我選擇了不同角度，為這對發生「畸戀」的蝴蝶，足足拍了兩捲底片的「結婚照」。

或許有人會認為異族通婚很平常嘛！黑人不是也常和白人結婚生子嗎？土狗和狼狗不也常會交配生小狗嗎？不！這裡頭的學問可大了！在生物學上，黑人和白人都屬於人種，只是膚色不同而已；土狗和狼狗也都是狗，只是品系不同而已，當然可以自然配對，繁殖下一代。但是，玉帶鳳蝶和黑鳳蝶是完全不同種的生物，在自然狀況下會發生雜交的情形，可是非常罕見的喔！

正常的情形下，雄鳳蝶想和雌鳳蝶交配時，須經過求偶示好的手續，雌鳳蝶滿意追求者的表現後，才會在情投意合的狀況下結婚。假如雌鳳蝶是已受孕的媽媽，或是追求

↑黑鳳蝶（上）和雄玉帶鳳蝶（下）交纏出一段難得一見的糗姻緣。

者是不同品種的雄蝶，雌鳳蝶都會毫不考慮的拒絕。怎麼這回竟發生違反大自然常理的「美麗的錯誤」呢？

　　經過仔細的觀察推理後，我終於找出較合理的解釋。首先，我發現這對蝴蝶附近，有個黑鳳蝶剛羽化後留下的空蛹殼，而這隻雌黑鳳蝶的翅膀也還未完全硬化定型，可見是隻剛羽化完，還沒有飛行能力的「嫩蝶」，這時候的雌蝶很容易被同種雄蝶強行交尾。看來這隻雌黑鳳蝶就是在這種狀況下，被這隻搞不清楚對象的玉帶鳳蝶強行交尾的！

↑聰明的雄麝香鳳蝶〈下〉找到剛羽化的姑娘，不必經過求偶就可以強行交尾。而一旁的蛹殼就是雌蝶剛羽化不久的明證。

　　可是，這隻玉帶鳳蝶怎會找錯對象呢？我猜牠可能是隻年歲已高的「王老五」，嗅覺不夠靈敏，聞不出來對方不適合當牠的老婆（註），再加上老眼昏花、慾火難耐，才會發生這種不倫不類的事吧！

（註：不同種的蝴蝶，身上會散發出不同味道的性費洛蒙。）

←正常情形下，雄鳳蝶求偶時必須向雌蝶百般示好，才有機會獲得首肯；而右上方的雄玉帶鳳蝶跳了許多的求偶舞，仍無法打動芳心。

巧手亂點蝴蝶譜

看見黑鳳蝶和玉帶鳳蝶交尾的畫面，很多人一定會懷疑，這隻雌黑鳳蝶會懷孕嗎？如果會的話，繁殖出來的下一代又是什麼樣子？

一般的雌鳳蝶在剛羽化完成後，腹部會有許多蝶卵同時形成。當雌鳳蝶和雄性伴侶交尾完畢後，這些蝶卵並不會馬上受精。雌蝶只將雄蝶的精子存在貯精囊內，直到產卵時，才會個別讓即將產出的卵受精成孕。

不同的蝴蝶很難在自然界裡發生雜交情況，所以我們幾乎無法採集到異種蝴蝶的雜交種。在一些日本資料上記載著，鳳蝶科的成員可設法用人工飼養方式，讓羽化後未受孕的雌蝶和不同種的雄蝶進行人工雜交。雜交後的雌蝶經過人工飼育繁殖，就有機會產生一些不一樣的雜交種蝴蝶。

我和許多好奇的朋友一樣，希望能擁有一輩子都抓不到的雜交種蝴蝶，所以我參考日本書籍做了許多實驗！1987年，我花了整整一年時間，在家裡飼養了數不清的各類鳳蝶幼蟲，先後做了約五十對不同種鳳蝶的雜交試驗，最後終於擁有一些雜交種蝴蝶。

怎麼幫蝴蝶進行人工交配呢？把雌蝴蝶和雄蝴蝶關在一起，牠們就可以完婚了嗎？哪有這麼簡單！想做蝴蝶人工交配，必須靠手完成。左右手各抓著一隻異性的蝴蝶，並用手指輕捏雄蝶腹部，雄蝶交尾用的兩個抓握片便會張開，接著再將兩隻蝴蝶以頭尾相反方向，讓牠

↓替不同種鳳蝶進行人工交配的方法。

們尾端的交配器官接觸在一起，雄蝶便會自動做出交尾的動作，運氣好的話，這對蝴蝶便可完成交尾的連結動作。接下來只要將這對蝴蝶輕輕放在可攀附的物體上就可以了。

根據我的經驗，外觀模樣相近，體型相當的兩種蝴蝶，人工交配的成功率較高。而在野外活動過的健康雄蝶和人工飼養的雄蝶比起來，交尾的慾望也較強。1987年間，中和圓通寺附近有不少大琉璃紋鳳蝶族群，所以我試驗用的雄蝶大都選用野生的大琉璃紋鳳蝶。而雌蝶當然得選擇種緣相近，又容易人工飼養的蝴蝶，成功的機率比較大。所以我所擁有的雜交種蝴蝶，大多數是大琉璃紋鳳蝶（雄）和烏鴉鳳蝶（雌）的雜交後代，還有大琉璃紋鳳蝶（雄）和台灣烏鴉鳳蝶（雌）的雜交後代。

↑大琉璃紋鳳蝶（雄）

↑烏鴉鳳蝶（雌）

↑台灣烏鴉鳳蝶（雌）

1

2

1 大琉璃紋鳳蝶（雄）與烏鴉鳳蝶（雌）的雜交後代（雄）。

2 大琉璃紋鳳蝶（雄）與台灣烏鴉鳳蝶（雌）的雜交後代（雌）。

雜交種蝴蝶苦難多

　　每當我完成蝴蝶的人工雜交後，接著就用糖水或果汁將雌蝶餵飽，再用網子把牠們套在幼蟲的寄主植物上，讓牠們產卵。

　　由於是不同種蝴蝶雜交的緣故，雌蝶產下的卵粒有很多都無法成功受精，而幸運受精的卵粒有些仍無法順利孵化成幼蟲。孵化後的雜交種幼蟲，通常都可適應吃食父系或母系蝶種的寄主植物葉片。我比較習慣使用母系蝶種的寄主植物來飼養雜交種幼蟲。照顧雜交種蝴蝶的幼蟲，我得花更多時間與精神小心呵護。因為這些雜交種的蝴蝶幼蟲，比其他正常幼蟲更容易病死。尤其每當幼蟲面臨一次次脫皮蛻變時，就會有許多個體無法順利脫皮而死亡。

　　同樣的，終齡幼蟲（註）成熟時，脫皮化蛹的過程也是雜交種幼蟲面臨死亡威脅的一個大難關。許多雜交種幼蟲在脫完皮後會形成畸形蝶蛹，而這些畸形蛹大部分會死亡，根本無法羽化成蝶。正常的幼蟲達到五齡後就可以脫皮化蛹，但是雜交種幼蟲偶爾會發生六齡或四齡幼蟲化蛹的異常情形。而這些少數特例的最後結局也都是死亡，無法順利羽化成蝴蝶。

↑羽化失敗的雜交種蝴蝶，下半身無法鑽出蛹殼，翅膀也不能伸展成形。

↑有很多羽化後的雜交種蝴蝶，會發生翅膀畸形的現象。

正常雜交種蝶蛹在面臨羽化蛻變的過程時，一樣會發生許多失敗例子。有些蝴蝶根本無法順利鑽出蛹殼而死亡；有些鑽出蛹殼後的蝴蝶，翅膀卻不能伸展成形；有些能展翅成形的蝴蝶，翅膀結構中的翅脈會發生數目不符的現象，有的則會產生左右兩翅斑紋不對稱的結果。

↑這隻雜交種蝴蝶下翅的左右兩邊，因為在不同位置各短少了一根翅脈結構，形成了兩邊斑紋不對稱的現象。

最有趣的是，我發現不少羽化後完全正常的雜交種蝴蝶，似乎不懂得如何飛行，常會倒著身子貼在地板上，拼命拍動翅膀，但飛不起來。我設法將牠們翻正，然而牠們在飛了一兩下後，又會倒過身子貼在地面上掙扎。真的就像我們形容的「腦袋秀逗了」！

我花了足足一年的時間做鳳蝶雜交實驗，終於如願以償，養出一些野外見不到的雜交種蝴蝶。在那段時間裡，透過許多試驗，加上不斷研究相關參考資料，我擁有了不少有關蝴蝶的生態知識與經驗，這是許多喜歡蝴蝶的人們很少去接觸涉獵的範圍。如果能將這些經驗傳遞下去，那麼花掉一年的時間，也算是值得的！

（註：剛孵化的幼蟲為一齡幼蟲，每脫一次皮便多一齡，最後的一個齡期，便是終齡幼蟲。在低海拔區，常見鳳蝶的幼蟲，終齡期多為五齡。）

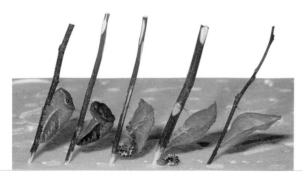

←我因為 1987 年飼養過許多的蝴蝶，因而才能拍出這幅烏鴉鳳蝶化蛹過程的作品。

蝴蝶雜交實驗的意義

　　大家都知道，騾子是馬和驢子的雜交後代，不過在生物學定義上，騾子不算真正的一「種」動物，因為騾子和騾子無法繁殖出下一代的騾子。也就是說，真正不同「種」的動物雜交後，繁殖出來的下一代雜交種，已不再具有繁殖能力了。同樣的道理，玉帶鳳蝶和黑鳳蝶雜交的結果，頂多只能繁殖出下一代的雜交種，卻無法產生另一個新品種的蝴蝶。

　　那麼，昆蟲學家不斷的從事蝴蝶的雜交實驗與研究，總不會只是為了擁有一些別人沒有的蝴蝶標本吧？當然不是！他們真正的目的是藉由重複不斷的雜交實驗，記錄雜交種後代每一階段的生長情形和存活率，來分析各個地區各種蝴蝶間的親緣關係。在遠古時代，不同種的蝴蝶可能發源自同一種祖先，經過了長年的區隔與進化，才會演變成今天的情形。研究者透過不同種蝴蝶間的雜交研究，便可判斷出牠們進化的過程，以及牠們彼此間親緣關係的遠近。

　　透過多次的雜交結果，我也親自驗證了一種蝴蝶的身分，解決了一個小小的爭議。台灣本島上有一種烏鴉鳳蝶，而蘭嶼島上有一種琉璃帶鳳蝶，蝴蝶分類學家認為牠們實際上是同一種蝴蝶，只是因為彼此隔離太久，各自演化的結果，才使得外形大異其趣。於是，牠們被界定為同一「種」蝴蝶的不同「亞種」。可是，有極少數的人認為琉璃帶鳳蝶和烏鴉鳳蝶並不是同一「種」。

　　為了進一步確認誰對誰錯，我從蘭嶼引進琉璃帶鳳蝶回家繁殖，並將牠們和台灣木島的烏鴉鳳蝶進行雜交實驗。結果是可以輕易繁殖出許多雜交種後代。接著，我再用雜交種後代進行再次的繁殖實驗。結果是，雜交種可以再次順利

↑ 圖中左邊是產於蘭嶼島的琉璃帶鳳蝶，右邊的是產於台灣本島的烏鴉鳳蝶，經過一連串的雜交實驗，最後證明牠們是屬於同一種蝴蝶。

←圖中的 6 隻鳳蝶都是在台灣本島採集，外觀特別艷麗的烏鴉鳳蝶。上排 3 隻，下翅肩角位置亞外緣並無黑色斑中斷琉璃色斑，因此早年有人認定牠們是另外一種新種孔雀鳳蝶。由於 1987 年間大量採集飼養實驗的進行，我將上中與上右 2 隻雌蝶繁殖出下一代，結果發現牠們的後代絕大部分都和平常的烏鴉鳳蝶相同，可見得較艷麗的個體，只是遺傳上較少見的烏鴉鳳蝶，而不是另一個新種。

繁殖出第三代的雜交種。也就是說，烏鴉鳳蝶和琉璃帶鳳蝶的雜交後代，具有非常良好的繁殖能力。這麼一來便可以證明，琉璃帶鳳蝶和烏鴉鳳蝶是屬於同一「種」蝴蝶。因為真正不同「種」的蝴蝶，牠們雜交的後代並不具有繁殖能力呢！

人蜂大戰前的武裝

拍完玉帶鳳蝶和黑鳳蝶「亂來」的結婚照後，正巧遇到羅先生一行人整裝準備外出採收虎頭蜂窩。我毫不遲疑的將攝影裝備搬上他們的大箱型車，想要好好見識一下，採蜂人如何將虎頭蜂手到擒來。

↑ 額頭綁上粗毛巾是阿欽著裝時的第一個重要步驟。

↓ 穿上特製的防蜂透氣網衣。

目的地是一戶農家，門口路旁有棵約三層樓高的大樹，樹梢頂端掛著一個直徑約兩顆籃球大的蜂窩。對採收虎頭蜂窩的人來說，這算是微不足道的小東西，可是既然有人通報，為了避免蜂群傷及無辜，羅先生當然得要負起「為民除害」的責任囉！

這是個黃腳虎頭蜂的小蜂巢，只需一個人對付就綽綽有餘，於是大夥兒把捕蜂裝備搬下車，由羅先生的得意門將阿欽負責這次的任務。只見阿欽迅速脫光身上衣服，只剩一件短內褲，隨後在額頭上綁了兩條厚毛巾，戴上一副寬大無比的遮風眼鏡和斗笠。然後在旁人的幫忙下，穿上涉水專用的連身雨鞋褲，上身套上粗細

不同的特製雙層護身網，最後再戴上化學工用的那種又粗又厚的乳膠工作手套。難怪阿欽要先將身上衣服全脫掉，不然穿上這身的裝備，即使不被虎頭蜂叮死，也會活活悶死。

　　穿好裝備後，阿欽拿起一個大捕蟲網，順手將特大號塑膠袋和毒昏虎頭蜂用的麻醉藥放在網中。接著牠在身上繫了一罐礦泉水、一隻鐵槌、一隻鋸子、一包五寸釘和一捆粗麻繩。走到樹下，阿欽拿起鐵槌，在樹幹上釘上一根根粗鐵釘，以爬上沒有分叉的粗樹幹。這時我拿起相機，準備躲進草叢邊，用望遠鏡觀看即將上演的好戲。羅先生見我一副緊張樣，笑著告訴我，這種小型蜂巢危險性較低，黃腳虎頭蜂也不會整群飛到樹下叮人，不必急著躲起來。

↑戴上虎頭蜂螫針穿不透的粗厚乳膠手套。

↓防護裝穿好後開始準備捕蜂和爬樹的工具。

　　我瞧羅先生一臉自信的模樣，膽子也壯大不少，於是躲在他身後，順便請教一些問題，解開先前的疑惑。原來黑腹虎頭蜂和黃腳虎頭蜂為了護巢，在群起攻擊捕蜂人時，會抓著防護面罩對人的眼睛噴毒液，所以必須戴上寬大的遮風眼鏡來保護眼睛。而額頭上綁毛巾是為了防止噴在頭上的毒液，隨汗水流進眼睛裡，真是「魔高一尺，道高一丈」。不過，我想最初應該是有人先遭殃後，聰明的人們才會想出這麼齊全的應變措施吧！

一夫當關，萬蜂莫敵

↑三層樓高的大樹，一般人徒手攀登已經很不容易，阿欽全副武裝，還要帶著捕蜂的工具，爬起樹來卻輕鬆得很。

↓黃腳虎頭蜂的蜂巢就在樹梢的一段枝條間。

阿欽不到三分鐘，就爬上了樹頂的枝叢裡，離那個蜂窩只剩二、三公尺距離。由於爬樹時震動了蜂巢，我從望遠鏡中看見阿欽身旁已圍滿了氣急敗壞的黃腳虎頭蜂。可是面對這個有周全防護裝備的大敵，這些急著抵禦外侮的兇傢伙，個個毫無用武之地。

精彩的人蜂大戰上演了，我看見阿欽一手抓著樹枝、一手提著捕蟲網，在身邊不停的揮舞網子。隨著大捕蟲網的來回揮動，許多黃腳虎頭蜂相繼被困在網中。一心想保護蜂巢的蜂群都像不要命似的，不斷圍攻手持捕蟲網的入侵者，數量愈聚愈多。

十多分鐘後，阿欽手中的捕蟲網裡已擠滿了黃腳虎頭蜂。這時候，阿欽將手中的捕蟲網，連同一大堆黃腳虎頭蜂，塞進事先準備好的大塑膠袋，並取出毒藥瓶在塑膠袋內倒了些麻醉藥。才一會兒工夫，捕蟲網裡的黃腳虎頭蜂就被毒昏了。阿欽打開塑膠袋，再將昏死在網內的黃腳虎頭蜂倒

入塑膠袋中，綁緊塑膠袋口，隨手將它掛在一旁的樹枝上，繼續第二回合的人蜂大戰。

為了取下蜂巢，捕蜂人必須先捕捉具有攻擊性的成蜂，附近的人畜才不會發生危險。阿欽就這樣持著捕蟲網站在樹梢，對付身邊圍攻的黃腳虎頭蜂。半個多鐘頭後，樹叢間只剩一些零星的倖存者，於是他取下粗麻繩，綁緊掛著蜂窩的枝條，再用鋸子把整個蜂窩鋸下。將蜂窩四周的枝葉修剪乾淨後，他將整個蜂窩塞進充滿麻醉藥的大塑膠袋中，用長麻繩綁緊袋口，再將整個塑膠袋緩緩降下。

↑阿欽揮動捕蟲網，一一收拾圍攻他的虎頭蜂。

↑鋸下虎頭蜂巢，等枝葉修剪完畢，阿欽就會將它包進塑膠袋中，再用長繩送到樹下。

當樹下的人員接過了戰利品後，阿欽並未馬上爬下樹來，他先拿出事先準備的礦泉水，隔著斗笠前的細紗網將水倒入口中。因為如果將瓶口接觸嘴巴喝水的話，蜂兒們就有機會叮咬他的嘴唇。

喝完水後，阿欽拿起捕蟲網，繼續將漏網者，一隻接一隻捕進網中。確定剩下極少數的黃腳虎頭蜂，不至於因失去居住的窩，而發狂攻擊無辜者後，他才慢慢的爬下樹來，完成這回採收蜂巢的工作。

除害安民──捕蜂行動一舉兩得

許多人可能不清楚，在都市住家附近築巢的虎頭蜂，多半是腹部前半段鮮黃色的黃腰虎頭蜂，消防隊處理的也大都是這種虎頭蜂蜂窩。牠是台灣常見的虎頭蜂中最溫馴的一種，雖然牠們受騷擾時也會攻擊人，但沒聽過有螫死人的記錄。

可是在山林野外，黑腹虎頭蜂、台灣大虎頭蜂和黃腳虎頭蜂的蜂巢經常可發展到直徑一公尺以上，整個巢內會有多達二～三萬隻成蜂，常會叮死一些無辜的農民或登山者。對付這三種蜂窩，如果沒有萬全的準備，就連消防隊也束手無策。這三種兇惡的虎頭蜂可算是台灣最危險的野生動物，因爲牠們常會群起攻擊靠近牠們勢力範圍的無辜民眾，比身懷劇毒的毒蛇還危險。

秋天是虎頭蜂繁殖期的顛峰，在野外到處找尋虎頭蜂窩的專業捕蜂人，正是虎頭蜂的剋星。這些捕蜂人會冒著生命危險與兇惡的蜂群對抗，因爲有利可圖。他們真正的目標是擁有龐大族群的蜂巢。

摘除大型蜂巢到底有什麼好處呢？原來虎頭蜂的成蟲、幼蟲或蛹，都可分別浸入酒中，浸泡成各種虎頭蜂藥

↑虎頭蜂巢中的幼蟲還是野味餐廳中的高貴食材。

↑捕蜂人帶回的虎頭蜂中，除了成蟲以外，連蛹與幼蟲都可以泡製藥酒來販售，但有無療效仍不得而知。

酒。有許多傳言說，它具有治病強身的療效，但還是必須經實驗證明，才能算數。

有人說捕蜂人為了賺錢，個個想將虎頭蜂趕盡殺絕，為「人不犯蜂，蜂不螫人」的虎頭蜂大抱不平。我是一個喜歡研究昆蟲生態的野外工作者，任何一種昆蟲滅絕或減少，都是我不願見到的下場。可是，我不反對捕蜂人大量捕殺虎頭蜂，因為台灣捕蜂人最愛採取的蜂巢種類，不外是黑腹虎頭蜂、黃腳虎頭蜂和台灣大虎頭蜂。這三種蜂群發展到一定數量，勢力範圍會逐漸擴大，如果人類住家離蜂窩很近，即使人類不侵犯牠們，牠們照樣會群起叮人，所以常有虎頭蜂無故螫死人的記載。

另外，這三種虎頭蜂在台灣野外都有非常優勢的族群繁衍著，再多的捕蜂人也不會威脅到牠的命脈延續。所以捕蜂能減少人類被虎頭蜂攻擊的機會，又可賺取經濟利益，可說是一舉兩得，何樂而不為呢？

↑黑腹虎頭蜂是台灣最兇惡的虎頭蜂，連黃腳虎頭蜂遇到牠們都會退避三舍。

↑台灣大虎頭蜂是台灣體型最大，毒量最多的虎頭蜂，除了人類以外，牠們還有螫死牛隻的紀錄。

↑黃腳虎頭蜂在野外相當普遍，經常會有攻擊農民或遊客的事件發生，當然也有不少螫死人的紀錄。

林道中的蝴蝶盛會

　　回到錦吉昆蟲館，我整理好裝備，打算獨自到埔里近郊的關刀山。車子開進林道不久，小路兩旁的樹林複雜茂盛，讓人感到精神格外清爽。在車邊紛飛而過的蝴蝶，數數最少也有六、七種。秋天季節裡，想在北部山區欣賞到這樣彩蝶滿山的景況，可就不太容易了！

　　我把行車速度放得很慢，邊開車邊欣賞兩旁的景色。當車子開到路面的一灘積水前，我的眼睛突然一亮，水灘四周停滿了一隻隻深色的小東西，路面上空還有不少牠們的同伴，飄忽不定的徘徊著。我隨即下車走近水窪，觀察這些小東西。哇！全是姬波紋小灰蝶，牠們一起停在水邊溼地上飲水解渴，有的十多隻擠成一堆，有的則二十～三十隻聚在一塊兒。

↑林道旁的濕地上到處可見姬波紋小灰蝶群聚吸水的景觀。

　　我大略估計一下，這些駐足吸水的姬波紋小灰蝶，總數大概超過三百隻，假如牠們全擠成一堆，那該有多壯觀！於是我異想天開，想將這群姬波紋小灰蝶趕成一堆。當我的身影靠近時，只見一片小黑雲四處飛竄，一會兒之後，這些小蝴蝶有的在別的溼地上重新落腳，有些則停在路邊的草叢枝葉上。我一而再、再而三的嘗試著，十幾分鐘後仍然得不到預期的壯觀集團，只好放棄了。

　　我繼續開車向前慢走，在沿途的溼地上，陸續可看到零星的姬波

紋小灰蝶聚集吸水的景象。我曾經在不少林道中看到這種生態景觀，可見這種蝴蝶在野外的族群還真不少呢！可惜直到如今，我還不曾飼養過這種常見的小灰蝶，野外也還未發現過牠們的幼蟲，看來我還得努力囉！

　　車子又走了數十公尺，眼前的路面終於出現了期盼的畫面。一處潮溼的泥土路面上，留下了車輪來回駛過的輪胎痕跡，痕跡上則停滿了密密麻麻的姬波紋小灰蝶，數都數不清。這不就是我想要的壯觀場面嗎？真是得來全不費功夫。我選擇了不同的角度，拍下了不少記錄照後，調皮的快速衝向這群靜靜吸水的小灰蝶群。頓時身邊的小蝴蝶漫天飛舞，我則高興的邊欣賞邊嬉鬧。玩累了後，我忽然想到，不知這群姬波紋小灰蝶，會不會罵我太無聊了？

↑終於一睹數百隻小蝴蝶集體餐會的壯觀場面，一旁還有兩隻石牆蝶來湊熱鬧！

別有洞天的朽木世界

當開車沿著林道前行時，路上不時出現被山洪沖下來的石塊，開起來有點吃力，於是我決定暫且不要入山。找個地方將車停妥後，我便走進路旁的樹林裡。

走著走著，不知不覺來到了一條小溪的溪床，原本打算看看有什麼水棲昆蟲，卻發現在陡峭的溪旁有處清澈見底的小水窪，安置了二、三根進水用的大塑膠管，這裡是飲用水的水源，於是我打消了在溪水中找尋昆蟲的念頭，以免弄濁了水，害別人喝到髒東西。

↑枯木中白蟻寄居蛀食的痕跡。

↓枯木中螞蟻巢內體型大小不同的幼蟲。

回到路邊，我在樹林旁找到一段直立著的朽木樹幹，高度大約半公尺。看見朽木，我又心動了，真想知道裡頭住些什麼蟲子。我從車內取出斧頭回到現場，開始從朽木頂端向下慢慢劈開。

起初，我發現朽木組織中住有一種螞蟻和一種白蟻，想不到這兩種不同的社會性昆蟲族群，竟可以住在一起，還能相安無事。大概是牠們的生態習性完全不同的緣故吧！白蟻的食物是朽木組織，而雜食性螞蟻只將朽木當作遮風蔽雨的棲息環境而

已,兩個族群間沒有太大的衝突。可是牠們如何保持互不侵犯的適當距離呢?假如牠們在朽木內鑽洞挖隧道時不小心撞見,會不會像仇人相見般的打起群架呢?假如會打架的話,到底是螞蟻勝利或白蟻贏呢?這些問題恐怕只有親自做些長期飼養實驗,才能得到答案。

當我繼續朝朽木底端劈去,螞蟻和白蟻的數目似乎變少了,接下來朽木中出現了許多昆蟲鑽食的孔道和啃食消化過的糞便碎屑。這些孔道和糞便的外形,看來應該是大型鍬形蟲幼蟲的傑作。我興奮的用力砍劈朽木,希望看到住在裡面的鍬形蟲。

我將腐朽的部分全部劈開後,採集到了三隻大型的鍬形蟲幼蟲。從牠們的外觀和尾部的毛列特徵看來,我判定這三隻幼蟲全都是我飼養過多次的鬼豔鍬形蟲幼蟲。辛苦了半天,沒有得到原先期盼的成果,心裡頭有一點失望。不過,原本以為鬼豔鍬形蟲的幼蟲,只會出現在地表附近的朽木,或是泥土裡的朽木樹頭內,如今卻在直立的朽木中發現幼蟲,真是有點意外!這樣的新認識,也算是一點小小的收穫吧!

↑枯木中還可以發現許多到處鑽洞蛀食的甲蟲幼蟲:
1 天牛幼蟲。
2 吉丁蟲幼蟲。
3 叩頭蟲幼蟲。
4 鍬形蟲幼蟲。

不畏酷熱的小老虎——八星虎甲蟲

↑大太陽底下，挺高著六隻腳站在石子路面張望的八星虎甲蟲。

　　晴朗的秋天裡，下午時分仍覺暑氣逼人。走在林道中的開闊地旁，太陽直射在路面上，碎石子地讓人覺得乾熱不堪。不過在奇妙複雜的昆蟲世界中，倒是不缺不怕酷熱豔陽的傢伙，例如外表與姿態都不可一世的虎甲蟲。

　　我在林道的開闊路面上，就看見了許多隻外觀豔麗動人的「八星虎甲蟲」。可是八星虎甲蟲的翅鞘上明明只有六個大白點，哪能叫做「八星」呢？原來牠的翅鞘前緣外端，左右還各有一個小白點，不過以第一眼的印象，六星也很適當嘛！不管叫牠六星虎甲蟲或八星虎甲蟲，大家都很容易認清牠的長相，何況牠是台灣最常見、最美豔的虎甲蟲，只要見過牠的人，大概都不會忘記牠的模樣吧！

　　眼前這幾隻八星虎甲蟲，個個面不改色的站在酷熱路面上，一下子快速疾走，一下子又停止不動。瞧牠們用六隻細長的腳將身子頂得高高的，抬頭挺胸、四處張望的模樣，還真有點自大、臭屁的感覺。記得第一次採集這種漂亮的小

甲蟲時，我先是彎下腰身，慢慢的靠近牠們。可是，當牠們發現有危險靠近時，馬上就機警的快跑逃開，停在離人較遠的安全地帶。不管我摸索前進了多少回，總無法順利靠近牠們。我被牠們弄得發火，就改變戰術，使盡全力快速跑向牠們！沒想到牠們的反應讓人更生氣了，因為當牠們發現跑不過我時，就會突然起身用飛的，始終和我保持著適當的安全距離。還好我有更厲害的法寶，那就是捕蟲網，終於逮到一兩隻，保住了顏面。

我蹲在林道的路旁，靜靜觀察牠們，偶爾會看見在路

↑只有在夜晚休息時，八星虎甲蟲才會平舖六隻腳，趴在樹葉上進入夢鄉。

↑虎甲蟲是典型的肉食性動物，這隻夜間趨光的微小虎甲蟲正在享受剛被踩死的白蟻大餐。

面疾行的八星虎甲蟲，迅速的捕獲小螞蟻，三兩下了便嚼進嘴巴裡去。我很想為這種捕食畫面拍下一些見證，無奈我的反應總比不上牠們東奔西走的速度。我在大太陽下曬得兩眼昏花，只好溜進樹蔭下的車子裡休息。

還記得蛟蛉的幼蟲叫做「蟻獅」嗎？看了八星虎甲蟲在路面收拾螞蟻的速度與效率後，我倒覺得虎甲蟲的這個名字假如改成「蟻虎」，是不是還更貼切呢？

青斑鳳蝶的輓歌

在關刀山林道旁一覺醒來,已近黃昏,下車舒展筋骨,抬頭望見滿天紛飛的薄翅蜻蜓。這是在夏秋午後,台灣郊外或山區常見的景象。

我發現眼前看似紛飛亂舞的薄翅蜻蜓,大多數其實都是朝著同一方向,時而前進,時而盤旋停止。當牠們各自飛到一定位置時,會突然轉身繞回起點附近,再重複相同的飛行動作。這種周而復始的群飛行為,是否有特殊的意義呢?難道是集體捕食嗎?可是附近又見不到成群孳生的蚊蠅飛蟲,而且一大群蜻蜓來回巡邏,勢必會因粥少僧多而常餓肚子,看來集體狩獵的可能性不大,但一時間也找不到合理解釋。

懷著解不開的迷惑,我朝回程的路慢慢開著。突然,車窗外有隻翅膀殘破的青斑鳳蝶緩緩飛過,最後停在車前方不遠的路旁,並且不停拍翅掙扎。下車一看,原來是隻走到生命盡頭的「老母蝶」,看來牠再也飛不起來了。死亡本來就是每個生命必須面對的事,這隻青斑鳳蝶也不例外。牠躲過各種天敵威脅,想必也完成了

↑正常青斑鳳蝶的翅膀斑紋是水青色的,只有飽經風霜的老雌蝶斑紋會褪色成米黃色斑。這隻無力飛行的老雌蝶跌落路旁不停的拍翅掙扎。

↑第一隻長腳捷蟻找到了毫無抵抗能力的鮮肉大餐。

傳宗接代的任務，如今將要壽終正寢，可算是「無怨無悔」吧！

當我蹲在青斑鳳蝶旁邊觀看時，旁邊來了幾隻黑色小螞蟻，開始乘機攻擊這隻垂死的青斑鳳蝶。突然被螞蟻咬住的青斑鳳蝶馬上翻動掙扎著，一下子便把小螞蟻甩開。可是這幾隻螞蟻毫不氣餒，再度展開攻擊，過不久又被甩開。後來又來了幾隻六腳細長、行動快速的長腳捷蟻，先把黑色小螞蟻趕走，接替了攻擊青斑鳳蝶的工作。

剛開始時，長腳捷蟻也被青斑鳳蝶的劇烈掙扎甩掉。五分鐘後，不知道哪隻傢伙跑回家去通風報信，螞蟻大軍出動了，牠們圍在青斑鳳蝶身邊，合力咬住牠的觸角、翅膀、腳，沒多久，青斑鳳蝶就再也動彈不得了。接著牠們便合力咬著這隻龐然大物，一步步往螞蟻窩的方向去了！垂死蝴蝶在進入草叢時被雜亂的草梗卡住，看樣子這群長腳捷蟻必須先將蝴蝶的身體大卸八塊後，才能搬回巢內了。

回程路上，我不斷想著，青斑鳳蝶的生命結束後，軀體還能養活許多生命，大自然的運作實在是太奇妙了。

↑ 呼朋引伴而來的蟻群最後抬起了這一隻龐然大物。

↑ 長腳捷蟻的體型比起獵物雖然微不足道，但是分工合作的努力下，最後一樣可以你一嘴我一口的將青斑鳳蝶大卸八塊。

捕蜂的人總會被蜂螫

回到錦吉昆蟲館已經天黑,原以為我是最晚回來的人,卻見不到羅先生等人。直到晚上九點,羅先生和阿欽等人終於帶回一個直徑約六十公分的黑腹虎頭蜂的大蜂巢。可是阿欽一進門,就取出一瓶樟腦油敷滿左手。我走近一瞧,發現他的左手手背腫得像灌滿水的橡皮手套,他說因為捕蜂手套太舊,有隻聰明的黑腹虎頭蜂找到較薄弱的部分螫了進去。還好阿欽已被虎頭蜂螫過好幾回,對蜂毒的反應不會太劇烈,只要自行敷藥就可退腫了。

取回蜂巢後,大家都動員起來。有人忙著將塑膠袋中被毒昏的黑腹虎頭蜂泡進酒裡;有人用鋸子將蜂巢一片片鋸開;有人接過一片片巢室,隨即拿出鑷子,將幼蟲一隻隻夾出來浸入酒瓶中。小朋友們跟在大人身旁圍觀,而我則是忙著到處拍攝工作情形。

捕蜂人為了賺錢養家,冒著危險捕蜂取巢,難免會被虎頭蜂螫傷。羅先生身上就有兩處被台灣大虎頭蜂螫傷後,發炎潰爛留下的大疤痕。

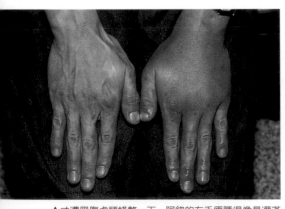

↑才遭黑腹虎頭蜂螫一下,阿欽的左手便腫得像是灌滿水的橡皮手套。

我最喜歡聽羅先生描述捕蜂人的驚險故事。其中有個故事是,曾有兩個原住民一同去採收樹上的虎頭蜂巢,可是準備的防護用具不齊全,有個忘了帶手套,另一個忘了帶眼鏡。到了大樹下,穿戴好裝備後,沒戴手套的那位將雙手夾在腋下準備接應;沒戴眼鏡的獨自上樹和虎頭蜂搏鬥,結果

↑羅先生的家人忙著處理這個龐大的虎頭蜂巢。

→羅錦吉先生和剛鋸開來的黑腹虎頭蜂蜂巢（由於採收大型蜂巢非常危險，沒有防護裝備，他不會讓我隨行拍攝採收蜂巢的過程）。

一下子便讓成群圍攻的虎頭蜂噴了滿眼毒液，疼得張不開眼，只好爬下樹來。由於眼睛看不見路，他便向同伴求救，可是同伴沒戴手套，每回伸手牽他，便讓虎頭蜂叮了好幾下。最後到達安全地點時，手已腫得像氣球一樣。

　　另一個更誇張的故事是，有位農民的果園地底，有個台灣大虎頭蜂的蜂巢（註）。有一回他不小心被螫了幾下，發現被螫的都是穿著衣服的地方，就以為沒衣物遮蔽的部位較光滑，虎頭蜂抓不住，所以叮不到。他異想天開以為：只要不穿衣物，虎頭蜂便無可奈何。於是他脫下衣服，只穿一條內褲，便去招惹蜂窩，結果不只穿著內褲的每吋皮膚都遭殃，有頭髮的部位還被叮得滿頭包。聽說最後是逃到溪谷，潛進水裡，才免掉一命嗚呼的下場。

（註：台灣大虎頭蜂的蜂巢多半構築在鬆軟的芒草叢地底，或是大樹樹頭附近的樹洞中。）

虎頭蜂的空中樓閣

↑長腳蜂蜂巢是開放式的，從外觀上可以看見巢室和巢室內的幼蟲，而且牠們的族群都不大。

　　虎頭蜂和長腳蜂算是近親，外觀上很容易混淆不清，不過牠們的築巢習慣卻有著天壤之別。長腳蜂的個性較「大方」，構築育幼的巢室是開放式的，可以直接觀察到成蜂餵食幼蟲，幼蟲吐絲結繭或成蟲羽化等生態。虎頭蜂較注重「隱私」，牠們的蜂巢外觀呈完整球狀，除了保留蜂群出入的通道外，外表無法見到巢內的任何動靜。

　　受過孕的雌虎頭蜂（蜂后）會先找一個合適環境後，再咬碎一些枯葉、樹皮等雜物，混合嘴中分泌的物質，構築一個個並排的六角形巢室，接著便在巢室中產卵，繁殖下一代。這隻蜂后的下一代會迅速羽化成雌性的工蜂，並隨即加入築巢和照顧其他幼蟲的工作。而牠們的大家長蜂后，便專心從事產卵繁殖的工作。

　　在其他工蜂的幫忙下，這個虎頭蜂窩很快就會形成比壘球還大一點的圓巢，巢內是一層開口朝下的六角巢室。為了應付逐漸擴增的族群，辛勤的工蜂會不斷從野外咬來築巢

的物質，從蜂巢的外部逐漸加大蜂巢的規模，同時也會將舊有蜂巢外壁咬掉，當作建築巢室或新外壁的材料。

↑ 這是一個剛構築不久的黃腳虎頭蜂蜂巢，巢室外有外壁結構，僅留下方一個開孔供成蟲出入之用。

　　虎頭蜂不會浪費圓巢內的有限空間，只要蜂巢增大到某個程度，牠們便會在原巢室下方的剩餘空間裡，加建第二層的並排巢室。同樣的道理，當蜂巢的規模愈大，蜂巢內的巢室也愈多層。這種情形有點像人類在蓋房子，需要很多房間時，就會向上蓋成許多層的大樓，不同的是，虎頭蜂的「空中樓房」是由上朝下發展的。

　　台灣野外常見的虎頭蜂中，黑腹虎頭蜂不但是最兇惡的，族群發展也常是最可觀的。一個黑腹虎頭蜂蜂巢在沒有被採收的情況下，到達秋末時，蜂巢常可以大到直徑一公尺以上，巢內的巢室多半超過十五層。這樣子的「超級大戶」，裡面往往住有一、二萬隻以上的居民。假如有人、畜不幸意外招惹到牠們，只要發動十分之一的敢死隊衝鋒陷陣，恐怕就會「針到命除」了。所以，台灣地區的虎頭蜂頭號兇手便是黑腹虎頭蜂。假如大家郊遊登山遇見黑腹虎頭蜂時，就算是只有零星一、二隻，最好都要敬而遠之，迅速離開現場，才不會驚動蜂群而發生意外。

↑ 大型的黑腹虎頭蜂蜂巢，剝開蜂巢外壁，可以看見巢內有一層層的巢室結構，它能夠孕育出上萬隻的同胞手足。

參觀殺手級昆蟲的家

捕蜂人用來對付虎頭蜂的毒藥，只能將虎頭蜂暫時迷昏，當空氣流通藥力消退後，這些兇傢伙仍可能會甦醒過來。所以，羅先生在採收回黑腹虎頭蜂巢後，當晚便將虎頭蜂成蟲全放在酒桶裡「醉死」。

隔天早上，我趁大家還在休息時，拿出幾層已鋸開的巢室仔細觀察。赫然發現在放置巢室的竹製圓盤和巢室附近，已經出現幾隻到處爬行的黑腹虎頭蜂；這些傢伙一定是昨夜或清晨間才從巢室裡羽化的成蟲。羅先生曾告訴過我，剛羽化的虎頭蜂不但沒法飛行，尾部的毒針也無法螫人，用手抓牠們沒有關係。可是，每當我靠近這些黑腹虎頭蜂時，牠們總會張開「虎牙」，和我怒目相視；當我用手逗牠們時，有些還會彎起尾部，向我展示毒針。為了安全起見，還是少招惹牠們吧！於是我用鑷子將這些新鮮成蟲一一夾起放入酒桶中，讓牠們當陪葬。

這會兒，我可以放心觀察巢室上的變化了。這些大小不等的巢室中，排滿了整齊劃一的六角形小格子，這就是虎頭蜂孕育寶寶的「嬰兒房」。不少嬰兒房外面還蓋了雪白的「屋頂」。這些「白屋頂」就是成熟幼蟲吐絲編織出來的繭

↑中央那個巢室中的成熟虎頭蜂幼蟲，正在吐絲織造繭蓋。

↑剛羽化的黑腹虎頭蜂用大顎咬破繭蓋。

↑從巢室繭蓋破洞探出半個「虎頭」的黑腹虎頭蜂。

↑剛羽化鑽出巢室的黑腹虎頭蜂並不能馬上飛行。

蓋,牠們會獨自躲在小房間裡蛻變成蛹,再脫皮羽化成為虎頭蜂。羽化後的成蟲,會用大顎將巢室外的繭蓋咬破,再鑽出來當「大人」。

當我正興致盎然的觀察時,剛好看見一隻剛羽化的成蟲,已將巢室外的白色繭蓋咬破,探頭探腦的要鑽出來。我趕緊為牠留下從「嬰兒房」中探出頭來的紀念照,牠的神情真像躲在窩裡和主人玩遊戲的小狗,實在看不出牠們竟是殺人不見血的惡魔呢!

巢室中尚未吐絲結繭的幼蟲,大都已經被夾出泡成藥酒。所以這些中空的六角形「嬰兒房」,和結了繭的「嬰兒房」,形成了強烈的對比。在同一層巢室中,左右鄰居間的幼蟲成長週期都差不多;再加上蜂后產卵有一定的習慣順序,因此,巢室便形成一圈有繭、一圈中空的同心圓分布。沒想到這些社會性昆蟲,連幼蟲的成長、蛻變等活動,都這麼有規律。

→由於蜂后產卵有一定的順序,再加上每一大圈蜂巢中的幼蟲生長週期都差不多,於是形成一層巢室中一大圈中空,一大圈有繭蓋的奇妙外形(中空巢室中原本都有幼蟲,但已被羅先生家人用鑷子夾出來泡酒了)。

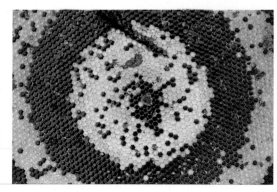

● *Taiwan Insects*

茂林

紫蝶谷裡的驚豔

　　寒冷的冬天一到，台灣中、北部的常見昆蟲，大都已銷聲匿跡。牠們各自以卵、幼蟲、蛹或成蟲等不同形態，悄悄躲在溫暖避風的隱蔽場所中過冬。所以我也較沒事做，常待在家裡。可是只要久不出門，我就會悶得發慌，蠢蠢欲動。不過要找到活跳跳的蟲子，恐怕就得下南部，機會才較多一點囉！

　　冬季裡，我最熟悉的採集區，莫過於屏東縣了。除了四季如春的恆春和墾丁地區，屏東縣鮮為人知的低海拔山區，幾處坐北朝南的小溪上游的乾溪谷中，會出現生機盎然的奇觀喔！那就是久聞其名的「紫蝶谷」。

　　根據以前從事蝴蝶標本交易的大盤商說，屏東縣與高雄縣的瑪家、賽加、泰武、獅子、三地、來義、茂林、六龜等地的山區，共有五十幾個大型紫蝶谷。每年冬天來臨時，數以萬計的紫斑蝶類，會不約而同的從南北各地陸續飛來，在這些溫暖的小溪谷中集體過冬。

　　記得 1979 年冬天，我和幾個老師、同學、記者朋友，一同到位於瑪家鄉的紫蝶谷探訪。我們想要一探捕蝶人大量採集紫斑蝶類的方法和場面，因此利用晚上時間出發到紫蝶谷。

　　剛開始我不懂為什麼要利用晚上抓蝴蝶，只知道自己拿著手電筒，跟著一大群人走了一、二個鐘頭的山路，好不容易才來到嚮導所說的紫蝶谷。那是瑪家鄉一處陡峭的溪谷地，附近是一片柚木為主的闊葉樹林。環顧四周，除了手電筒的燈光外，只見一片陰森漆黑，哪來成千上萬的蝴蝶呢？心中正疑惑不解時，隨著嚮導手電筒的光柱看去，才發覺身旁的大小樹木，不論是樹葉或是枝條上，到處停滿了緊緊依

偎過多的蝴蝶。太神奇了！在這種狀況下採集蝴蝶，彷彿只要一伸手，「採」蝴蝶就可像茶農採茶葉般的容易，眞是萬無一失而且迅速得很。

聽嚮導說，台灣在六〇年代以前，很多人採集紫斑蝶類加工做成藝品。當時這些蝴蝶，都是用大麻袋裝著，論斤計價。有些大型紫蝶谷中，蝴蝶的數量驚人，七、八個人只要花上二、三個晚上，便可以捕獲上百萬隻的紫斑蝶類。不過當初我一點也不相信，認爲這張牛皮吹得太大了吧！因爲即使動作再快，用手一隻隻的抓，每人每個晚上，頂多只能抓到三千～四千隻蝴蝶；想抓一百萬隻，得花多少人力呀？抓灌木上的蝴蝶就更難了，既危險又沒效率。看來，這個嚮導的吹牛功夫一流，夠資格去參加吹牛大賽了。

↑紫斑蝶類在紫蝶谷中過冬時，常會緊密的停在一起，場面非常壯觀。

以逸待勞的夜間捕蟲法

↑ 1979年第一次造訪紫蝶谷的我。

不曾見識過捕蝶人夜晚採集紫斑蝶的場面，誰都不會相信七、八個人只用二、三個晚上的時間，就可以捕獲上百萬隻的蝴蝶。1979年冬季，在屏東縣瑪家鄉的紫蝶谷中，我終於得到證實，這樣的說法，一點都不誇張。

那天晚上，六、七個捕蝶人準備就緒後，只見他們分成兩組，一組人左手持著強力手電筒，右手拿著一個短柄的大捕蟲網，分別站在地勢較高的平地上待命；另一組人則各自散開，摸黑走進谷中的樹林裡。

這些身手矯健的捕蝶人一進林子裡，便使勁的搖動身邊每一棵樹木。原本安靜睡覺的紫斑蝶群，突然受到劇烈的搖晃，無不驚慌失措，紛紛的從樹上嚇醒跌落。頓時，整個溪谷的夜空中，到處都是亂飛亂竄的紫斑蝶兒。這時待在高地上的捕蝶人手中的強光，便成了所有紫斑蝶的「引路燈」。只見得一隻隻蝶兒朝著亮處飛去，前仆後繼的氣勢，只能用「排山倒海」四個字形容。

手持捕蟲網的捕蝶人全都原地不動，只提著捕蟲網在手電筒前方左右掃動，數以百計的紫斑蝶就會自動送入網內。才一會兒的工夫，捕蟲網內已經裝滿了蝴蝶，他們便將網中的蝴蝶倒入大塑膠袋後，再繼續左右揮網的捕蝶動作。而另一組人仍穿梭在樹林裡，不停擾亂蝶兒清夢，讓驚醒的

蝶兒源源不斷的自投羅網。

　　當時，我和其他在一旁欣賞
或拍照的觀眾，手中或頭頂的手
電筒燈光，也引來整堆的蝴蝶，
牠們只要攀住東西，便想停下來
繼續休息。因此我們的頭、臉、
身體、衣服和附近的草叢、地

↑被嚇醒紫斑蝶類在夜空中四處胡亂飛竄。

面，到處是亂飛亂竄或緩慢振翅爬行的紫斑蝶，牠們在皮膚上爬行的觸
感，真是又癢又麻。

　　一個多鐘頭後，這場夜間大量捕蝶的示範正式收工。把所有捕獲的
紫斑蝶類集中起來，足足裝滿了兩大布袋。身兼嚮導的專業捕蝶人施添
丁先生提著袋子，用重量估算這回捕獲的紫斑蝶應超過五萬隻。依照他
的經驗統計，這個紫蝶谷中大概棲息著二百～三百萬隻的紫斑蝶，而且
這還是小兒科的紫蝶谷，在一些大型紫蝶谷中，要遇到超過一千萬隻
蝴蝶越冬的場面，並不是件難事呢！

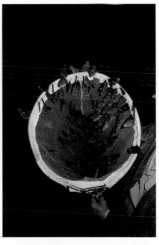

↑一個手電筒和一個大捕蟲網，就可以捕捉四面八方飛來的紫
斑蝶。

→不用幾分鐘，捕蟲網中便可以掃入數以百計的紫斑蝶。

紫翼蔽空的情景不再現

在台灣蝴蝶手工藝品加工業鼎盛的時期，每年死在捕蝶人手中的紫斑蝶不計其數，可是年年照樣有抓不完的蝴蝶。因為這幾種蝴蝶有很強的繁殖力，只要食物充裕，等春天一到，溪谷中沒被抓走、存活下來的蝴蝶族群，就會分散到各地，很快又繁衍出不計其數的後代。冬天來臨時，這些新生的族群又會循著祖先留傳下來的天性，集中在台灣南部各個紫蝶谷中過冬。所以，即使每年大量採集，對牠們的族群繁衍並不構成威脅。

近十多年來，台灣蝴蝶藝品加工業已逐漸沒落，已沒有人收購大量紫斑蝶從事加工，紫斑蝶類也擺脫了被人們捕捉的命運。照理說，紫蝶谷中成群過冬的蝶群，應該會更多、更壯觀才對，但是事實卻不然。因為台灣手工業沒落的同時，其他各項經濟活動與開發卻正突飛猛進。高山菜園、果園、茶園、經濟造林、高爾夫球場、山地遊樂區……，各種過度的建設和山地利用，逐年削減了野生植物的生存空間。這麼一來，紫斑蝶類幼蟲賴以為生的各種野生植物，當然也逐年減少。在缺乏食物的環境裡，紫斑蝶類繁衍的數量自然也就少了！

截至目前為止，我曾經到過六、七個紫蝶谷，其中有兩處早已見不到紫斑蝶聚集過冬的場面。除了紫斑蝶族群逐年變少外，這兩處溪谷如今已經成了附近居民接管取水的水源地，人們進出

↑ 早年台灣手工業發達時期，許多蝴蝶被用來製作藝品外銷，像這幅仿「拾穗」的畫作，就是用非常多的蝴蝶翅膀所拼貼而成的。

騷擾的機會大增，自然不再適合紫斑蝶類棲息了。

　　最近，政府計畫在屏東縣瑪家鄉興建大型水庫。水庫興建完工蓄水後，位於淹沒區內的大大小小紫蝶谷，將從此從地球上消失。果真如此，那高雄、屏東等地因水庫興建而受惠的每一個人，不就成了使許多紫斑蝶類無處過冬的間接元兇嗎？（註）

↑以往台灣人捕殺無數的紫斑蝶當作藝品材料，但是紫蝶谷的越冬族群却仍然相當龐大。

　　同樣的，台灣各地有更多的蝴蝶、昆蟲，或是依賴吃昆蟲維生的鳥類和兩棲類動物，甚至包括整體食物鏈中的高等哺乳動物，全因人類毫無節制的開發，而逐漸遭受族群稀少或滅絕的危機。關心野生動物保育的人們，怎麼能將野生動物稀少滅絕的罪過，全都推到捕蝶人或獵人的身上呢？「我不殺伯仁，伯仁卻因我而死」啊！

（註：瑪家水庫興建計劃目前已暫時取消。）

←山坡地的超限利用與開發，才是造成紫斑蝶或其他昆蟲、動物逐年稀少的元兇。

小小月世界——蟻獅的溫床

我幾乎每年春節都會到高雄縣茂林鄉的迷你型紫蝶谷，和成千上萬的紫斑蝶類拜年。

來到茂林鄉公所前方不遠的小橋旁，剛一下車，便發現身旁有兩、三隻紫斑蝶輕快的飛著。從我的經驗得知，只要在這路旁看見一些紫斑蝶，那麼橋下山溝中的樹叢間，一定會有數千倍的「蝶山蝶海」。站在橋邊，我取出望遠鏡對山溝中的樹叢望去，果然不錯！滿樹都是一片片緊依在一起的「枯葉子」。如果不告訴大家，一定很多人都不知道，這滿樹的「枯葉子」，全是休息不動的紫斑蝶。

準備好裝備，我沿著橋邊的草叢劈荊斬棘，走到這條平時乾涸的小溪溝。沿途的馬纓丹花叢間，偶爾可見到幾隻小灰蝶或青斑蝶類。走在橋墩下的大石塊間，我儘量不去踩踏石塊間的平坦砂地。因為在這片幾坪大小的空間裡，一直住著一群我特別喜愛的昆蟲朋友——蟻獅。蹲在石塊上，欣賞眼前一個個散布在砂地上的小砂坑，實在數不清這裡住了幾隻蟻獅。只覺得這片砂地的外觀，看來有點像月球表面的相片。

↑路旁草叢有紫斑蝶紛飛訪花，是我找尋紫蝶谷的第一個重要指標。而冬季開花的蔓澤蘭則是紫斑蝶類首選的蜜源。

↑冬季天晴的日子靠近紫蝶谷時，很容易看見三三兩兩的紫斑蝶類停在樹葉上進行日光浴，走到這樣的環境就要放慢腳步，仔細搜尋群蝶停棲避冬的場所。

這是一處雜草叢生、人跡罕至的小雜木林，林中有好幾叢巨大的刺竹。一些乾枯的刺竹枝叢傾倒在雜亂的溪床間，人獸要在樹林中行走活動相當困難，再加上陡峭的溪谷中，有著高大的樹木可以遮蔽嚴冬的寒風，所以特別適合紫斑蝶類安靜的集體過冬。

平常我都會和蟻獅玩一會兒，但這回因有事在身，就直接沿著溪溝向下，往紫蝶谷的方向走去。

一路上，我不斷

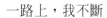
↑橋墩下的小小月世界。

的思考著：為什麼每次拜訪紫蝶谷時，橋墩下總有這麼多蟻獅棲息著，而附近的砂地上卻見不到呢？其實道理很簡單，因為只有橋墩下才淋不到雨水，夜間也不會有太重的露水，砂地上經常保持乾燥，最適合蟻獅構築捕蟲用的砂坑陷阱。不過，蟻獅的媽媽蛟蛉，又如何懂得選擇這個地點來繁殖後代呢？蛟蛉又是怎麼產卵的？希望有一天，我能解開心中的這些疑惑。

天搖地動蝶群紛飛

拜訪茂林鄉的這個小型紫蝶谷，已經成了我每年春節期間的例行公事。從橋墩下往陡峭的溪溝下游走去，大約三分鐘後，就可以到達紫斑蝶類集中過冬的場所。

沿著溪床下行，我逐漸靠近紫斑蝶類集體過多的地點，遠方樹叢的枝葉上，到處停滿了一隻隻緊靠在一起的紫斑蝶。本來我想大聲向牠們問好，又怕一旦干擾到牠們，我便不能順利拍到成群棲息不動的過多盛況，只好把雀躍不已的情緒，暫時保留在心中。我先準備好拍照的裝備，並選定最好的一叢蝶群，躡手躡腳的接近牠們。

↑ 利用晨昏或寒流來襲時造訪，紫斑蝶類的活動力較差，我才能夠拍到大群紫斑蝶擠在一起相互取暖避風的照片。

從相機裡頭望去，再靠近一、二步，就是最美的構圖了。我正想再前進一點時，這群不合作的小傢伙看見我愈靠愈近，於是接二連三的振翅飛走了；三秒鐘後，我取景的畫面中，就只剩下樹叢的枝葉。我毫不氣餒，選定另一處停滿蝴蝶的樹叢再試一次，結果又是一樣。我在雜亂的溪谷中穿梭，想要拍到一些心中認為最滿意的壯觀場面，但最後還是不得不投降。可是我一點也不惱怒，因為早就已經習慣了，誰叫這些蝴蝶休息的時候，不能閉上眼睛呢？

↑紫蝶谷中若有鳥獸或人類的的身影擾動，頓時群蝶飛竄簡直可以遮雲蔽日。

所以我每一回都不能拍攝到滿意的成績。這樣也好，我才有更充足的理由，每年來向牠們拜年哪！

拍照工作暫停後，我取出望遠鏡環顧一下整個樹林，紫斑蝶的數量和往年相差不多，大概有四、五萬隻以上吧！接下來就是我每年來拜訪紫斑蝶的另一個目的：和蝴蝶玩遊戲的時間到了！

我先抬頭觀察一陣子，找到紫斑蝶棲息數量最多的一棵樹。來到樹下，我輕握著一條可以牽動整個樹叢的粗藤，接著我突然猛力的搖動樹藤，瘋狂的大叫：「新年快樂！」所有在樹叢間休息的蝴蝶，突然被我這麼一鬧，嚇得同步起飛。剎那間，我頭頂上的天空，出現上千隻的紫斑蝶到處飛竄，那種壯觀的場面，只能用「遮雲蔽日」來形容才貼切。

我曾經帶過不少朋友來到茂林紫蝶谷「玩蝴蝶」，第一眼看見漫天蝴蝶的人，開口的第一個字一定是：「哇！」，相信這會是他們永生難

忘的經驗。

　　當紫斑蝶被驚嚇起飛後，過不久牠們又會就近找叢枝葉停下來休息。而我就不停的在這片樹林中和牠們開玩笑，直到我精疲力盡為止。和這些紫斑蝶惡作劇，並不會直接對牠們造成傷害，不過我也怕牠們受到嚴重干擾後，再也不會回到這個小山溝中過冬了。幸好我不是天天都來騷擾牠們，隔天牠們又可以安靜的休息。只要這個溪谷沒遭到破壞，隔年冬天，牠們的後代又會循著本能來到這裡聚集，而我也將永遠是紫斑蝶們又愛又恨的人類朋友囉！

↑茂林的橋下紫蝶谷因人類的破壞，使得飛來過冬的紫斑蝶找不到安全且避風的場所群棲，最後這個紫蝶谷就消失了。

↑紫蝶谷中常會有小族群的青斑蝶類飛來和外觀相似的端紫斑蝶雌蝶擠在一起過冬。

Taiwan Insects

高樹

紋白蝶的彩帶舞

　　離開茂林，我開車從高樹鄉的鄉間道路回家。由於道路筆直，車速不慢，車窗前的擋風玻璃上，竟撞死了一隻倒楣的紋白蝶。這時候我才注意到，沿途已有不少蝶屍。

　　每年冬季到初春，是台灣低海拔地區的紋白蝶類盛產季節，我放慢車速，只見道路兩旁的田間，到處是嬉戲紛飛的紋白蝶，難怪常有些冒失鬼，被來往車輛撞個正著。

　　紋白蝶和台灣紋白蝶，可說是台灣最常見的蝴蝶種類，許多喜歡蝴蝶的人們，根本不把牠們看在眼裡。可是觀察昆蟲生態應是一視同仁的，所以我將車子靠邊停下，好好欣賞這些悠遊自在的小白蝶。

　　路旁的田裡種著不少蔬菜和花卉，正是紋白蝶的快樂天堂。這裡出現的紋白蝶遠超過台灣紋白蝶，再次印證已故蝴蝶專家張保信老師的說法，他曾經說過，因為當初台灣都以糞便作為肥料，美國人不敢拿本土蔬菜做生菜沙拉，所以從日本輸入生鮮蔬菜，而紋白蝶可能就是跟著提供美軍食用的生鮮蔬菜，自日本入侵台灣的。

↑高樹鄉間的麒麟菊花田裡，紋白蝶駐足享用甜美的花蜜，一旁還有蜜蜂也來湊熱鬧。

　　如今，台灣各處鄉村平原地區，紋白蝶已取代了台灣紋白蝶的優勢地位。不過，台灣紋白蝶的耐蔭性較強，所以在高樓林立的都市地區或樹林較多的山區，台灣紋白蝶仍比紋白蝶多。

　　我站在田間的小路上猛按相機快門，拍得興

高采烈。有時候田間會竄起一隻雌蝶，身後跟著好幾隻雄蝶尾隨不停。看到這個熟悉的景像，我心中很清楚，這些王老五恐怕都得鎩羽而歸，因為紋白蝶類的繁殖機會，大部分都是在雌蝶羽化初期，還無力振翅飛行的時候，就被發現牠的雄蝶強行交配。而雌蝶一生只能交配一次，當牠成為準媽媽後，就會拒絕其他的追求者。

　　懷了孕的雌紋白蝶在田間活動，除了找尋幼蟲可以吃的菜葉產卵外，便是在花叢間吸蜜。當牠遇到雄蝶追求時，會直接停下來高舉腹部表示拒絕，假如身邊的追求者糾纏不清，雌蝶會索性振翅高飛、逃離現場。所以盛產紋白蝶的鄉間，我們很常看見一隻雌蝶快速飛高，而身後跟著一排雄蝶緊追不捨，形成空中一串左搖右擺的「白色彩帶舞」。

↑紋白蝶幼蟲的主食是十字花科植物的葉片，因此鄉間農作區常有許多紋白蝶飛來菜葉上繁殖後代。

↑這隻台灣紋白蝶的雌蝶在遭到雄蝶拚命追求後，直接停在菜葉上抬高腹部表示拒絕求愛。

←麒麟菊花田上空的紋白蝶彩帶舞。

蔬菜殺手——紋白蝶幼蟲

↑走近各類的十字花科菜園，很容易在菜葉上或葉背發現紋白蝶類的黃色小卵（高度約1.5mm）。

↓沒有噴藥的高麗菜菜葉被紋白蝶幼蟲啃得體無完膚。

一隻紋白蝶雌蝶停在田邊的十字花科蔬菜上，彎下腹部在菜葉上輕觸一下，再起身飄浮在嫩綠的蔬菜田上空。看見這個景象，我很熟悉這是雌蝶產卵的動作。

走近一瞧，這些菜葉上是有不少蝶卵，但卻沒有被蟲子啃食到「體無完膚」。剛孵化的紋白蝶小幼蟲，一定吃了噴有農藥的菜葉後全數「陣亡」，菜葉才能保持得這麼完整。

我曾在家裡飼養台灣紋白蝶幼蟲，還親自栽種小白菜餵牠們。後來菜葉吃光了，只好拿媽媽從菜市場買回的青菜餵食，可是才隔一天，所有的幼蟲就全死光了。可見得大家平常吃的青菜中，一定還有不少農藥殘留吧！

在菜園中逛了一會兒，我發現有一畦菜田裡的高麗菜，被蟲子啃得千瘡百孔。我猜這些蔬菜是主人要留下自己食用的，才沒噴灑殺蟲藥劑，讓紋白蝶找到了繁殖的樂園。

於是我靠近這些蔬菜，發現有十多隻被揉死的紋白蝶幼蟲屍體，證實了我的猜測。可惜「道」高一尺，「蟲」高一丈，繁殖力強的紋白蝶還是讓人防不勝防，菜葉間仍可找到不少紋白蝶幼蟲，菜葉上也才會千瘡百孔。

我蹲在菜園裡觀察紋白蝶幼蟲啃食菜葉的情形，一邊為牠們危害蔬菜的惡行拍照存證。我找到一隻成熟的紋白蝶終齡幼蟲正專心埋頭享用大餐，瞧牠一點一滴的啃食著菜葉，和蠶寶寶吃桑葉的模樣完全相同，只是蠶寶寶是人們養來吐絲結繭的「經濟性昆蟲」，而紋白蝶幼蟲是菜農最痛恨的「經濟大害蟲」。

突然，這隻幼蟲啃食的菜葉前方的葉背上，慢慢冒出一隻微小的蟲子，乍看有點像螞蟻，再看仔細點瞧，才知道是隻微小的寄生蜂。紋白蝶幼蟲性命即將不保了，因為這隻在一旁探頭探腦的小蜂是毛蟲類最害怕的寄生性天敵。牠悄悄摸到紋白蝶幼蟲身旁，正準備伺機在「寄主」身上產卵。這麼一來，紋白蝶幼蟲體內會有許多小蜂幼蟲寄生，體內組織會被小蜂的幼蟲吃光，最後當然會一命嗚呼了。

這是個珍貴的鏡頭，我趕緊換上特寫鏡頭，準備將這隻小蜂的「作案」過程記錄下來。可惜一不小心讓鏡頭碰到了菜葉，把小蜂嚇得振翅逃跑，而這隻紋白蝶幼蟲也幸運逃過一劫。

↑ 這隻紋白蝶幼蟲正專心的在菜葉上大快朵頤。

↓ 一旁微小的天敵寄生蜂，正神不知鬼不覺的準備摸哨攻擊。

犀角金龜的採集妙方

屏東縣的高樹鄉地處台灣南部平原，有不少中北部或其他山地很少見到的椰子樹。還記得小時候，屏東縣鄉下馬路兩側，到處都栽植著一排排筆直的椰子樹，是地方政府的公共造產。可是近年來由於馬路的拓寬，椰子行道樹多半被砍除殆盡，除了私人種植在農田間的椰子樹外，路旁一些的椰子樹都因缺乏照料，顯得毫無生趣。

大家知道許多昆蟲的棲息分布，和環境中的植物種類有相當密切的關係。因為很多「吃素」的昆蟲，都以特定種類的植物當食物。假如某些植物剛好是人們種植的經濟作物，那麼會吃食這些作物的昆蟲，自然成了人類眼中的「害蟲」。椰子樹也會發生一些蟲害，其中有一種是叫做「犀角金龜」的大型甲蟲，牠是台灣地區體型僅次於獨角仙的第二大兜蟲，體長多半將近五公分長。犀角金龜會傷害椰子樹，牠們會啃食椰子樹的樹頂嫩葉，而且幼蟲還會在地底啃食椰子樹的根部。

從這些資料看來，一般人若想親自找找犀角金龜，就得爬上樹梢，或是想辦法挖掘到地底根部。這種「工程」不但浩大，而且挺危險的，沒有經驗的人，還不一定可找到這

↑犀角金龜是椰子樹害蟲。

↑犀角金龜因為頭上長著一根像犀牛頭上的長觭角而得名。

種大型甲蟲呢！就讓我來介紹科學方法，讓想採集犀角金龜的人可以如願以償吧！

屏東縣鄉下的路旁，不難看見一些沒人照顧的椰子樹病株。這些病死的椰子樹只剩一段筆直挺立的枯樹幹，而這些枯死的樹幹會逐年慢慢變短，甚至最後會完全失去蹤影。這些椰子樹幹逐漸減短、消失的原因，就是犀角金龜的「傑作」。椰子樹堅硬的樹幹組織，正是犀角金龜幼蟲的最愛。

當大家看見高度不超過二公尺的椰子枯樹幹時，不妨下車試試運氣。你可以先拿斧頭或鐵槌，在枯死的椰子樹幹敲幾下。假如感覺樹幹到處都有堅硬無比的反彈力，或是完全中空，那就放棄，另外尋找下一個目標；假如敲擊後覺得是實心樹幹，可是又沒有堅硬的反彈力；或是覺得

↑ 在屏東地區，只要找到枯死的椰子樹幹，便有機會找到犀角金龜。

↓ 找到不超過 2 公尺的椰子枯樹幹，我經常會有喜出望外的大豐收。（徐渙之攝）

樹幹中部分中空，部分實心，那麼大家可要準備好容器了。因為你只要劈開這段椰子朽木，保證會是大豐收喔！

驚天動地——犀角金龜現形

↑劈下半中空的椰子朽木，經常會有滿載而歸的大豐收。

↓椰子朽木中被分解成腐土的碎屑層裡，常會躲著許多大小不一的犀角金龜幼蟲。

我一面慢慢開車，一面四處張望。不久便發現一段和我差不多高的死椰子樹幹。

喜歡甲蟲的人看到朽木一定會手癢。雖然我已經採集過犀角金龜，也養過牠們的幼蟲，可是看見這段椰子枯木，我又手癢了，心想，反正天還沒黑，運動一下筋骨也不差。

我敲擊這段椰子朽木後，知道裡面一定住著一群犀角金龜幼蟲。於是我舉起手中的斧頭，用力朝著椰子樹幹揮去；在收回斧頭的同時，我順手掀下一塊椰子樹皮。這時候，一隻肥大的「雞母蟲」，隨著一堆腐土碎屑，從這塊樹皮的破洞裡滾到地面上。從這隻蠐螬型幼蟲的身材大小判斷，牠當然是犀角金龜的幼蟲囉！我暫時將牠擺在一旁的地面上，繼續我的砍伐工作。

在這段椰子朽木中，我找到許多小動物；十多隻犀角金龜的中、大型幼蟲，十幾隻剛孵化不久的犀角金龜一齡幼

蟲，二隻身分不明的中型金龜子幼蟲，還有一些馬陸、鼠婦和一隻蛞蝓；蛞蝓大概是白天躲在樹洞中休息的吧！另外，我還看見兩隻約有十公分長的蜈蚣。蜈蚣是肉食性的傢伙，牠們躲在朽木裡，可能想順便捕食其他小蟲子囉！

在纖維組織較完整的朽木中，我還挖到八、九隻犀角金龜的成蟲，其中有一隻雌蟲到處鑽洞，產下不少橢圓形米粒大小的卵粒；其他的成蟲都是羽化後尚未外出求偶交尾過的「新鮮貨」，一隻隻靜靜待在橢圓形的蛹室中。在蛹室的尾端可以找到牠們蛻下的蟲皮和蛹皮，這是「新鮮貨」的有力證據。由於犀角金龜的成蟲和幼蟲都非常怕光，所以當朽木被劈開後，這群甲蟲族馬上又鑽回暗無天日的朽木碎屑裡去。從這個現象，我猜想犀角金龜的成蟲可能是夜行性昆蟲呢！

因為從剛才搜索到現在，還沒有找到長相算得上很「可愛」的蟲蛹，所以我不太滿意這樣的成績，就繼續朝著纖維組織較完整的部分挖去。可是一直挖到堅硬的木質部分，再也沒有昆蟲鑽洞啃食的痕跡。我勉強挑選了幾隻幼蟲、一對成蟲和大部分的卵，分別裝進容器裡，連同一大袋椰子樹朽木一起送上車，再從容打道回府。

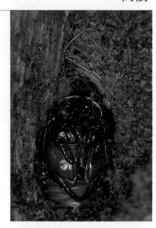

↑ 較硬的椰子纖維層中，不難挖到靜靜躲在蛹室中的蛹。

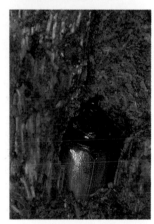

↑ 這個蛹室中躲著一隻剛羽化不久的犀角金龜，牠的翅鞘顏色還未完全變深。

Taiwan Insects

台大實驗農場

除蟲義工貢獻多多

↑ 有些農夫採取「殺一儆百」的方式，將麻雀的屍體懸掛在田邊，這種做法相當不智且殘忍。

←鳥兒愛吃蟲是大家都懂的，而且在成鳥哺育幼鳥的期間，牠們會獵殺更多人們眼中的「害蟲」。

　　梅雨季中一個難得的大晴天，我趕緊整理裝備出門去「曬太陽」，免得人和相機都發霉了。

　　由於我先前並沒有計畫要出遠門，於是決定到附近的台灣大學實驗農場走走。台大實驗農場有片不小的農地，用來種植各種教學實驗用的經濟作物，所以雖在都市裡，昆蟲資源也不少。走近校區農場旁，看見不少紋白蝶類在田園間穿梭飛舞。天氣才剛放晴，紋白蝶便馬上出來到處活動，其他的昆蟲應該也一樣吧！我相信今天應該會有很好的收穫。

　　走在一片旱田間，身邊不遠的地方，突然竄起一群靈巧活潑的白腰文鳥。這群小鳥在田間穿梭，主要的食物是作

物的種子和果實，還是田間的各類昆蟲？不過依我的研判，牠們可能是來者不拒，照單全收。

我曾經看過一些研究統計，說明麻雀在田間會吃掉不少穀物，但也會吃掉很多害蟲。假如麻雀不見了，那麼作物遭受害蟲肆虐的損害，會遠比被麻雀啄食掉的作物數量還大。不過許多農夫到現在還不明白這個事實，一心一意想殺死這些「除蟲義工」，真的是「損鳥不利己」。

我蹲下身子，看看能不能發現一些昆蟲的身影。由於田壟上的作物已經收割，只剩下一些小雜草，所以昆蟲的種類和數量都不多，只能找到兩種中小型褐色蝗蟲，還有在地面遊走的一種不結網蜘蛛。

正想轉身探訪其他的實驗農田時，突然覺得有隻小蟲子跳進我的褲管裡，我把牠抖出來，再蹲下身子觀察。雖然沒有找到那隻冒失鬼，卻在眼前的田溝地面，看見幾隻靜靜享受日光浴的「小蝗蟲」。只要一靠近，牠們就在一瞬間跳得不見蹤影；剛才鑽進我褲管裡的，八成也是這種小蝗蟲吧！

為了看清牠們的長相，我屏住呼吸，緩慢移動身子，仔細一瞧，才看清楚這些身長只有半公分左右的「小蝗蟲」，其實是「蚤螻」。蚤螻也是直翅目的昆蟲，是蝗蟲、螽斯、蟋蟀等昆蟲的遠親。為什麼牠被取名為「蚤螻」呢？因為牠們有著粗壯的後腿，可以和跳蚤一樣，跳得又高又遠。還好牠們沒有毒毛或毒針，要不然我就慘了！

←蚤螻有非常粗壯的後腿，是田間常見的跳躍小精靈。

紋白蝶類的快樂天堂

　　我走到一片種滿小白菜的田園旁，這些綠油油的小白菜已有好一段時間沒噴農藥了，因爲在一片片菜葉上，到處可見大大小小的紋白蝶幼蟲和台灣紋白蝶幼蟲。

　　有好幾年的冬季，我爲了觀察拍攝台灣紋白蝶幼蟲的生態，所以在自己家裡的公寓陽台上種了不少次小白菜。每回菜籽發芽不久，便招來台灣紋白蝶產下許多蟲卵，不用幾天工夫，所有的小白菜菜苗就被幼蟲們吃得精光。假如有人想飼養紋白蝶，小菜苗剛發芽時一定要噴農藥，或先用紗網隔離，避免紋白蝶在菜葉上產卵；等到小白菜長大後，再讓牠們產卵繁殖，否則將會前功盡棄。

　　紋白蝶和台灣紋白蝶有明顯的分布地域和消長，也就是說，因爲這兩種紋白蝶的幼蟲，寄主植物完全相同，幼蟲生態習慣也差不多，因而會產生族群間的對立競爭。所以在許多環境中，我們只能見到其中一種。例如都市、山區是台灣紋白蝶較占優勢的環境，而鄉下、平原則是由紋白蝶獨霸天下。可是在台大校區中的實驗農場裡，這兩種紋白蝶都是常客。不知道這裡的環境條件是否適合這兩種紋白蝶和平共存？或是牠們還沒分出誰是優勝者？看來經過長期的持續觀察，說不定可以得到更明顯的研究成果喔！

↑台大實驗農場是我在台北市區中探索昆蟲生態的最佳去處。

↑小白菜菜葉最容易吸引紋白蝶類前來產卵繁殖後代（圖中為台灣紋白蝶）。

台灣紋白蝶和紋白蝶幼蟲間的區分方法很簡單，中、大型的幼蟲身體背部中央，有一條明顯縱向黃色條紋的，便是台灣紋白蝶幼蟲；黃色條紋不明顯，或是根本沒有黃條的幼蟲，便是紋白蝶的幼蟲。

我繼續走到另一區小型實驗農田，這裡種了一些結球白菜，看見菜葉上斑斑蛀孔的慘狀，我知道這區菜園已成了昆蟲的樂園。當我準備靠近一點時，突然發現眼前一根澆水用的噴水水管上，靜靜的掛著一個台灣紋白蝶蝶蛹。

我蹲下來後，發現附近的磚塊、雜物、菜葉、雜草叢的樹枝，甚至是教學解說牌上都有不少的蝶蛹，或即將變成蝶蛹的幼蟲。看見這個情景，又印證了一個有趣的現象：要找紋白蝶類，到沒有噴灑農藥的菜園去找準沒錯；而要辨別出青菜上有沒有農藥，找那些被蟲子啃得亂七八糟的蔬菜就錯不了了。

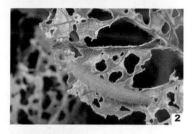

1 台灣紋白蝶幼蟲身上有一條鮮明的黃色背中線。
2 紋白蝶幼蟲的背中線極不明顯。
3 台大實驗農場菜園邊的解說牌木條上，出現了3個台灣紋白蝶的蛹和1隻即將準備化蛹的幼蟲。而幼蟲和蛹間的小黑點，則是前來產卵繁殖的寄生蜂。

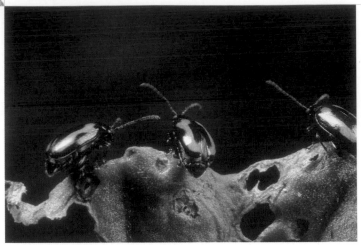

↑黃條葉蚤體型雖小，但牠們常用蟲海戰術，輕易的將菜葉換成「洞洞裝」。

菜葉上的小跳蚤──黃條葉蚤

　　另一區小型的菜園，種的是可以做成酸菜的芥菜，菜葉也被蟲子啃得千瘡百孔。我本來以為這又是紋白蝶類幼蟲的傑作，可是仔細一看，食痕和紋白蝶類幼蟲只從葉緣蠶食的模樣完全不同；我不禁懷疑，到底是何方神聖？

　　蹲在菜園旁，我仔細檢查每株芥菜的葉片，這才明白竟是一群數以百計的小甲蟲，牠們就是農業害蟲中鼎鼎大名的「黃條葉蚤」。因為身長只有0.2公分左右，不仔細看，很容易忽略牠們的存在。

　　很早以前我就聽過牠們的大名，直到今天才注意到這種美麗的甲蟲原來是這麼「超迷你」。不過，黃條葉蚤身材雖小，數量卻多得驚人，難怪這塊遭到肆虐的菜園，每一株芥菜全都被啃得體無完膚。

　　黃條葉蚤屬於金花蟲科的甲蟲，我想隨手抓一隻來仔細觀察，可是只要我的手指一靠近，每一隻小蟲都會在我指頭前端突然失蹤。好靈敏的反應！牠們能在察覺危險來臨的

瞬間，一下子就彈跳得無影無蹤，難怪黃條葉蚤和蚤蝼一樣，名字中都有一個「蚤」字，因為牠們都有矯健的身手。看來為牠們取名為「黃條葉蚤」，還真貼切！

↑芥菜葉上千瘡百孔的食痕，其實並不是紋白蝶幼蟲的傑作。

↓黃條葉蚤是體型超迷你的金花蟲，牠們擅長連跳帶飛的躲避危險，想看清牠的廬山真面目，可要非常緩慢的接近才能如願。

後來，我在這一片芥菜葉間，又找到另外一種藍黑色的金花蟲。雖然這種金花蟲的身材比黃條葉蚤大許多，不過牠們的數量遠不及黃條葉蚤，而且反應和黃條葉蚤也大不相同，如果用手去碰觸正在啃食菜葉的金花蟲，牠會嚇得掉落在地面上。無論是起身彈跳，或是六腳一縮掉入草叢，我想都是小蟲子的保命絕招吧！

我還在芥菜葉上，發現幾隻黑色的金花蟲幼蟲。牠們個個埋頭苦幹，不停啃食著芥菜葉。從牠們將近有半公分的身長看來，絕對不是黃條葉蚤的幼蟲，那麼大概就是藍黑色金花蟲的幼蟲囉！

可是，我又想到了另一個問題，既然菜葉上有這麼多黃條葉蚤，為什麼都看不到牠們的幼蟲在菜葉上活動呢？直到我回家翻閱書籍資料，才明白；黃條葉蚤吃食的是十字花科蔬菜的葉片，而牠們的幼蟲是吃食十字花科蔬菜的根部，難怪在菜葉上找不到牠們的幼蟲了。

↑典型的龜紋瓢蟲翅鞘上有龜殼般的花紋，因而被取名為龜紋瓢蟲。

龜紋瓢蟲千變萬化

　　偽菜蚜也是十字花科蔬菜的重要害蟲。這些外表黃綠色的微小蚜蟲，常群聚在甘藍葉、結球白菜的菜葉上，貪心的吸食汁液。

　　雖然蚜蟲是危害植物的小壞蛋，但我倒挺喜歡找蚜蟲的，因為找到蚜蟲的話，就很容易觀察到螞蟻、瓢蟲、瓢蟲幼蟲、食蚜蠅幼蟲、草蛉幼蟲（蚜獅）……許多不同類型的昆蟲。這些昆蟲和蚜蟲間有許多奇妙的生態關係呢！

　　台大實驗農場中經常有偽菜蚜在菜園中孳生繁衍，因此也有不少瓢蟲活動。最近這二、三年，我就先後觀察過赤星瓢蟲、錨紋瓢蟲、黃瓢蟲、七星瓢蟲、波紋瓢蟲、龜紋瓢蟲，和兩種微小的小黑瓢蟲類，牠們經常穿梭在菜園或其他作物的枝葉間，捕食蚜蟲。

　　即使是同一種類的瓢蟲，不同的個體間也可能出現明顯外觀差異；例如「錦吉昆蟲館」附近最常見的錨紋瓢蟲，便有三、四種不同的外觀。而台大實驗農場裡還有一種中小型的龜紋瓢蟲，在成蟲的外觀上，最少就出現五種不同的翅鞘斑紋。由於國內還沒有瓢蟲的圖鑑書籍，我剛開始還以為

這些長相不同的龜紋瓢蟲是不同種的呢！

　　幸好，我曾搜集許多成蟲回家飼養，後來才發現，標準型的龜紋瓢蟲會繁殖出許多外觀不同的後代，有的翅鞘上呈現四個黑斑，有的是翅鞘前緣有兩個黑斑，有的竟完全沒有斑紋，甚至還有翅鞘全黑的個體。另外，有的龜紋斑很發達，有的龜紋斑很小，幾乎每隻成蟲都不同。由此可見，想單靠翅鞘上的花紋來區別瓢蟲的種類，實在很不保險，只有親自大量繁殖、飼養觀察，才可減少鑑定錯誤的情況。

　　瓢蟲的繁殖飼養並不困難，首先要解決的是食物問題，也就是說，要有很多蚜蟲。家中如果種有許多盆栽植物，可能便能發現一些寄居其間的蚜蟲。假如沒有自行繁殖寄居的蚜蟲可供瓢蟲食用，那就必須到戶外找尋蚜蟲，供瓢蟲「大快朵頤」了。

　　想讓瓢蟲產卵又不會飛掉或走失，可依照飼養蝴蝶的「套網產卵」方法，用捕蟲網將瓢蟲罩在長有蚜蟲的植物叢間，這樣一來，雌瓢蟲就可能在植物枝葉上產下卵粒。孵化後的幼蟲如果食物充足，牠們就不容易走失，會一直乖乖待在蚜蟲堆附近，直到成熟化蛹。

↑龜紋瓢蟲的翅鞘外觀還有各種不同程度的變化，如圖1、2、3、4、5。

吃不飽，就吃自己的同胞

　　我從台大實驗農場的甘藍菜園中，帶了一些瓢蟲卵回家飼養；兩天後，牠們便在我的透明底片罐中孵化了。

　　剛開始，幼蟲的食量很小，我從菜園中帶回來的一些僞菜蚜，還足夠食用。幾天後，僞菜蚜已經被這十多隻幼蟲吃得所剩不多，後來還因沒有新鮮菜葉可供吸食而相繼死亡，我不得不開始找尋其他蚜蟲。

　　我在陽台上翻遍所有盆栽，在栽種的野生植物上，發現了兩種不同的蚜蟲，一種是寄居在台灣朴樹上的朴樹棉蚜；另外一種則是寄居在桂竹葉片間的扁蚜。

　　我將長有蚜蟲的盆栽搬進室內，從底片罐中取出瓢蟲幼蟲，平均分配在盆栽植物上放養。想不到二、三天後，盆栽植株上的蚜蟲就被吃個精光了，而我仔細翻遍這些植株，只找到六、七隻瓢蟲幼蟲。這些餓得發慌的幼蟲在樹葉枝叢間到處疾行遊走。爲了避免牠們全部餓死或走失，我只好出門找尋其他蚜蟲！

　　我再次來到台大實驗農場的菜園，可是原來長有不少僞菜蚜的那畦菜園，甘藍菜已被全數收割或砍除，找不到僞菜蚜了；我只好在其他植物上找尋蚜蟲。結果在月橘樹叢嫩枒上，發現了不少大桔蚜，我興奮的摘下一段段嫩枝條，連同蚜蟲一起帶回家。這麼多的蚜蟲，應該夠家裡那群小傢伙吃上好幾天了。

　　爲了確保不會前功盡棄，回家後我將一部分瓢蟲幼蟲用小容器飼養，另一部分則放養在一盆柑橘樹盆栽間，將大桔蚜放養在柑橘樹嫩葉上，因爲柑橘和月橘同屬芸香科植物，大桔蚜應該也會在柑橘樹上生長繁殖。

　　幾天後，我在柑橘樹叢間只找到三隻瓢蟲幼蟲，而大

桔蚜已全被吃光或死亡。我不明白失蹤的瓢蟲幼蟲到底是走失的，或是病死的（註）。

後來我重新檢視柑橘盆栽，發現一旁的昭和草葉片上，竟有隻瓢蟲幼蟲正在捕食另一隻體型較小的手足。我恍然大悟，原來失蹤的幼蟲是被較壯的同胞吃掉的。一個鐘頭後，這隻弱小的幼蟲就被嚼個精光，只剩下較硬的頭部和六隻腳。

第二天，我打算再出遠門，為了怕最後一隻瓢蟲又餓死，就將牠連同盆栽移到外頭的陽台；或許牠到處遊走找尋食物，還可以增加一點存活機會吧！

（註：大桔蚜體內有毒，部分不能適應的天敵吃了以後，可能會中毒病死。）

↑肚子餓得發慌的瓢蟲幼蟲，正開始獵殺另一隻較弱小的同胞。

↑半個小時後，遭捕食的幼蟲已經體無完膚了。

↑一個小時後，葉片上只剩下被食者的頭部和腳；還沒吃飽的瓢蟲幼蟲則離開現場，繼續找尋其他的食物。

● *Taiwan Insects*

永和寓所III

仔細瞧，別讓新朋友跑掉了

春夏交替時總會碰上陰雨綿綿的梅雨季，使我經常坐困家中，無法外出和昆蟲們打交道。

有好幾天沒出門，我便逐一檢查數十箱的標本，有些標本箱中的樟腦粉沒了的，便重新補充，免得辛苦的收藏遭到小蟲子蛀食；有些發霉的標本就用毛筆蘸些石炭酸溶液，擦拭除霉，再重新風乾。老實說，這樣的工作實在乏味，不過也是種責任，假如任由那些標本損壞，死去的昆蟲們一定會怪我「始亂終棄」！

整理標本，其實是許多出色的昆蟲分類學者，必定親自做到的重要工作，因為在製作標本和檢視標本的長時間觀察下，可以發現以往忽略的一些微小疑點。很多學者甚至不遠千里到各地標本收藏單位，去看別人收藏的標本，看看能不能發現別人未注意的新品種。

類似的情形也曾在我家發生過，某一天，就讀醫科的么弟正在欣賞蝴蝶標本時，突然拿著一隻拉拉山三線蝶來告訴我：「這隻蝴蝶是陰陽蝶呀！」我仔細看了看，沒錯！牠的右下翅是雌蝶的模樣，其他三片翅膀則屬於雄蝶的外觀。

↑這就是那隻具有陰陽身分的拉拉山三線蝶，你瞧，右下翅的顏色較淡，是雌蝶；其他3片翅膀則是雄蝶。

由於拉拉山三線蝶的雌雄差異不大，所以當初我做標本時並沒有注意到，還好細心的弟弟仔細檢視了這些標本，要不然我還不知道自己擁有一隻罕見的陰陽蝶呢！

提到陰陽蝶，我又想到幾年前的一個月圓夜，到北橫公路中段的原始林區，

點水銀燈誘集夜行性昆蟲，可是這一次我真的服輸了，白布上只能用「門可羅雀」來形容。

↑點水銀燈夜間誘蟲並非每次都能大豐收，例如冬季、月圓或風大的日子，就很容易「摃龜」。像圖中這種誘集成績，只有研究雙翅目昆蟲的人才會滿意。

由於趨光而來的昆蟲少得可憐，我沒事做，於是站在白布旁邊，逐一欣賞那些蛾類。結果喜出望外的發現一隻姬白汙燈蛾的右邊翅膀是黃褐色，另一邊的翅膀卻是米白色，這是隻陰陽蛾！興奮又緊張的我，小心翼翼的將牠移到一旁的樹葉上，足足拍了一捲的底片，才將牠收入三角盒中。

假如當初沒有一個個為白布上的那些小傢伙「點名」，細心的觀察，哪會有這意外的收穫呢？

↑雌雄同體的姬白汙燈蛾，不但左右翅膀的大小、顏色、斑紋完全不同，連觸角的形狀也不一樣！（右為櫛齒狀，左為絲狀）

頂著大角闖天下

在家把標本整理完，我才想起工作室中養了許多甲蟲幼蟲，已經好久沒有檢查了，不知道現在變成什麼模樣。

我取出最大的一個飼養箱，隔著透明玻璃看箱內的情形。這些腐土中「埋伏」了五、六隻獨角仙的幼蟲，這些幼蟲是我的「寶貝」，但假如你親眼目睹我照顧這幾隻特大號「雞母蟲」的畫面，一定會覺得非常噁心。

我認為害怕蟲子並不是人的天性，大部分的人大概都是因為小時候接受大人的不當教育，才會對蟲子有恐懼感。例如才兩歲多的小姪女，在我的

↑這是一隻尚未完全成熟的獨角仙終齡幼蟲，牠的體型還可以長得更粗大一些呢！

影響下，不但可以分辨天牛、鍬形蟲、金龜子、蝴蝶、象鼻蟲，就連這些和她手掌差不多大小的獨角仙幼蟲，她也不怕。不但把蟲放在手心上，還高興得直呼「baby蟲」呢！

我小心翻動了飼養箱上層的腐土，一個多月前才添加進去的許多樹葉、朽木，已經被箱內這幾隻大食客吃得只剩下一塊扁平朽木，而牠們排出的糞便，則形成了腐土碎屑。當我掀開這塊朽木時，赫然發現底下有兩個直徑大約四、五公分的圓形深洞，洞中分別躲著一個雄獨角仙的蛹和一隻即將化蛹的幼蟲。

小心翼翼呵護了將近一年，這些除了吃就是拉的傢伙，終於停止進食，在腐土中各自製造出一個長橢圓形的直立蛹室，這表示牠們正陸續進入蛻變化蛹的階段。

我再次檢視箱內的動靜，先後在箱邊的四個角落裡，找到其他四隻幼蟲自製的蛹室，其中有三隻幼蟲已經蛻變成蛹了。四個橙褐色的蟲蛹，從外表有無犄角的特徵看來，我發現總共是三雄一雌（有長犄角的是雄性）；另外兩隻還未化蛹的幼蟲，體型一大一小，我猜大的可能是雄蟲，小的則是雌蟲。

↑ 飼養箱中腐土底下的兩個圓洞中，分別躲著一隻獨角仙幼蟲和一個蛹。

這些獨角仙幼蟲是由我飼養的一隻獨角仙媽媽所產下的後代。有些小朋友在五、六月間喜歡採集獨角仙回家把玩，可是對沒有長犄

↑ 雌獨角仙沒有犄角而常被忽視，其實飼養牠可以繁殖下一代，更有趣味、更有挑戰性。

角的雌獨角仙，往往興趣缺缺，這可是一大損失喔！如果將雌、雄獨角仙養在一起，交配過的雌獨角仙，很容易會在大型飼養箱的腐土朽木屑中產下蟲卵。只要多補充朽木屑和腐葉供幼蟲食用，大家就都可以擁有獨角仙寶寶囉！

獨角仙化蛹記

那天，我在家檢查飼養了將近一年的獨角仙幼蟲。從其中最大的一個蛹室中，我發現了一隻全身縮皺的幼蟲，牠幾天內應該就會脫皮變成蛹。於是我決定來個「全程觀察」，希望能親眼目睹牠由幼蟲變成蛹的精彩過程。

由於要取出這隻幼蟲，我必須將牠從腐土蛹室中挖出來，因此必定會破壞牠原來的蛹室。為了拍出逼真的生態，我模擬牠自己製造的蛹室形狀，用飼養箱中的糞便腐土，塑造出半個長橢圓形的人造蛹室。再將這隻即將化蛹的獨角仙幼蟲推進這半個蛹室中，另一邊用透明的玻璃蓋著。這樣可以隨時觀察牠的動靜，又能避免隨時會蠕動的幼蟲掉出人造蛹室。

兩天後，我發現這隻幼蟲的體色變得更深，尾部附近的表皮也比兩天前更皺了一些，這就是即將脫皮的前兆。我趕忙將攝影記錄的裝備擺設妥當，每隔半小時，便仔細觀察牠有沒有明顯的變化。

到了深夜，我發現這隻幼蟲的尾部排出一些黑褐色糞液，而且身體時常發生劇烈的擺動。這小傢伙可能隨時會脫皮，所以便守在一旁不再離開。

清晨3點20分，這隻幼蟲開始上下蠕動，接著身上的

↓ 獨角仙幼蟲化蛹過程。

表皮慢慢向尾部擠去，身側的氣孔上方，出現一條白色的細線。這是連接在氣孔上的氣管，隨著脫皮的蠕動，舊的氣管便從蟲體內部逐漸被拉了出來。

3點25分，幼蟲的表皮從牠頭部後面裂開，表皮內的蛹從前胸背板上的小犄角先露了出來。這是雄性的獨角仙，因為雌獨角仙沒有犄角。不久，蛹的頭部前方露出了一根粗粗短短的犄角，比起成蟲雄壯威武的模樣有點遜色。

3點40分，這隻獨角仙幼蟲已完成脫皮過程，轉眼變成一個米黃色蟲蛹；不過這時候牠仍不停擺動身體，而蛻下的蟲皮隨著牠的擺動，被壓擠在橢圓蛹室的最底端。

大約一個鐘頭後，當我再次檢查剛脫完皮的獨角仙蛹時，發現牠不但停止蠕動，而且讓我驚喜的是，牠頭上的犄角變長了許多。從這個蛹的外形看來，我確定牠變為成蟲後，一定和其他野外常見的大型雄蟲一樣，擁有雄壯威武的大犄角。

·覺醒來已是第二天中午。我再回去檢查獨角仙的蛹，發現不知道什麼時候，米黃色的蛹變成了橙褐色。而接下來的幾天內，牠的外觀不再出現明顯變化。我默默祈禱，希望我也可以親眼目睹牠羽化變為成蟲的過程。

Taiwan Insects

觀霧

樸素的花朵蟲兒愛

↑春季開花的青剛櫟花氣濃烈，很多人不敢領教這樣的異香，但它却是昆蟲迷眼中不可多得的「甲蟲寶樹」。

這一回我打算走一趟新竹、苗栗交界的觀霧。觀霧屬於雪霸國家公園的範圍，平時在這裡採集昆蟲可是違法的喔！不過因為我參與了國家公園的動物調查計畫，趁著這個機會，我就可以多了解一點這裡的昆蟲資源了。但我個人的能力畢竟有限，又不可能精通每類昆蟲，為了做好這份調查，我帶了兩位專精於昆蟲分類的朋友隨行，周文一是專門研究「姬花天牛」的研究生，而連裕益則是有志於「糞金龜」分類研究的大學生。

車子駛入往觀霧的大鹿林道，我只顧著專心開車，坐在一旁的周文一則不停張望道路兩旁的植物。想要採集到種類眾多的各類天牛，非得借重周文一的良好視力和豐富經驗不可呢！

聽我這麼描述，大家一定會驚訝，怎麼有人眼力這麼好，可以看見躲在樹上的天牛呢？其實是因為他認得許多不起眼的開花植物，這些木本或藤類植物的花叢間，常有許多中小型天牛會跑來啃食花粉或吸食花蜜，所以只要準備周全的採集工具，自然可以「網到牛來」。

一路上先後出現幾棵青剛櫟、栓皮櫟等殼斗科的高大

喬木，同行的兩位朋友要我停車，然後從車內取出伸縮的粗大捕蟲桿，三兩下的功夫，他們便將桿上的捕蟲網伸到近十公尺高的樹叢間。瞧他們網口朝上，對準密密麻麻的花叢不停的抖動，路過的遊客都忍不住停下來詢問我們，到底在抓些什麼？大夥兒自顧不暇，只能簡單的回答：「抓昆蟲。」

↑青剛櫟花叢間可以找到種類繁多，外觀特別艷麗的天牛（本種為紅緣綠天牛）。

很多人一定不明白，這樣的動作和拿著網子追蝴蝶完全不同，怎麼抓昆蟲？又抓些什麼昆蟲呢？

↑這種長像奇特、全身滿覆刺毛的細粗角花金龜，也是青剛櫟的忠實訪客。

其實在這些不起眼的木本植物花叢上，很少會有蝴蝶光顧，可是花叢散發出特殊的濃烈香氣，會吸引各式各樣的天牛、叩頭蟲、吉丁蟲、金花蟲、擬天牛、擬金花蟲、花金龜、瓢蟲、菊虎、隱翅蟲、椿象、象鼻蟲、步行蟲、虎甲蟲、朽木蟲、蠍蛉、螳蛉等昆蟲。牠們有的吃花粉，有的吸花蜜，有的則捕食其他小蟲子。

↑金花蟲的主食是植物葉片，但是這隻長腳八星筒金花蟲卻仍無法抗拒青剛櫟花蜜的誘惑。

將捕蟲網套在這些花形細小的花叢下，再用力抖動花叢枝幹，很多昆蟲受到驚嚇，便會利用裝死的伎倆逃生。當牠們六腳一縮，向下跌落時，正好被網口朝上的捕蟲網逮個正著，真是「蟲高一尺，人高一丈」啊！

不像天牛的天牛

在大約八百～九百公尺的海拔高度附近，道路兩旁的灌木叢間，開滿了一叢叢的莢蒾，這是一種會飄散微香的白色小花，有許多天牛或小型甲蟲會趨味前來覓食。只是莢蒾的花叢實在開得太茂盛，訪花的昆蟲可以隨處落腳，害我和朋友三人很難在路旁找到大量集中的昆蟲。

不過由於莢蒾屬於灌木，花叢長得不高，採集起來還是比使用長桿子仍搆不著的殼斗科植物要輕鬆多了。運氣好一點的時候，我還可以直接在花叢上拍攝各類昆蟲訪花的英姿。

剛開始，我也取出自己的長捕蟲桿，加入「抖花網蟲」的行列，不過花叢太多，收穫不佳，沒多久手就酸了。想到還得開一整天的車，就收起捕蟲桿，讓年輕力壯的兩個朋友動手，我則拿著相機四處尋找獵艷的對象，並且隨時等在一旁檢查友人收回的捕蟲網，只要發現還沒拍攝過的天牛、金龜子，就先向他們借過來，用小塑膠罐個別裝起來。

我另外剪了一段盛開的莢蒾枝叢，插入車內備用的水瓶中，花朵就不會馬上枯萎了。這是我自己發明的，用來拍攝這幾類昆蟲訪花的方法，因為這些昆蟲停留的位置，常是近十公尺高的樹上，或是路旁懸崖邊的花叢間，我根本無法靠近拍攝。因此先將蟲子捕捉下來，隔天等關了一夜的傢伙餓得發慌時，再

↑莢蒾花叢上的巴蘭陷紋金龜。

1 黑星櫻的花蜜吸引了高砂紅天牛駐足覓食。

2 擬態虎頭蜂的台灣黃條虎天牛。（實際身長大約1.8公分）

3 擬態螞蟻的黑肩蟻形天牛。（實際身長大約0.5公分）

將牠們放到事先準備的花叢上，牠們便會不顧一切的乖乖待在水瓶上的花叢間，先飽餐一頓再說；我就可以專心拍照了。

一路上，我們又找到幾棵火燒柯和黑星櫻（墨點櫻桃）的花叢，忙了好一陣，直到日近黃昏才到達觀霧。

清點一下收穫，成績不算差，單是天牛就有十多隻。雖然天牛在所有甲蟲中屬於單一的一科，可是由於種類變化實在太大，很容易發現一些長相稀奇古怪的傢伙。

例如這回的收穫中，台灣黃條虎天牛的外觀就像極了兇惡的虎頭蜂。而身長大約只有0.5公分的黑肩蟻形天牛就長得酷似螞蟻。這些天牛的外觀都是標準的擬態情形，偽裝成比較兇猛的昆蟲，當然就可以減少被侵犯攻擊的機會囉！

追著光源尋找伴侶

↑族群龐大的姬大星椿象和星點褐瓢蟲，趨光飛抵白布後紛紛爬到白布的上方，單這一塊小面積的區域就有這樣的榮景，大家不妨想像一下，1.5公尺×3公尺的白布現況如何。

　　抵達觀霧，時間已近黃昏，這是一天中昆蟲活動較少的時段。我們在林道中一處原始林旁的空地上，投下車中一大堆裝備，紮營過夜。

　　趁著他們兩人在料理晚餐時，我將夜間點燈誘集昆蟲的裝備擺設完畢。晚飯後天色已暗，我開啓了發電機，頓時林道附近被水銀燈照得如同白晝。而水銀燈旁架起的白布上，陸續有三三兩兩的昆蟲飛集過來。

　　因爲各類夜行昆蟲此時才剛開始活動，所以我便將白天採集的天牛等昆蟲，連同車上水瓶內的花叢帶入帳篷中，再關上蚊帳，安心的在帳篷內慢慢拍照，當我拍完，走出帳篷一看時，白布上已經「蟲滿爲患」啦！

　　仔細的瀏覽一番，各科的蛾類和天牛、鍬形蟲、瓢蟲、菊虎、椿象、蠅類、蚊類、擬天牛、金龜子、步行蟲、叩頭蟲、姬蜂、蜉蝣、石蠅、石蠶蛾……，數都數不清，總

數可能超過一千隻以上。在我多年經驗中，所有趨光昆蟲中族群數量最龐大的，要算是姬大星椿象、大星椿象和星點褐瓢蟲，牠們都習慣沿著白布向上爬行，最後擠在白布邊緣和支撐的竹竿上。這是平常在中海拔森林夜間誘蟲時最常見的景觀，只是我一直很好奇，為什麼在白天從不曾看過星點褐瓢蟲的活動情況。直到目前，我只知道牠們夜晚會成群趨光，有的常會在燈光附近找到異性同伴而直接交配。至於牠們的食物到底是不是蚜蟲仍無法確定，其他的生態狀況當然更是一無所知了。

這次我們一行三人都有不同的專長與嗜好，因此不但採集昆蟲毫不衝突，還可以相互幫忙。由於周文一白天已經辛苦了一整天，於是他打算找個隱密的地點，上完「大號」就要提早就寢。連裕益吩咐我們要記好上大號的位置，而且要將「黃金」排放在土質地面，這樣他明天才好挖糞找尋他特別熱中的糞金龜。哇！聽起來有點噁心，不過這也是沒辦法的事，誰叫他是「逐臭之夫」呢！開玩笑之餘，我還是不得不佩服朋友這種逐臭的勇氣。

↑ 這是我另一次的夜採經驗，數不清的大星椿象沿著白布向上爬，最後擠在兩端支撐的位置。想到這麼多的椿象來光顧，我很慶幸還好牠們不擅長放臭屁。

↑ 夜晚趨光的昆蟲中，星點褐瓢蟲算是最容易雌雄送作堆的一種。

↑ 獨自一人在林道中工作時，我也會採集一些長相奇特的黃金龜。不過，我習慣在方便的時候，拿捕蟲網攔截尚未被污染的傢伙，要不然還得用竹筷子夾著牠們去水裡洗完澡，才敢拍照存證。（圖為月角黃金龜）

名符其實的大龜紋瓢蟲

好友周文一提早就寢，剩下我和連裕益兩人守著白布東尋西找。

擺在一旁的發電機持續發出嘈雜的引擎聲，但掩不住大型甲蟲趨光飛降的振翅聲音。每當身邊有「嗡」的一聲響起，我的目光會馬上朝聲響來源望去，可惜每回見到的都是高砂深山鍬形蟲或是長臂金龜。

我蹲在白布旁仔細搜尋，除了一些還未拍攝過的蛾類外，我最有興趣的就是金龜子、步行蟲、天牛、鍬形蟲和瓢蟲。尤其是瓢蟲這類夜晚會趨光前來的小甲蟲，長得實在太可愛了。有很多在中海拔山區的瓢蟲，是一般研究蚜蟲天敵的資料中見不到的，我設法一一為這些小可愛拍下照片，而且也採集回家製成標本。

今晚，我又發現了三種不曾見過的瓢蟲，其中二種是我根本不認識的種類，另一種則是身長大約有一公分的大龜紋瓢蟲，對瓢蟲而言已經算得上是巨無霸了（註）。當我一眼瞧見大龜紋瓢蟲時，很高興的伸手將牠從白布上抓了下來，接著便看見手指被一些橙色液體染了一大片，這是瓢蟲在危急情況時，從身體和腳的關節上分泌出來的，有一股不

↑ 美麗的大龜紋瓢蟲，身長只有1.1公分左右，卻已經是瓢蟲裡的巨無霸了。

↑ 這種較稀有的隱斑瓢蟲便是當晚我在觀霧第一次遇見的，而至今在其他地區我都不曾見過。

太好聞的腥味，據說可以用來驅退攻擊牠們的敵害。不過我未曾親自做過實驗，不知道這種自衛性化學武器，驅敵保命的效果好不好？

深夜時分，氣溫降低了不少，趨光的昆蟲不再接踵而來，白布附近的飛蛾也都靜靜的停了下來。連裕益也去就寢了，剩下我一個人挑燈夜戰，因為這時正是拍攝蛾類的最好時機。我在水銀燈附近到處尋找，大部分圖鑑中找得到名字的中大型蛾類，我都已經拍過了，而我奮戰不懈的目的，就是希望找到一些尚未拍過的種類。

終於在白布上看見一隻圖鑑中沒有圖片的天蛾，從書中的文字資料參考比對，這是台灣特有的稀有種——松天蛾（又名台灣天蛾）。

剛開始，我試圖用樹葉將這隻寶貝移到一旁來拍照，可惜卻驚動了牠，一下子便飛得失去蹤影。根據平常的經驗，牠應該還會飛回光亮的白布上。於是我發動車子，先到觀霧山莊附近水銀路燈下去找找其他蟲子，過陣子再回來找這隻稀有的天蛾！

（註：1994～1996年間，我在觀霧附近找到許多種第一次遇見的瓢蟲，截至目前為止，尚有四種未能確認出身分、學名，其中則有三種是我在台灣其他地區毫無採集紀錄的。）

1～4：這是觀霧出產的4種身分不明的瓢蟲，只有交配的那一種我在拉拉山採集過標本，其他3隻都是我一生中只見過一次的稀有種。
1：1996.01.07
2：1994.05.14
3：1995.04.27
4：1994.04.16

多變的栗色深山鍬形蟲

深夜來到觀霧山莊，絡繹不絕的遊客都已就寢。我獨自一人拿著手電筒在路燈下找蟲子，心情特別輕鬆愉快，因為不必忙著回答好奇旁觀者的許多怪問題。但還是得應付幾個不受歡迎的伴，那就是夜晚不睡覺，在路燈下遊蕩的狗兒。

經常在夜間採集昆蟲的人，最不喜歡山中民宅的狗兒。除了兇猛的狂吠聲外，許多狗兒、野貓，還會在路燈下捕食夜行性昆蟲，特別是中大型的甲蟲。因此貓、狗變成了夜行性昆蟲的天敵，間接的，也算是我的天敵囉！

看見身旁這幾隻狗，心想：路燈下恐怕不會有太好的成績了。果然不出所料，甲蟲並不多，體型較大的更是不見蹤影。不知道是被狗兒吃了？還是遊客撿走了？倒是蛾類的屍體不少，大概是被過往的人們不小心踩死的吧！

過不久，我在公廁旁的水銀燈下，發現水溝中有隻甲蟲浮在水面上。用樹枝撈起來一瞧，哇！是我最有興趣的栗色深山鍬形蟲！這可是生長在台灣的各類深山鍬形蟲中，數量最少的一種。

我喜歡栗色深山鍬形蟲的理由，是這種鍬形蟲在不同的地區，會出現很明顯的外觀差異。像在觀霧地區的栗色深山鍬形蟲體型較小，翅鞘顏色亮度較強，身上的細毛比其他地區的還明顯。這樣子的外觀特色，假如被喜愛發表文章的日本人見著了，恐怕又會被判定是新的亞種（註）。

台灣有許多山區是人們還沒有去採集過的。這些生活在不同山區的栗色深山鍬形蟲，還是可能彼此通婚交流。因此，如果只因為人們到不了那些地方，就認為牠們無法越過山區互相交流，而把牠們畫分成外觀不同的各種「亞種」或

不同種，恐怕也太草率了！

　　同樣的，分布在東部中海拔山區的黑腳深山鍬形蟲，也有類似的情形。把牠們拿來和各個地方發現的栗色深山鍬形蟲比較，其實牠們都長得很相似，可是又有點不太一樣。結果，日本人把牠們分成了栗色深山鍬形蟲和黑腳深山鍬形蟲，而且還有許多不同的亞種。在我看來，或許牠們統統屬於同一種，只不過因為生長地域不同，而出現了一些外觀上的差異！至於真相如何？就留給日後分類專家去研究解決吧！

（註：同一種生物因為地域的隔離，年代久遠以後，形成不同的外觀、生態和習性。我們將這種分布在不同地區的同種生物，稱作兩個不同的亞種。後來，觀霧地區的這種深山鍬形蟲被日本人發表為另外一個新種，叫做黑澤深山鍬形蟲；而栗色深山和黑腳深山則又各被區分出兩個不同的亞種。）

若非鍬形蟲玩家，一般人看見這3種鍬形蟲絕對很難分辨彼此的差異與身分。

1 產於南投縣沙里仙溪林道的栗色深山鍬形蟲（體長約4公分）。
2 觀霧的黑澤深山鍬形蟲（體長約3.5公分）。
3 花蓮碧綠神木的黑腳深山鍬形蟲（體長約3.5公分）。

尋找松天蛾

我探訪觀霧山莊裡的每盞水銀燈，想找黑澤深山鍬形蟲；在人行小路上，我發現一隻體型更小的黑澤深山鍬形蟲，體長大約只有三公分。可惜已被不知情的遊客踩死，不過我仍將這隻身體殘破的寶貝帶走，因為牠可用來作為研究參考的標本。

我將山莊附近的水銀燈都巡視一遍後，駕車回到宿營現場，看見先前綁在水銀燈旁的白布上，匯集了許多趨光昆蟲，盛況只能用「蟲滿為患」來形容！看見這幕景象，如果是平常的話，我一定非常滿意，可是這回可慘啦！要怎麼去找先前發現，卻意外飛跑的松天蛾呢？

為了拍攝並採集這種非常稀少的台灣特有種天蛾，我拿著手電筒蹲在白布旁，一寸寸的移動視線，一隻隻的尋找過濾。每發現一隻天蛾時，就靠近仔細觀察，結果每回希望都落空。我花了一段時間才將白布的兩面找遍，仍找不到那隻和我躲貓貓的松天蛾。

灰心之餘，我靜下心來想一想，根據夜行性蛾類的習性，在牠們趨光之後，一直到天亮前，應該不會飛遠才對，我不該這麼快就放棄。於是，我決定來個地毯式的搜索。我拿起手電筒，沿著水銀燈旁的林道路面開始找，雖然目標是找松天蛾，但也順便瀏覽手電筒光束下的畫面，結果意外找到花布麗夜蛾和麗金舟蛾這兩種美麗蛾類，牠們都是我以前

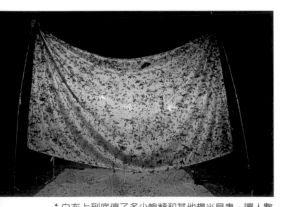

↑白布上到底停了多少蛾類和其他趨光昆蟲，讓人數也數不清呢！

沒見過的。

另外，我還在碎石路面上看到一隻常見的條背天蛾，可能牠已經停在地上很久，所以翅膀上沾滿了一顆顆微小的露珠，在光束的照射下，顯得格外耀眼動人。

草草煮了一碗泡麵裹腹後，我又回到誘蟲燈具附近繼續搜索。林道路面找過一遍後，我開始將目標轉到林道旁的植物叢間，因為有許多趨光飛行的昆蟲，來到光源附近盤旋時，常會停在附近的植物枝葉上休息。

↑麗金舟蛾的長相非常奇特。

↑條背天蛾的翅膀上沾滿了一顆顆的小露珠，很美吧！

才開始搜尋不久，就發現離白布不遠的路旁，有一叢蕨類植物的葉片上，停著一隻灰黑色很不起眼的天蛾，啊！那不就是百尋不著的松天蛾嗎？我趕緊拍下幾張紀錄照後，馬上採集下來，收進三角盒裡，結束了今晚的苦戰。

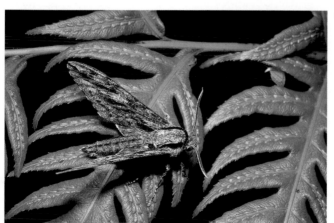

←嗨！我就是大名鼎鼎的松天蛾！別小看我，等我把翅膀展開，可是有7公分寬喔！

昆蟲的求生妙計——偽裝擬態

昨晚忙到凌晨三點才就寢，早上醒來時，兩位同伴已準備好早餐。大夥兒吃完早餐，收拾好裝備，繼續在觀霧的大鹿林道中，找尋各自喜歡的昆蟲。

連裕益向我和周詢問我們昨天上大號的地點後，就獨自一人去挖「黃金」，尋找他專攻的糞金龜了。我實在不敢目睹他翻動糞便的場面，於是同周開著車，在林道中尋找天牛等甲蟲喜愛的花叢。

我放慢車速，當視力和經驗絕佳的周發現理想目標時，便停下車來，讓他用超長捕蟲桿，伸到樹叢間去抖網採集。除了栓皮櫟、火燒柯和黑星櫻外，我實在不認得那些開著芳香小花的樹木，不過每回採集下來，也有不少各式的訪花昆蟲。

半個多鐘頭下來，我們又發現了三、四種觀霧地區的新天牛，統計起來，這次的調查大約有十五種天牛了，成績不算差。不過，依台灣地區目前的天牛種類超過七百種而言，觀霧地區應該還有很多天牛未被發現、記錄才對。

和連會合的路上，我和周繼續採集樹叢上的昆蟲。不久，周拿起一個透明底片罐，裡面裝著一隻頭、胸橙黃色，白色翅鞘上有大塊黑色斑紋的小甲蟲給我看，他問我：「你猜這是什麼甲蟲？」我看了一眼之後，毫不遲疑的回答：「金花蟲！」

周說：「你上當了，是郭公蟲。」

我半信半疑的打開罐口觀察，可不是嘛！這隻小甲蟲的翅鞘和身上長滿微細短毛，的確不是金花蟲，可是，外觀上和典型的郭公蟲又不同。從整體外觀顏色來看，牠和同樣活躍在花叢間的四紋金花蟲，根本就像攣生兄弟嘛！

周告訴我：「你忘了嗎？肩角花天牛（註）不也長成這副模樣？牠和這種郭公蟲都是擬態金花蟲的長相嘛！」我聽他這麼一說，終於恍然大悟；弱小的金花蟲在遭受敵人攻擊時，常和瓢蟲一樣分泌腥臭體液來自保。所以有些肉食性動物，對這種小甲蟲很「感冒」，看見牠就一點胃口也沒有了。而肩角花天牛和這種郭公蟲，便不約而同的擬態同一種四紋金花蟲的外觀，利用這偽裝技巧，逃避敵人的攻擊。

其實，看見這三種外觀雷同卻不同類的昆蟲，不只肉食性動物容易混淆不清，就連聰明的人類也一樣會受騙呢！

（註：肩角花天牛有兩種完全个同的外觀，但各自都以金花蟲為擬態對象。）

↑四紋金花蟲在遭受敵害時，會分泌腥臭體液來自衛。（體長0.6公分）

↑這隻擬態金花蟲的郭公蟲，是不是長得很像正牌的金花蟲呢？（體長0.7公分）

↑肩角花天牛的長相和四紋金花蟲的外觀也差不多。（體長1公分）

↑這是肩角花天牛的另一種型態。

↑金花蟲的種類也很多，如此這般長相的就有好幾種，本種為台灣琉璃金花蟲，體長1公分；肩角花天牛就是以牠們為擬態對象。

爾虞我詐的假鳥糞——寬尾鳳蝶幼蟲

↑哇——哪隻小鳥這麼沒公德心，隨處大便！哈！別被這隻狡猾的寬尾鳳蝶３齡幼蟲
騙了喔！

　　觀霧附近的大鹿林道旁，長了不少台灣檫樹，這種珍貴的闊葉樹，正是台灣特有種蝴蝶——寬尾鳳蝶幼蟲的寄主植物。這趟觀霧行的另一個重要目的，正是要了解寬尾鳳蝶的生態。因此來到檫樹群落附近，周文一下車去採集天牛後，我便獨自穿梭在檫樹群落間，看看有沒有新的發現。

　　時節已近盛夏，早過了寬尾鳳蝶成蟲最活躍的四、五月，牠們現在應該是幼蟲或蛹的階段，我必須先找到寬尾鳳蝶的幼蟲，才有機會進一步了解牠們的生態情形。

　　我取出隨身攜帶的望遠鏡，仔細觀察每棵台灣檫樹的葉叢，發現不少新葉上有蟲子啃食過的痕跡。雖然台灣檫樹也有尺蛾等其他蛾類幼蟲會寄居吃食，但是眼前樹葉上的大塊食痕，看起來比較像寬尾鳳蝶幼蟲的傑作。

　　假如我判斷正確的話，這些食痕附近一定可以找到寬尾鳳蝶的幼蟲。如果找不到的話，很可能牠們已經躲起來化蛹，或遭到天敵侵害而死亡了。

278

隨後，我找到一叢嫩枝的新葉上有幼蟲剛啃食過的痕跡，依啃食的面積看來，這隻幼蟲應該還沒大到準備化蛹的終齡階段。於是我睜大眼睛，用望遠鏡仔細找尋附近的每一片葉子。

不久，我看見離食痕不遠的一片完整葉片上，有個小小的黑影子，看起來很像蝴蝶幼蟲。我帶著捕蟲桿，爬上這棵檫樹的腰際，再伸長捕蟲桿，用粗鐵絲勾緊那段嫩枝，用力將它扯下來。果然不出我所料，一隻寬尾鳳蝶的幼蟲安穩的停在檫樹葉面上。瞧牠動也不動的停著，就和鳥糞沒兩樣，這樣的擬態功夫真不是蓋的！難怪牠們習慣大方的停住葉面上，不怕過往的小鳥發現，把牠吃掉；因為再笨的小鳥也不至於吃自己的大便呀！因此，偽裝鳥糞的幼蟲就安心啦！

其實除了寬尾鳳蝶的幼蟲外，還有很多鳳蝶類在二～四齡幼蟲時，會有酷似鳥糞的外觀，目的當然是利用偽裝自保囉！對蝴蝶幼蟲特別有興趣的人，不妨仔細認認，什麼模樣的假鳥糞是什麼鳳蝶的幼蟲喔！

↑黑鳳蝶3齡幼蟲長得也滿像鳥糞的，雖然有點噁心，卻是牠存活下去的妙招！

↑無尾鳳蝶幼蟲是柑橘樹盆栽上最常見的假鳥糞。

↑這假鳥糞是無尾白紋鳳蝶的4齡幼蟲。

↑這又是哪一種鳳蝶幼蟲呢？哈哈！被我耍了，這可是如假包換的真鳥糞。

會瞪人的假眼睛

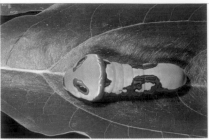

↑寬尾鳳蝶的終齡幼蟲（5齡幼蟲）。

↑看清楚一點，這不是正在瞪人的眼睛，它們不過是長在胸部背側的假眼紋。

↑ 2～4齡會擬態成鳥糞的鳳蝶類幼蟲，當牠們脫皮變成終齡幼蟲後，都有各領風騷的假眼睛，這是黑鳳蝶終齡幼蟲「瞪人」的模樣。

在高聳的山坡旁，我又看見不少寬尾鳳蝶幼蟲的食痕。照這個情形看來，觀霧地區應該和北橫、太平山、八仙山、中橫宜蘭支線等地區一樣，有數量穩定的寬尾鳳蝶族群。

農委會將這種蝴蝶列為瀕臨絕種的保育類動物，我倒覺得牠跟很多種我不曾見過的蝴蝶比起來，並不算稀少；因為有台灣檫樹的地方，大都有寬尾鳳蝶，所以我認為牠應該沒有絕種的危機。

我仰頭找樹叢上方的小蟲子，經過半個多小時後，脖子便酸得要命。當我低下頭來休息時，在身前的一小棵台灣檫樹葉叢上，赫然發現一隻有兩個碩大眼紋的寬尾鳳蝶終齡蟲，樣子像是瞪著兩眼在看我似的。

其實，牠身上的兩個大眼睛，不過是胸部的花紋罷

了！不仔細看的話，倒有點像小蛇的頭部。這樣的假眼睛可能有嚇阻天敵的作用吧！不知道拿這招來對付聰明的小鳥，到底管不管用？

後來，隔著透光的葉片，我又找到一隻寬尾鳳蝶的終齡幼蟲。由於家中陽台上沒有栽植可供寬尾鳳蝶幼蟲食用的台灣檫樹，而且平地的氣溫、溼度、日照情形、日夜溫差等條件，和台灣檫樹生長的中海拔環境完全不同，若將這些幼蟲帶回家飼養，一定不能順利羽化成蝴蝶。

所以我拍完照後，就從車內取出三個大型套網，將這三隻幼蟲分別套在原地的檫樹叢間，這樣既可讓牠們各自攝食成長，又不會因為牠們化蛹而走失。

我打算每隔一、二個月再回來觀霧，檢查套網中的寬尾鳳蝶，這樣或許可以知道牠們是否有寄生性天敵，也可能可以解開牠們是一年繁殖一代或二代的謎題。

還記得多年前，我曾在北橫和中橫宜蘭支線公路旁，找尋檫樹上的寬尾鳳蝶蝶蛹；每次我總會花一、二個鐘頭在草叢間做地毯式搜索，卻都無功而返。有一次，終於在一棵大樹的粗根下方，找到一個擬態枯枝的寬尾鳳蝶蝶蛹，興奮之餘足足拍了二捲底片才罷休。

↑寬尾鳳蝶的蛹則酷似一段小枯枝，擬態的功夫不讓幼蟲專美於前。

收拾好裝備，我開車沿著林道，分別將周和連接上車。這趟觀霧之行，我們三人各有不錯的收穫，回程路上，彼此交換採集心得，所有的勞累和睡眠不足，早就忘得一乾二淨了。

Taiwan Insects

中和

羽化未成身先死

酷熱的夏夜，在家中關起房門吹冷氣、看電視，這恐怕是很多人的生活方式。不過，我倒有另一項省錢、健康又精彩的夏夜休閒喔！

有天晚上，我開車來到中和市郊圓通寺。下了車，我擦上防蚊藥，帶著相機與手電筒，便往寺後的登山小徑走去。在漆黑的路上，我一邊用手電筒找蟲子，一邊小心的移動步伐，以免碰上趁夏夜出來活動的蛇類。

↑ 夏夜在樹林間搜尋，很容易在樹幹上或地面落葉堆中發現這種比較不噁心的蟑螂——東方水蠊。

↓ 找到剛羽化完成的薄翅蟬讓我信心大增，相信有機會觀察「金蟬脫殼」的精采實況。

我將手電筒照向草叢中蟲鳴的方向，找到奮力振翅鳴叫的小螽斯，以及一些被我的燈光和身影，嚇得到處逃竄的蟑螂。過一會兒，我走進樹林中，開始找尋這回夜訪的主角——蟬。

在五～七月間，是許多蟬羽化的高峰期。白天大家只能見到牠們停在樹幹上，或聽到牠們在草叢間鳴叫的聲音；到了夜晚，大家則可在郊區樹林中，親眼目睹牠們令人讚嘆的「金蟬脫殼」絕技。

我沿著每棵樹幹找尋，一會兒就發現不少的蟬蛻，另外還看到一隻薄翅蟬和一隻蟪蛄。這兩隻中型的蟬早已完成羽化，靜靜停在蟬蛻附近的樹皮上休息。看見這兩隻才剛羽化的蟬，我想今晚一定可以找到剛爬出地面，準備脫殼羽化的若蟲，到時，我將可以全程觀察欣賞。

找尋蟬的同時，我發現地面有隻疾走的小甲蟲，原以為是隻步行蟲，緊跟著過去仔細一瞧，才看清牠是一隻放屁蟲。以往我總會拿根樹枝輕壓這種「屁王」，玩上好一陣子「看蟲放屁」的遊戲。

↑平常我遇見放屁蟲時，總會童心未泯的和牠們嬉鬧好一陣子，直到牠們有力無屁的時候才罷休。

還記得十多年前，第一次徒手抓到放屁蟲時，曾被牠的屁液灑得滿手指灼熱惡臭，到最後，想採集的那隻「屁王」卻乘機逃走了。這一回，因為主要的目標不是甲蟲，所以我無心和放屁蟲嬉鬧，繼續我的搜尋工作。

在離地不到一人高的樹幹上，我終於看見一隻正在羽化的薄翅蟬。可惜的是，牠才從殼中鑽出前半身時，身邊已圍滿兇惡的舉尾蟻；這隻薄翅蟬在毫無飛行能力、又無法自由逃避敵害的時候就遭受蟻群攻擊，下場當然是被生吞活剝，一命嗚呼了。在一旁觀察的我也無能為力，只能站在一旁為牠多拍幾張「遺照」了！

↑這隻剛羽化一半的薄翅蟬雖然無法壽終正寢，但是有我為牠拍下遺照永世流傳，牠應該可以瞑目了。

金蟬脫殼記

從圓通寺後方山稜走到慈雲寺後方的樹林，我先後發現兩隻已經羽化完成的薄翅蟬，於是我更勤奮的穿梭在樹林中，希望找到剛出土，準備羽化的若蟲。

隔不久，終於在另一棵高大的樹下，看見一個很像蟬蛻的東西，牠的背部裂縫處鼓起一塊翠綠色的身體──這是正要脫殼羽化的薄翅蟬。當我準備好拍照的設備和光線後，這隻薄翅蟬的身體，已經比原先還要清楚的露在若蟲殼外。我站在樹旁靜靜觀察，想為這隻用力破殼羽化的薄翅蟬，拍下連續的變化過程。

一分多鐘後，這隻薄翅蟬已奮力將牠的頭、胸部擠出了外殼，還不斷蠕動著身體。隨著牠的蠕動，全身翠綠的薄翅蟬，慢慢鑽出緊抓著樹皮的蟬蛻，最後，胸部兩側的翅膀終於露在蟬蛻外側。

剛露出殼外的翅膀很像剛發芽的小嫩葉，和羽化完成後的透明薄翼完全不同。好一段時間，這隻薄翅蟬並沒有太明顯的變化，只將大部分的身體鑽到蟬蛻外端，剩下後段的腹部留在殼內。從外觀上看去，整隻蟬身已仰在蟬蛻後方，我很擔心牠會不小心「失尾」，掉到樹下而慘死，哪知牠卻安然的「躺」在空中休息，展現超乎我想像的「腰力」。

突然間，只見牠用像人們仰臥起坐的動作挺起前身，隨即腳抓著蟬蛻外殼，一秒鐘內，就將腹部末端抽離了蟬殼。接著頭部朝上，用腳攀著蟬蛻，靜靜的懸掛著。

這個短暫的精彩過程，用「神乎其技」來形容最恰當不過了。當我定過神來，發現牠的翅膀好像慢慢伸展變長，比原先剛露出蟬蛻時增大許多。

剛為我表演完「金蟬脫殼」絕技的薄翅蟬，並不能馬

上飛行，因為翅膀尚未完全伸展定型。這時候假如遇到敵害或受到干擾而受傷，那牠就無法變成一隻正常的蟬，也就無法自由自在的穿梭在樹林中覓食求偶；而牠在若蟲期，長時間待在地底，暗無天日的努力，也就前功盡棄了。

　　十多分鐘後，原本綠色中帶灰白色的翅膀，終於完全伸展定型，而且除了翠綠的翅脈外，整個翅膀變成了透明的薄膜，羽化的過程終於大功告成；而全程竟只花了半個多小時而已。

　　看完我的介紹，有興趣的朋友不妨利用夏夜，拿著手電筒到郊外或公園樹林中去尋寶吧！

薄翅蟬的羽化過程：

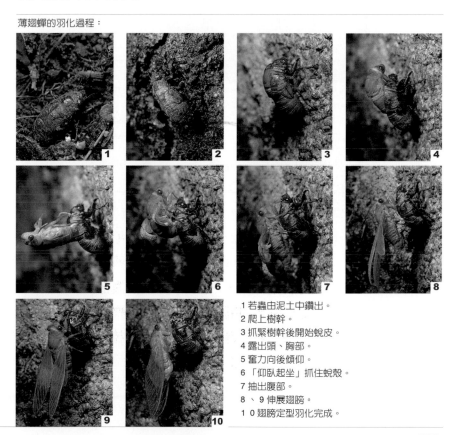

1 若蟲由泥土中鑽出。
2 爬上樹幹。
3 抓緊樹幹後開始蛻皮。
4 露出頭、胸部。
5 奮力向後傾仰。
6 「仰臥起坐」抓住蛻殼。
7 抽出腹部。
8 、9 伸展翅膀。
10 翅膀定型羽化完成。

奇妙的夜晚蟬鳴

↑蟪蛄是相當普遍的一種蟬，由於牠有著良好的保護色掩護，循聲找蟬有時要多一點耐心和毅力。

欣賞完精彩的薄翅蟬羽化過程後，我沿著圓通寺旁山路的階梯下山。由於這裡是登山休閒步道，所以夜晚還有多盞明亮的水銀燈照明，自然趨集了許多夜行的飛蟲。

每當我靠近路旁的水銀燈，總會聽見一兩隻蟪蛄的叫聲。提起蟪蛄，應該有不少人搞不懂牠們是何方神聖。其實蟪蛄就是一類中型的蟬，夏季在低海拔的山區或郊外，很容易聽見牠們「嘰——」的連續長鳴聲。

白天見到蟪蛄的機會不小，只要依循牠們鳴叫聲找去，在附近的樹木莖幹上，總會看見擁有一身保護色的蟪蛄，停在樹皮上高歌。這些歌手用腹部的共鳴箱唱歌，可以長時間不必「換氣」。

當我想要靠近一點去欣賞牠們的歌藝時，這些調皮的傢伙就會演出不太合作的「罷唱」；這時候如果再靠近一點，牠們就會馬上和我玩起捉迷藏的遊戲。機靈的小傢伙會隨時移動六隻腳，爬到樹幹背側，好像在跟我說：「嘿嘿！你找不到我。」而當我悄悄摸到另一邊時，牠們又會隨時保

持讓我看不見的「躲貓貓」功夫；真是又好氣，又好笑。

一旦心急暴露了行蹤，便很難靠近牠們了。我想到可以站得遠遠的，用捕蟲桿對付牠們，或者突然衝向牠們伸手去抓；不過，經驗豐富的抓蟬高手一定清楚，我這些方法十之八九都會失手。

照理說，螗蚨和其他許多種類的蟬都是晝行性的昆蟲，夜晚應該聽不見牠們的鳴叫聲。可是在有路燈的樹林旁可完全不同，大家常會聽見日夜顛倒的蟬鳴聲，尤其是螗蚨的聲音常會技冠群蟲，比螽斯、蟋蟀還引人注意。

難道夜晚鳴叫的蟬「秀逗」了嗎？根據多年來的夜間採集經驗，在樹林旁點水銀燈，常可引來一些蟬；我想這些原本在休息睡覺的蟬，可能是被強光騙了。當牠們醒來活動時，只能朝著較明亮的光線處飛去，最後就停在水銀燈附近高歌一曲打發時間囉！所以山區夜晚路的燈下，在草叢、樹葉、電線桿上，都可以找得到蟬，而且比白天還容易徒手捕捉呢！

1 圓通寺登山步道間的水銀燈燈桿上，停著一隻趨光而來的台灣姬蟬。
2 用強力手電筒在水銀燈旁的大樹上照尋，不難找到夜晚被水銀燈欺騙感情的台灣熊蟬。
3 小螗蚨也是圓通寺常見的蟬，原本只停在樹幹上的習慣，也會在夜晚被水銀燈所擾亂而飛抵草叢。

昆蟲媒人──夜晚的水銀燈

↑經由水銀燈的作媒，這兩隻黃腹鹿子蛾在亮眼的燈下一拍即合。

　　在圓通寺山路路旁的水銀燈下，循著聲音找到螻蛄後，我又陸續在附近草叢中，用手電筒找到一隻熊蟬、三隻黑翅蟬和一隻停在路燈燈桿上的台灣姬蟬。

　　喜歡蟬的人假如明白蟬的夜晚趨光，而且晚上特別遲鈍的習性，那麼以後想採集蟬，就不用拿枝長竹竿和黏膠，而可以隨地輕鬆愉快的手到蟬來了。

　　在我一邊找蟲子，一邊胡思亂想時，有個手持捕蟲網的年輕人，從山路階梯拾階而上，原來也是個喜歡昆蟲的「蟲友」。寒暄幾句後，兩人便往反向離開，他走我走過的路，而我也走著他走過的路，向山下找去。我的心中盤算著，往下走去的這幾盞水銀燈下，早被這位蟲友搜尋過了，想找些較讓人喜愛的甲蟲，恐怕不太容易吧！但是我仍繼續拿著手電筒四處環顧，希望找些能珍藏的美麗畫面。

　　在耀眼的水銀燈下，樹叢雜草間棲息著不少低海拔常

見蛾類，其中較大型的或較美麗的蛾類，我大都拍過圖片記錄了。正覺無趣時，不經意照到水銀燈後方的一叢蕨類植物上，發現它的葉片上有兩隻鹿子蛾尾巴相反的連接在一起，於是我拿起相機走過去，這是一對正在交尾的黃腹鹿子蛾。鹿子蛾原是晝行性蛾類，平日最常出現在花叢上，可是很多種類夜晚也有明顯的趨光性。水銀燈這個「電燈泡」，倒成了這對黃腹鹿子蛾的現成媒人了。

↑鹿子蛾是白天喜好在花叢留連忘返的晝行性蛾類。

談起昆蟲的媒人，就想到自己在原始林區點水銀燈誘蟲的經驗，那時我就常扮演昆蟲媒人的角色。記得有回在高雄六龜的藤枝原始林邊夜探，成千上萬的趨光昆蟲被水銀燈吸引，其中星點褐瓢蟲算是最優勢的種類。數百隻星點褐瓢蟲散布在燈架、白布、草叢及地面，在被水銀燈光吸引的因緣際會下，到處可見雌雄湊對交配的場面。

↑能夠拍得這三對星點褐瓢蟲的集團結婚照，算是我10年難得一次的機會。

最讓我興奮的是，路旁的一個小石塊上，竟然剛好有三對並排著交配的星點褐瓢蟲；我算是湊成好姻緣的媒人兼證婚人和攝影師，其實我還算是主婚人，而且是主持一場盛況空前的集團婚禮呢！

喜獲雞冠細赤鍬形蟲

拍完水銀燈下黃腹鹿子蛾的結婚照後，我站起身子伸伸懶腰。就在這時候，我喜出望外的看見眼前約一公尺左右的樹叢裡，有隻雞冠細赤鍬形蟲，正靜靜站在葉片上。

我在草叢中小心的走向前去，估算這隻「雞冠」的身長約有五公分，算是大型的了。牠的頭部明顯比身體寬度大，看起來格外雄壯威武。而當我靠近牠時，牠還不斷抬高著頭、張牙舞爪，一副不可侵犯的模樣。

「帥呆了！」我一邊拍照，一邊高興的自言自語。

雞冠細赤鍬形蟲其實並不是非常稀有的昆蟲，可是因為牠在台灣的分布範圍非常小，所以顯得特殊，在我的採集記錄裡，目前只限於台北縣市的低海拔山區，所以顯得格外珍貴稀奇了。

此外，台灣從事昆蟲標本交易的商人或職業捕蟲人，都會到昆蟲資源豐富的山區，採集各類有身價的昆蟲，所以要他們在春末夏初萬蟲齊出的採集旺季，專程跑到台北附近的低山帶，只為了採集數量不多的「雞冠」，簡直就是要他們舉債度日。所以囉！「雞冠」這種鍬形蟲標本，在標本商手中不可能有大量存貨，因此身價就居高不下了！聽說四、五年前，有個日本人來台採集，竟然花了一萬多元新台幣，向一位標本商買了一隻大型的「雞冠」。相信有人聽到花一萬多元買一隻蟲子，會認為這個蟲痴是個「瘋仔」吧！

其實我也曾經如此瘋狂。記得前幾年，我為了出版一本鍬形蟲圖鑑，就先後花了一萬多元買了四、五隻較稀有的標本。其實台灣產的鍬形蟲我幾乎都採集過了，但是雄鍬形蟲的外觀，會因為體型大小不同而有明顯差異，所以要湊齊雄鍬形蟲的標本很不容易。還好當時很多同好或標本商都慷

慨的借我標本出書，要不然就算花一百萬元也無法買齊標本。再說，很多人也都和我一樣，自己辛苦採集到的珍貴標本，再怎麼值錢也不打算割愛出售。

我滿懷興奮的心情，將這隻心愛的寶貝裝入盒裡，回家的途中我不斷的想著，錯失這隻「雞冠」的那位同好，如果知道他沒能找仔細一點而讓我撿到便宜，一定會懊惱不已。

雞冠細赤鍬形蟲雄蟲因為體型大小不同，大顎外觀會出現明顯的差異：

1 大型個體（體長4.8～5.7公分左右）。
2 中大型個體（體長3.8～4.5公分左右）。
3 中型個體（體長3.3～3.7公分左右）。
4 小型個體（體長2.3～3.0公分左右）。

Taiwan Insects

烏來

美麗的臭傢伙——偽瓢蟲

這回我打算在夜晚出發到烏來山區，拜訪一些夜行昆蟲。

晚上九點不到，我已到達沿途水銀燈通明的山路。從車窗外望去，水銀燈旁盤旋飛舞的昆蟲不多。剛開始我還安慰自己，這是因爲水銀燈太多，夜間趨光的昆蟲，自然不會全集中在一、二盞燈光附近，所以昆蟲才顯得稀疏。但越往山上走，才發覺山風越來越強。我心想：眞糟糕——因爲風大和月明星多是夜晚昆蟲採集的兩大致命傷，看來今晚我要「損龜」了。

我沿著山區的產業道路向上行，直到完全沒有路燈後，開始折返下行，每經過一盞路燈，我就停車下來找尋一番。結果除了原本棲息在路邊草叢的一些蝗蟲、螽斯和椿象外，趨光而來的昆蟲眞是少得可憐。

半個小時內，我的車子停停開開好幾回，沿途卻只看見幾隻較大型的天蛾、二隻扁鍬形蟲和一隻中型的鬼豔鍬形蟲，而平日常見的趨光昆蟲，如天牛、象鼻蟲、金龜子、叩頭蟲等甲蟲，竟然全都銷聲匿跡。

於是我只好拿著手電筒在路燈下的草叢費力搜尋，好不容易才在路旁的芒草葉上，發現一隻外觀美麗的偽瓢蟲。拍完照後，我伸手抓起這隻我中意的小甲蟲，準備放入小罐子中，這才注意到牠的

↑配色鮮豔醒目的偽瓢蟲，無疑這是一種標準的警戒色。

前腳關節處，分泌了許多白色的乳汁，沾滿了我的手指。我好奇的一聞，聞到一股特殊的腥臭味，原來這是牠用來驅退敵害的化學武器，難怪牠長了一身美麗的警戒色。

↑ 受到攻擊時，偽瓢蟲會從前腳關節分泌白色乳汁自衛。

↓ 瓢蟲受到攻擊時，一樣是從各腳的關節分泌腥臭的體液來驅敵；不同的是體液的顏色與味道和偽瓢蟲不同。

很多昆蟲都利用異味來防身，而牠們身上分泌的臭液含有不同的化學物質。相較之下，我覺得偽瓢蟲分泌的白色臭液，比起放屁蟲、步行蟲、椿象、埋葬蟲等的臭味，味道算是溫和多了。至於肉食性天敵聞到牠的臭味後，是不是都會退避三舍，這就不得而知了。

不過，我相信「物競天擇」的道理是永恆不變的，不怕偽瓢蟲臭液的肉食性天敵，自然可以照吃不誤，而挑食的傢伙恐怕就得常常挨餓了！

甘諸蟻象的垂死掙扎

在颳著大風的夜晚，趨光飛行的昆蟲少了許多，所以必須格外仔細而有耐心的找尋昆蟲。當我來到路燈旁的山櫻花下時，我不再像往常一樣用手去搖動樹幹，而是拿著手電筒直接照著樹上枝叢，慢慢搜尋趨光飛來，停在樹上的昆蟲。

隨著光束移動，我先後發現藏身在枝葉叢間的二隻螽斯和幾隻常見的蛾類。看見這二隻平日都棲息在草叢間的螽斯，使我更肯定，螽斯夜晚趨光飛行能力也不差。

隨後，我在山櫻花樹梢的枝條間，發現了兩根細長的觸角；由於這隻昆蟲的身體剛好被枝條遮住，乍看之下，以為又是一隻長著細長觸角的螽斯。可是，當我再仔細觀察時，發現牠的觸角有明顯的分節，換了角度再看一次，終於肯定是隻中小型天牛。

↑ 高砂白天牛有非常細長的觸角。

↓ 有少部分的高砂白天牛體背白色斑紋特別發達，因而擴大成相互連接，很容易讓人誤認成不同的種類。

我從車內取出捕蟲網，伸長桿子，將網口對準這隻天牛的下方，然後用網框用力向上敲擊天牛停棲的枝條。只見這隻突然受驚的傢伙六腳一縮，迅速的裝死掉落，剛好被我逮個正著。

這隻天牛有著一身奇特的白色斑紋，我一眼就認出牠是高砂白天牛。我小心的將牠放

在一旁的蕨類植物葉片上拍照，然後將牠裝在大空罐裡。

　　高砂白天牛體長不到二公分，為什麼要用大空罐裝呢？可能是因為肚子餓或失去自由的關係，受困的天牛很容易抓狂；如果用小容器裝，回家後常會發現牠們將自己的觸角吃掉了一大截，所以要記得用大罐子裝牠喔！

　　當我蹲在路旁收拾採集工具時，發覺草叢下方有一群小螞蟻來回騷動著，仔細一看，才知道牠們合力逮到了一隻甘藷蟻象。雖然甘藷蟻象挺著堅硬的身軀奮力抵抗，但是小螞蟻們抵死不放，有的緊咬著牠的腳，有的拖著牠的觸角，看來還有一場生死大戰要打。甘藷蟻象是危害甘藷塊莖的一種三椎象鼻蟲，沒想到也會在夜晚趨光飛來湊熱鬧，如今碰到螞蟻大軍，下場恐怕兇多吉少。可是我很懷疑，等這群小螞蟻將這隻「死硬派」的獵物拖回家後，如何才能吃到甘藷蟻象堅硬外殼保護下的肉軀呢？

↑ 遭蟻群圍攻的甘藷蟻象。

↓ 奮戰了老半天，螞蟻大軍繼續增加兵援，可是甘藷蟻象抵死不放的抱緊著樹葉。

台灣騷斯羽化記

在風大的夜晚來到烏來山區,原本以為自己會空手而回,沒想到先後找到偽瓢蟲、高砂白天牛和垂死掙扎的甘藷蟻象,看來手氣還不差,於是我又拿起手電筒在草叢旁到處搜尋。

當我在一大叢雜草旁低頭探尋時,突然看見一隻大型的螽斯若蟲,靜靜的倒垂在一片樹葉下,而牠身體兩側的翅芽還明顯的向外伸張。看見這一幕情景,我心裡的直覺反應是,這隻螽斯快要羽化變為成蟲了。我趕緊取出攝影裝備,將照明、閃光燈、腳架,迅速的擺置妥當,準備做全程的觀察記錄。

當我全都安排完畢,先拍了幾張照片後,看了看手腕上的手錶,時間是晚上9點50分。

仔細看這隻螽斯,發現牠有連續性的輕微蠕動,並且隨著蠕動,身體逐漸向前推擠著。

9點55分,在牠胸部背側出現了一道明顯的裂縫。一分鐘後,牠的前半身已經暴露在舊皮的外端,而且原本舊皮的翅芽外端,也出現淡褐色的小翅膀。

9點57分,牠的身體又向下露出更大一截,這時候,原本縮在一起皺皺的小翅膀開始分離成獨立的四小片,並且朝地面彎曲。

10點整,我發現這隻螽斯差不多完全脫離舊皮,只剩約三分之二截觸角和腹部末端仍留在舊皮內。這時我的心裡納悶著,螽斯可以利用肌肉組織幫助自己的身體、腳或翅膀脫離舊殼,可是觸角那麼細長,牠要如何把觸角抽離舊皮而不會斷掉呢?

就在我滿懷疑問的時候,這隻螽斯的六隻腳已經完全

脫離舊皮懸空擺著，而只靠著還留在舊皮內的腹部尾端，來支撐全身重量。同時，這隻螽斯用嘴咬自己胸前尚未脫離舊皮的觸角。隨著牠類似咀嚼的嘴部動作，我看到牠竟然是用嘴咬緊觸角，慢慢的抽離腹部末端的舊皮。

10點9分，這隻螽斯已經將又細又長的觸角完全抽離舊皮，靜靜的倒懸在舊皮下休息。

10點16分，這隻螽斯像是表演體操般，彎著腹部，挺起前身，並且用腳攀住舊皮。過了十五秒，牠便將腹部末端抽離舊皮，頭部朝上倒攀在舊皮下休息。這時候牠原本縮皺的四片翅膀，慢慢的愈伸愈大，最後垂在身體的兩側。

10點40分左右，原本外張的上翅開始向內慢慢收回，這時候牠終於顯現出成蟲的模樣。不過，牠的下翅還沒有完全摺疊好，因此還可以看見一部分半透明的下翅。漸漸的，牠的下翅慢慢摺疊內縮，隱藏在覆蓋著身體的上翅內側。

這個時候，我已經可以斷定牠是夏夜裡最聒噪的台灣騷斯，可是我並不打算收拾裝備回家，因為我要等著看牠最後的一個有趣行為。

11點30分，牠終於抬起後腳攀住樹葉，並且開始張口啃食身前這塊舊皮的後腳。過了十幾分鐘，這塊舊皮已經被啃得支離破碎。

11點55分，幾塊吃剩的腳部舊皮因為支撐不住，而掉落草叢，這隻台灣騷斯才轉身爬起，然後慢條斯理的走入草叢，結束羽化過程。

我在一旁全程參與牠生命中最重要的一次蛻變過程。結束這次意外的觀察記後，我已經累得無法為今天的豐收歡呼了！

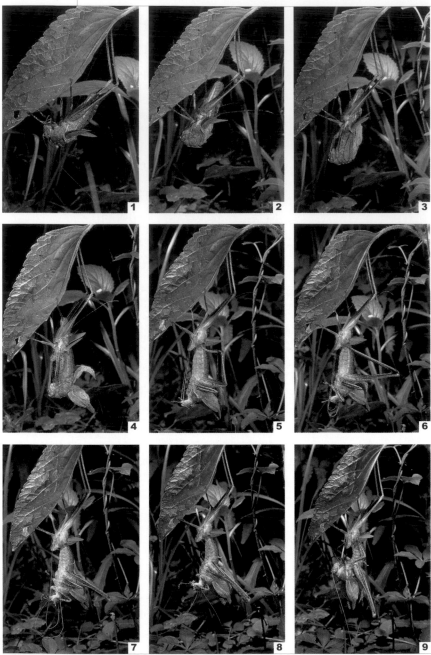

1〜14：台灣騷斯羽化過程。

Taiwan Insects

新店平廣

空中娶妻，永結同心

夏末秋初，不少昆蟲早就銷聲匿跡，不過有些昆蟲此時仍在野外活動，蜻蜓與豆娘便是夏秋兩季，活躍在水域附近的常見昆蟲。為了拜訪牠們，我利用午後豔陽高照時分，出發前往新店山區。

沿著產業道路來到新店平廣山區的平廣溪，剛到溪邊就瞧見一大群薄翅蜻蜓，沿著溪流上空來回盤旋飛舞。

溪床間的大石塊上，到處停棲著一隻隻的短腹幽蟌。短腹幽蟌是豆娘的一種，身體是黑褐色，翅膀上有一大截黑色的區域。

豆娘和蜻蜓同屬蜻蛉目成員，短腹幽蟌則是台灣中低海拔山區溪流最常見、數量最多的一種豆娘。牠們幾乎都是雄性個體，平時停棲在溪邊大石塊上各據一方。每當有其他雄性同伴飛過，天生好鬥的短腹幽蟌就會飛起來追逐侵入的同伴，以示警告，偶爾還會上演一場小纏鬥呢！隨後又會回到大石塊上停下，盤據著這塊視為私有土地的「小山頭」。

在不受人類或同伴干擾的情況下，停在石塊上的短腹幽蟌，常會獨自飛起一小段距離，接著馬上回到原來的石塊上停下。可別以為牠們沒事做在鍛鍊身體，其實牠們是起身去捕食一些蚊蠅類等小飛蟲呢！

我坐在溪邊石塊上欣賞著起起落落的短腹幽蟌，突然發現有隻顏色較淡的豆娘飛過，我身前這隻短腹幽蟌

↑ 短腹幽蟌是台灣多數溪谷流域中最優勢的一種溪流性豆娘。

馬上起身追去。在我還來不及看清是怎麼回事時，牠們已連接在一起，並迅速停在不遠的一個大石塊上。

這隻顏色較淡的豆娘正是短腹幽蟌的雌蟲，我身前的雄蟲起身攔截牠，並且用腹部尾端抓緊雌蟲的頸部，因此才會比翼成雙的停了下來，這便是交尾的第一個動作。

親眼目睹這幕神乎其技的「空中娶妻」過程，真不得不佩服雄蟲迅速確實的身手，這和牠們空中捕蟲的技巧真是相互輝映。

↑雄蟲用尾端抓緊雌蟲頭部後方，完成連結的「訂婚儀式」。

↑雌蟲彎起腹部和雄蟲「永結同心」進洞房。

當我慢慢靠近這對夫妻時，看見身處後方的雌短腹幽蟌開始彎起腹部，最後將腹部尾端靠在雄蟲腹部前端的下方，形成蜻蛉目特有的「永結同心」交尾姿勢。

看牠們安詳又快樂的模樣，我也不好意思驚動牠們，靜悄悄的拍完「結婚照」後，就轉身去探尋其他的蜻蜓與豆娘了。

奇妙的倒立神功

Taiwan Insects

　　為什麼蜻蛉目昆蟲與其他動物的交配方法完全不同呢？這得先認識牠們的生殖器官構造。

　　通常動物的生殖器官可分為內生殖器和外生殖器，內生殖器是製造精子或卵子的器官，而外生殖器就是用來和異性交配的器官。一般動物內生殖器的外端開孔或是突出物，便是交配用的外生殖器。

　　可是蜻蛉目成員的雄性個體，內生殖器的外端（尾巴末端部位）並不是交配器官，牠的交配器官位於腹部前端下方，因此交配前，雄蜻蜓或雄豆娘必須先將內生殖器製造的精子，經由腹部末端傳送到交配器官內貯存起來，交配時會用尾部抓鉤，抓緊雌伴的頭部後方，而雌蟲只要彎起腹部，將尾巴末端連接到雄蟲前腹下方的交配器官上，就可以接受雄蟲的精子。

↑蜻蛉目成員雄蟲的交配器位於腹部前方第二腹節的下端，因此雌蟲交配時會主動彎起腹部向前去接受精子（細胸珈蟌）。

↓短腹幽蟌雄蟲獨自在溪邊石塊上「傳精」。

　　在戶外溪邊觀察短腹幽蟌雄蟲時，有時候會發現牠獨自彎起長長的腹部，將尾端連接在前腹的下方，這就是雄蟲傳送精子到交配器官上貯存的動作，平常我們就將其稱為「傳精」。

　　離開了成雙配對的短腹幽蟌後，我在路旁的草叢葉端看見一隻正在表演倒立特技的短腹幽蟌雄蟲的未熟個體（註）。我慢慢摸到牠前面，仔細看看牠在玩些什麼把戲。

　　這隻豆娘偶爾會飛離腳下的芒草葉端，隨後又回到這個視野良好的據高點，而且每次回來都會嚼食著已經進嘴的獵

物。牠捕獲的獵物一定是體型微小的飛蟲，難怪很難親眼看見牠高超的空中獵殺畫面，不得不佩服牠的視力與反應。

牠表演倒立特技的過程一直有固定模式——牠原本倒立的姿勢，只要一飛離開葉端，再次回到原點時，腹部便會恢復水平狀態，過不久六腳會漸漸升高，腹部便像失去平衡的秤般愈翹愈高。更讓人驚奇的是，不論牠回來後停下的方向朝哪邊，牠一下子就可以轉動身體，保持固定方向，而且高舉的腹部還會維持固定角度。

難道豆娘占地盤會看方位嗎？經過多次觀察我終於明白，這隻停下的豆娘總背對著太陽的方向站立，由於熾熱的太陽會曬痛牠的腹部，因此牠最後便會高舉起尾端，對準太陽的角度，這樣腹部便不會曬傷。

如果偶爾有片白雲飄過，太陽光減弱，牠的腹部就會下垂平擺，等太陽出現，牠又再度翹高尾部。至於在大熱天裡，不躲進樹蔭下休息，則是因為牠們停留在空曠處，隨時方便捕食獵物或是尋找伴侶。

（註：蜻蛉目昆蟲剛羽化成蟲和完全成熟的個體外觀常有明顯的差異，尤其是雄蟲剛羽化不久的未熟個體外觀常和雌蟲相近，等過了一、二天覓食活動後，成熟的雄蟲外觀就與雌蟲明顯不同，並經常出現在水域活動。）

↑ 未熟的短腹幽蟌雄蟲在艷陽下表演倒立神功。

↑ 蜻蜓一樣怕太陽曬痛腹部，這是一隻剛剛停在草桿上的三角蜻蜓，注意看草桿的光影可以知道太陽在右上方。

↑ 太陽變大時，三角蜻蜓轉身用尾端指著太陽「避暑」。

釣蜻蜓的故事

↑杜松蜻蜓是我童年在家園、校園最常
接觸的一種大型蜻蜓，徒手捕捉牠時
還會有點怕被咬傷手指。

←侏儒蜻蜓體長大約只有杜松蜻蜓的一
半；這是未熟的雄蟲，外觀和雌蟲非
常相近。

　　我在路上看見一隻杜松蜻蜓停在枯枝上，這種蜻蜓不
像薄翅蜻蜓那樣，成群在天空飛舞盤旋，而是經常獨自靜靜
停著。

　　我走到一個農家池塘附近，腳步聲嚇起一隻草叢中的
小蜻蜓，等牠再度落下時，我認出牠是侏儒蜻蜓。

　　侏儒蜻蜓雌雄的外觀顏色不同，藍灰色的是雄蟲，雌
蟲的體色則呈黃綠色。身長大約只有二公分長的侏儒蜻蜓，
是台灣南部與東部非常普遍的小型蜻蜓；雖然也有少數分布
在北部，不過在平廣地區，我倒是第一次看見。

　　同時看見杜松蜻蜓和侏儒蜻蜓，讓我想起三十年前的
童年回憶。那時我家住在高雄市郊，附近到處是農田與草
叢，我常在後院的小路旁抓蜻蜓與蝴蝶。

　　小時候雖然不認得昆蟲的名字，但是那時常接觸的昆蟲，到現在仍記憶猶新。我那時常提著又重又大的竹掃把，在草叢邊撲著紋白蝶和侏儒蜻蜓。其實我更愛體型較大且較兇猛的杜松蜻蜓，不過杜松蜻蜓的反應快，我很難用竹掃把逮到牠，只能伸起拇指與食指慢慢靠近牠，設法從尾部將牠捏起。雖然成功率不高，但只要抓到戰利品，我總會高興好半天。

　　有一回，我在後院附近抓蜻蜓時，被三叔遇見，他便教我「釣」杜松蜻蜓的妙招。三叔先抓住一隻侏儒蜻蜓，然後在草叢附近拔起一根硬草桿（應該是牛筋草的花柄），拔去草桿上的分叉部位。接著拿起尖尖的草桿尾端，沿著侏儒蜻蜓的尾巴慢慢插進去。最後這隻侏儒蜻蜓就被架在草桿尾端，只能偶爾揮動翅膀卻掙脫不了。

↑侏儒蜻蜓雄蟲成熟後會變成淡灰藍色。由於牠們反應比杜松蜻蜓慢，我小時候常能用竹掃把撲到牠們。

↑杜松蜻蜓可以輕易捕殺中小型蝴蝶，侏儒蜻蜓當然也可以成為牠的獵物。

　　當三叔發現停在草叢的杜松蜻蜓時，便將草桿上的侏儒蜻蜓靠近杜松蜻蜓，手握著草桿的另一端輕輕搖動，桿尾的侏儒蜻蜓便迎風展翅，像在自由飛翔的模樣，只見杜松蜻蜓猛一飛起，便緊咬著侏儒蜻蜓不放。三叔竟然用這個怪招輕易釣到了杜松蜻蜓。我興奮的接過三叔的草桿誘餌，如法炮製的釣起杜松蜻蜓來。

　　長大後雖然沒有再試過釣蜻蜓的遊戲，可是大蜻蜓會捕吃小蜻蜓的生態，我可是還不識字時便明白了呢！

拜訪蜻蜓天堂

　　站著遠望池塘四周，到處都有蜻蜓或飛或停，真是蜻蜓活躍的樂園。

　　眼前正好有隻美豔的紫紅蜻蜓，停在池塘邊的一根芒草枯枝上。這是我最喜歡的蜻蜓，因為看見牠一身亮麗的彩衣，總會讓我感染幾分喜氣洋洋的心情。當我為牠拍照時，牠就站在枝頭頂端小幅的變換身體角度，翅膀時而攤平，時而向前內縮，頭部還會左右靈活的旋轉著，這是牠隨時準備起飛的習慣動作。

　　離開紫紅蜻蜓，我蹲在池塘土堤邊拿出望遠鏡，仔細觀察池塘四周的動態。發現和前幾年不同的是，原本在這裡不曾見過的黃紉蜻蜓和粗勾春蜓，變成了這個池塘水域的優勢蜻蜓。經過我大略的計算，這個只有一百平方公尺左右的小池塘，就有將近十隻黃紉蜻蜓，和四、五隻粗勾春蜓。以前常看到頭、胸部黑色，腹部紅色的霜白蜻蜓，卻不見蹤影。

↑ 紫紅蜻蜓是台灣許多水域中姿色絕佳的常見種蜻蜓。

↓ 紫紅蜻蜓的頭部特寫。

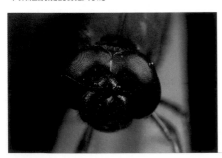

　　盤據水域是許多雄蜻蜓共有的生態習性，因為蜻蜓的小寶寶是水生昆蟲，雌蜻蜓必需到水邊產卵繁殖，因此雄蜻蜓守候在水域附近，自然會有「近水樓台先得妻」的機會。

　　在我身前有隻粗勾春蜓，正靜靜停在突出水面旁的枯枝上，當牠身邊偶爾有隻同類雄蟲

經過時，牠就會起身追逐警告一番，然後又迅速回到原點守候。這種體型碩大的春蜓科成員，從習性可以看出頗有大將之風，牠的身邊常有黃紉蜻蜓飛過，牠卻靜靜的視若無睹。

↑粗勾春蜓的體型碩大，其他中小型蜻蜓從附近飛過時，並不會起身去驅逐示威。

至於腹部前端有一截白色帶的黃紉蜻蜓，就顯得心浮氣燥多了，因為牠們全繞著池塘不停來回巡弋飛行。只要有二隻雄蟲在空中相遇，溫和的是雙方在空中相互纏鬥二、三圈，接著相安無事的各自離去；火爆一點時，就免不了互相追擊三、五秒鐘，偶爾也會有「仇人相見」般的激戰發生。

↑這是粗腰蜻蜓的成熟雄蟲，牠們的體型和體色變化，都和侏儒蜻蜓差不多。

當我正找機會拍攝黃紉蜻蜓時，身邊的乾草堆上停了一隻粗腰蜻蜓雄蟲。這種雌雄外觀顏色差異和侏儒蜻蜓相似的小型種，也是以往不曾在這個池塘水域見過的。

怎麼這次造訪這個小池塘，見到的大部分是新面孔呢？是正常的季節性差異？還是自然的族群競爭的結果？或者是池塘的主人把往年水域中叢生的水生植物清除乾淨的緣故呢？我想最後的理由最有可能吧！

爭風吃醋爲雌伴

↑黃紉蜻蜓平常習慣在池塘邊巡弋飛行，人們很少有看見牠們停下來的機會。

↑黃紉蜻蜓雄蟲羽化後的未熟階段，與雌蟲腹部前方那截淡色區是黃色的，因此才被取名為「黃」紉蜻蜓。

↑正在水面潮溼的枯竹莖上產卵的黃紉蜻蜓。

黃紉蜻蜓像在比賽一樣，沿著池塘邊上空不停的飛著，牠們不太喜歡靜靜停著，所以我一直沒機會替牠們拍照。

爲了要將牠們拍照存證，我起身沿著池塘邊慢步搜尋，看看是否能遇到剛好停下休息的黃紉蜻蜓。來到池塘一角，碰巧看見一隻腰部白色斑紋泛黃的雌蟲，靠在水面附近不停的上下飛著，還不斷用尾端去碰觸水面上的一截枯竹子，這是蜻蜓的點水式產卵動作。比較特殊的是，一般常見蜻蜓產卵時，都是直接將卵粒產入水中，而黃紉蜻蜓卻將卵粒產在泡在水裡的浮木、枯枝上。

在這隻雌蜻蜓產卵的同時，距離牠的上方不到半公尺處，有一隻黃紉蜻蜓的雄蟲，像直升機般盤旋守候在附近。只要有其他黃紉蜻蜓雄蟲飛近，這個傢伙就會馬上轉身，將入侵者或路過的情敵追得落荒而逃。這樣的行爲可確保交配完的雌蟲，順利將卵產入水中，又可防止其他雄蟲前來搶

親。根據國外的觀察記錄，雄蜻蜓搶了別人老婆後，會強迫雌蟲將原先交配後，貯存在體內的雄蟲精液排出體外，然後再和牠交配，以便自己的精液可獲得傳宗接代的機會。

當我正打算走近水邊，拍攝黃紉蜻蜓產卵的動作時，突然又見到一隻意圖搶親的雄蟲，原先守著老婆的雄蟲馬上逼近去攻擊入侵者，可是第三者來勢洶洶，一點也沒有退出的打算，於是兩隻雄蟲展開了一場「仇人相見」般的大對決。

牠們先在空中近身纏鬥兩、三圈，然後雙方保持大約三十公分的距離，靜止在空中相互對峙，此時真像是暴風雨前的寧靜。

過了兩秒鐘，突然同時火速的向高空垂直飛竄，彼此保持著一段很短的距離，但卻見不到牠們有明顯的觸身攻擊行為。一會兒工夫，這兩隻黃紉蜻蜓已飛得很高，讓我看不清楚牠們的動作；一不留神，竟在我的眼底失去了蹤影。

黃紉蜻蜓的這種對決舉動，我曾經見過一、兩次，其中一次還是飛到很高的空中後，又急速俯衝到池塘水面互相追擊；接著再一次在空中靜止對峙，又重複垂直向上齊飛的動作。

說實話，我真的不明白黃紉蜻蜓雄蟲對決的過程，到底是怎麼一回事？該不會是比一比誰飛得比較快、比較高吧？假如不是，那牠們又如何分出勝負呢？

←兩隻黃紉蜻蜓雄蟲對決前，在空中相互對峙盤旋著。

偉大的豆娘媽媽

我又在池塘四周的草叢邊，先後拍到兩隻不同種的土黃色蜻蜓。

黃色系蜻蜓有很多相似種類，因此我無法當場辨識出牠們的身分，拍完照後，我立刻取出捕蟲網抓住這兩隻蜻蜓，將牠們小心的夾在三角紙中，收入三角箱內帶回家。我想將牠們製成標本，再設法從日本的蜻蜓圖鑑中找出牠們的名稱。假如仍找不到，那麼將標本留下來，至少還有機會找到分類專家幫我鑑定。（註）

十幾年前剛開始對採集昆蟲產生興趣時，我做標本純粹只為了收藏，還不懂得要將做好的標本寫上採集地點和時間。如今和昆蟲打交道變成我的工作，為了鑑定出昆蟲的正確名稱，當我拍到不認識的昆蟲時，都會設法將昆蟲採集回家做成標本。

由於各類昆蟲的外觀和體型差異很大，做標本的方法當然完全不同。假如是蛾類，我會將牠和蝴蝶一樣做成展翅標本；假如是中大型甲蟲，我會做成插針式的乾燥標本；而

1 灰黑蜻蜓（♀）。
2 鼎脈蜻蜓（♀）。
3 金黃蜻蜓（♀）。
4 呂宋蜻蜓（♀）。
5 霜白蜻蜓（♀）。

↑這是同屬之中的5種近緣種，牠們的雌蟲體色都是土黃色，彼此間略有差異却又很難分辨。能夠採集標本仔細比對，就不難一一找出差異所在。

小型的甲蟲，就直接用白膠黏在白色卡紙條上，讓牠們自然乾燥。至於其他昆蟲，則依體型大小，仿照甲蟲的製作方法，讓昆蟲乾燥。不過像螞蟻、寄生蜂或其他更小型的昆蟲，我則直接用酒精泡在小瓶子中收藏。標本旁都有一張小標籤紙，記錄著這些標本的採集地點、時間等資料，最後再將標本收藏在可防蟲咬的標本箱中。

告別了池塘，經過溪邊時，我突然發現溪邊的石塊上，有隻豆娘正在水邊慢步爬行。我慢慢走近，看出是隻短腹幽蟌雌蟲，我看著牠沿著卡在石塊縫隙的雜物爬入水中，仔細觀察一陣子後，我發現牠用腳緊緊抓著溪水中的雜物，再將自己的下半身插入水中，尾端則在水面下的腐葉和枯枝上，不停的來回碰觸著。原來這隻短腹幽蟌正在產卵，牠將卵黏附在水底的雜物上，蟲卵才不會被流水沖走。

↑ 剛開始短腹幽蟌雌蟲將身體潛入溪水中，把卵產在落葉雜物上，這時候牠的翅膀還露在水面外。

↓ 牠愈潛愈深，最後整隻都潛入急流水中產卵。

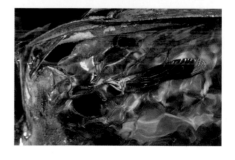

過一會兒，這隻短腹幽蟌竟沿著水邊雜物愈爬愈深，最後整個身體都潛入了溪水中。隔著晃動的水面，我隱約看見牠一下子爬在雜物上、一下子爬到水底的石塊上，尾端則不停產著卵。

最後這隻憋著氣潛水產卵的短腹幽蟌，大概已經精疲力竭，突然被一股較急的流水沖得失足滑落，一下子便失去了蹤影。

（註：當時國內並無蜻蜓的相關圖鑑，後來我與好友汪良仲先生在陽明山國家公園出版了台灣的蜻蛉目生態圖鑑「蜻蛉篇」。）

半枯死的野桐暗藏生機

↑ 被颱風吹倒的野桐，最後仍出現一點生機。

↓ 遠看星胸黑虎天牛，我第一眼將牠誤認成虎甲蟲。

正準備收拾裝備回家時，我發現附近有棵連根拔起的野桐，傾倒在草叢邊。這棵野桐有一小部分的根仍深入地下，樹幹還長出不少垂直向空中發展的新枝條，因此並不算真正死掉的枯木。

站在車旁遠望這棵樹木，發現樹幹上有二、三隻虎甲蟲敏捷的四處爬行，牠們有時候還會躍起，在空中飛行一小段距離，再快速停降在樹幹上。在我的觀察經驗中，虎甲蟲應該習慣在地面或短草叢上活動，所以這幾隻習性特殊的虎甲蟲特別吸引我注意。

當我小心翼翼的走到樹幹邊時，才明白自己受騙上當了。這些外形酷似虎甲蟲的傢伙，其實是行動敏捷的星胸黑虎天牛。同時有二、三隻天牛出現在一段半枯死的樹幹上，一定有特殊理由。

我發現其中一隻爬到樹幹上已枯杇的淺樹洞邊，開始不停徘徊，並且伸長尾部，在淺樹洞附近前後左右的觸探著。不久，牠找到樹洞中龜裂的縫隙，便將尾部尖細的產卵

管插入小縫中產卵，原來這棵半枯死的野桐樹幹，正是星胸黑虎天牛幼蟲寄居啃食的寄主植物。觀察了好一陣子，我發現星胸黑虎天牛是直接把卵產入樹皮或樹幹的縫隙中，而且產卵的動作還頗快的。看樣子這棵野桐要恢復生機，恐怕是不太容易了。

↑星胸黑虎天牛將產卵管伸入枯木縫隙中產卵。

接著我走到樹幹的另一邊，發現有二隻身上斑紋色彩和樹皮相近的茶胡麻天牛，一前一後的靠在一起。仔細一看，前方那隻是雌天牛，牠正低著頭用大顎不停啃咬樹皮，我不確定牠是在吃東西，或是準備在啃咬的破洞中產卵；而緊靠在牠身後的，正是前來求偶的雄天牛。可惜郎有情、妹無意，雌天牛仍專心啃咬著樹皮，對身後的追求者不理不睬。

↑日後，經過觀察樹皮被啃出大片面積來研判，這對茶胡麻天牛的雌蟲是在啃食樹皮，而後方的雄蟲只顧著求偶。

我繼續在這棵倒木上找尋，先後又看到二隻針胸粗腿天牛。依目前狀況來看，這些天牛同時出現在這棵半

↑針胸粗腿天牛也出現在倒木上咬樹皮。

枯死的野桐樹幹上，主要目的可能都是為了產卵。為了進一步肯定我的推論，我來回的找尋著證據，可惜當我回到原先那對茶胡麻天牛的位置時，牠們已不見蹤影了。

這時候天色已暗，我只好收拾裝備踏上歸途。一路上，我仍然惦記著心中謎團，為了肯定自己的推論，我決定隔天再來一探究竟，解開我的疑惑。

牠吸血，我拍照

我再次來到新店平廣的山區溪谷邊。今天是假日，溪邊到處都是前來郊遊、烤肉、釣魚的遊客。由於人氣旺盛，當我靠近草叢，身邊馬上出現許多斑蚊朝我的臉和手圍攻。

幾個巴掌下來，我手中留下一些帶著血跡的斑蚊殘屍。睜大眼睛一看，牠們的胸部背側都有一條明顯的白色條紋，這不就是鼎鼎大名的白線斑蚊嗎？真擔心染上登革熱呢！

我趕快取出防蚊藥膏塗滿臉上，新店平廣雖不是登革熱疫區，但我已被叮了好幾個包，看來只能聽天由命了。既然如此，再被叮幾下也差不了多少，於是我將右手塗滿防蚊藥，留下左手手背不擦，打算用來餵蚊子，冒險以身試蚊的目的，當然是為了拍照囉！

準備好相機，我坐在樹林邊的草叢裡，伸出左手放在膝蓋上，等著白線斑蚊來用餐。剛開始身上的防蚊藥味正濃，吸血鬼不太敢近身，有些較靈光的傢伙朝著我沒塗抹藥膏的衣物靠近，我隨即用手將牠們驅散，以免自己無畏犧牲。

過了一會兒，終於有一隻靠近我的左手手背，由於並未塗上防蚊藥，牠很容易便找到落腳的「餐廳」。瞧牠才剛站穩腳，吸血用的吸管馬上靠緊著我的皮膚，隨著口器上護鞘逐漸打彎，我知道護鞘中心那根微細的針已經插入我的皮下，可是我一點感覺都沒有。難怪在野外活動的人們常被斑蚊叮得滿身是包後，才發現遭到蚊子非禮了。

左手上的白線斑蚊盡情吸血，我也高興的用右手按下快門。每拍一張，我便從容的用左手扶著相機，再以右手轉動捲片鈕，繼續再按下一張作品。

1 找到我左手背的白線斑蚊準備飽餐一頓。
2 口器刺針深深插入皮下組織,刺針外的護鞘明顯彎曲。
3 吸飽了血,開始拔出刺針準備離去。
4 這是另一隻白線斑蚊和我危險交易的特寫,這時牠已吸飽血將刺針剛抽出皮膚外。忍著奇癢拍完最後一張照片,我想放下相機用手去拍死牠,但總是無法佔到便宜。

　　貪心的牠根本不在意我左手的移動,以及身旁閃著的閃光燈;貪心的我只想多拍幾張照片,哪顧得打死這隻吸血鬼。最後,牠拖著滿肚子的血,跌跌撞撞飛離我的手背,我則仍意猶未盡的等待第二隻免費模特兒來光顧大餐。

　　我想,假如我沒有染上登革熱,這應該算是一種公平的交易吧!

↑正在啃咬樹皮準備產卵的白條尖天牛。

一樣的野桐倒木養各樣的天牛

　　我來到上次那棵傾倒的野桐樹旁，想繼續追查為何此處會聚集那麼多種天牛！我第一眼便見到一隻平日略為少見的白條尖天牛，牠正低頭不停啃著樹皮。這隻天牛是我在這段半枯死的野桐倒木上看到的第五種天牛，因此我格外欣喜。

　　我小心的靠近牠，仔細觀察牠啃咬樹皮的情形，終於確定牠不是在啃食樹皮，而是在用銳利的口器，將樹皮表面切出一條深深的細縫。

　　這隻白條尖天牛結束啃咬樹皮的動作後，便轉身將尾部靠近咬出來的樹皮縫隙；接著從尾部末端伸出產卵管，插進這個細縫裡。經過四、五秒鐘後，牠將產卵管收了回來。雖然無法看清楚細縫裡的情形，但是我十分肯定，牠已經將一枚小卵產進這個小縫裡了。

　　剛產完卵的白條尖天牛並沒有馬上離開，牠接著用自己的尾部，在細縫上左右來回搓動著，隨著這樣子的動作，

原本散布在細縫旁的樹皮碎屑，重新被填回縫中。這隻白條尖天牛對自己填補的成績滿意後，才慢條斯理爬行到別處，再次啃咬樹皮，為牠下一顆卵做準備。

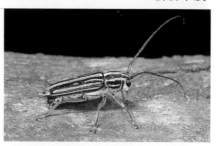

↑白條尖天牛產完卵，正用尾部左右搓動樹皮碎屑，將產卵小洞補起來。

↓樹皮上到處可以發現天牛的產卵痕跡。

當這隻白條尖天牛離開填補完的產卵小洞後，我靠近這個小洞仔細觀察。雖然小洞的痕跡仍非常清楚，可是洞口填滿的木屑，已讓我看不見深藏在裡面的蟲卵。

我在仔細觀察樹幹上的產卵咬痕時，又找到許多散布各處的產卵痕跡，想數都數不清，而且大部分咬痕中，也都填入了樹皮的碎屑。我想，除了白條尖天牛外，茶胡麻天牛的產卵方式可能也是這樣，說不定上次觀察的另外兩種天牛，也採用這種啃咬樹皮產卵，再回填木屑的方法。

天牛產卵的形態有兩種，一種是直接將卵產入原本就龜裂的樹皮或樹幹縫隙中，就像星胸黑虎天牛；另一種則是啃咬樹皮產卵，再回填木屑的方式，就如同白條尖天牛。根據我的經驗，前者大都以枯木為食，後者則大都攝食植物莖幹的活組織。

這棵傾倒的野桐正巧有枯朽的部位，也有生鮮的活莖幹，或許正因這樣，才吸引了這麼多種的天牛來這個樹幹上活動吧！

只是我想，這麼多天牛幼蟲在莖幹中寄居成長，恐怕不用多久，這棵野桐就要壽終正寢了。

環環相扣，生生不息

我繼續找尋其他三種天牛，以確認從樹幹上觀察到的許多產卵咬痕，是哪些天牛的傑作。

突然靈機一動，我拿出隨身攜帶的瑞士刀，沿產卵痕跡附近切入，將樹皮順著木頭節理削下來。我在削下的三、四塊樹皮下緣，都能找到一、二隻躲藏在樹皮和木質部間，鑽洞攝食纖維組織的天牛幼蟲。我發現這些天牛幼蟲的體型大小並不相同，小的約0.1公分，大一點的則約0.5公分。

由這些發育程度不同的幼蟲看來，一直有雌天牛先後來這裡產卵繁殖，而我也無法從幼蟲來判定牠們的種類。

我繼續沿著倒木邊緣搜尋其他天牛，在一處分叉樹幹下緣的隱蔽處，發現了六、七隻淡雙紋鏽天牛，這些體型只有0.6～0.7公分長的小型天牛，全都三三兩兩聚集在這處分叉的樹幹上，專心的啃咬著樹皮。牠們大片啃入樹幹表皮，而啃咬痕跡與白條尖天牛的產卵咬痕完全不同，因此這種小型鏽天牛出現在這棵樹幹上應該是為了覓食。不過，單從這樣的觀察結果，我還不能確定牠們是否會在這棵樹幹上產卵。

就在我持續找尋其他天牛蹤影的時候，意外發現一隻中小型姬蜂，這類有著細長產卵管的蜂類，是樹幹內天牛幼蟲的大剋星。牠出現在這裡，當然是為了

↑削開樹皮，很容易找到天牛的小幼蟲。上方的小圓洞是天牛在樹幹內長大成蟲後鑽出的痕跡。

↓3隻淡雙紋鏽天牛聚在一起啃食樹皮組織。

Taiwan Insects

找尋可以寄生產卵的天牛幼蟲。

　　我急著為這隻姬蜂拍照，沒想到閃光燈竟將牠嚇得飛離現場。過了不久，我在樹幹上發現另一隻中型的姬蜂，從牠觸角有一截白色區域看來，可以確定牠和先前那隻是不同種類。

　　這回我小心多了，看見牠不斷遊走在樹幹上，觸角不停在樹幹表面上上下下的碰觸著，我知道這是牠利用觸角的嗅覺，在找尋天牛幼蟲的動作。後來，牠停在一處枯朽的樹節部位，連續擺動觸角後，開始彎起細長的產卵管，對準附近的縫隙插進去。

↑姬蜂有修長的觸角和產卵管。

　　這時我才敢大膽的對準牠猛按快門，而這隻專心產卵的姬蜂，似乎不在意身邊閃個不停的光。大約一分鐘後，這隻姬蜂抽出產卵管，然後再度遊走樹幹上，找尋另一隻躲在木頭內的天牛幼蟲。為了留下標本以便鑑定種類，在牠產過數次卵後，我取出捕蟲網抓下牠，結束了這棵倒木的豐富生態觀察。

↑這一隻姬蜂用觸角找到寄主的位置後，準備將長長的產卵管插入樹幹內。

↑產卵管插入深處，可以在寄主體內產卵寄生。

野薑花苞裡別有洞天

結束了野桐倒木上的觀察後，我沿著平廣路向外前進，來到一處溪邊小吃店用餐。剛進店門，馬上聞到熟悉的清香，是野薑花的味道。店家在溪邊採收了許多野生野薑花，插在門口桌邊的大花瓶中。

在等著老闆下麵的時候，我看見有隻白波紋小灰蝶飛到店門口徘徊。我馬上將這隻蝴蝶和那束野薑花聯想在一起，因為野薑花的花苞正是這種蝴蝶幼蟲的食物。

當我悄悄站到野薑花前方時，這隻白波紋小灰蝶正如我意料的停在盛開的花苞上。我靜靜的等著這隻雌蝶開始牠的產卵過程。

↑停在野薑花花苞附近，彎起腹部產卵的白波紋小灰蝶。

↓掀開花苞葉片很容易找到只有0.1公分左右直徑的小卵。

白波紋小灰蝶先站在花苞上慢步爬行，尾部則緊靠著花苞四處探尋著。每當牠找到滿意的花苞縫隙，就隨即從尾部產下一粒直徑大約0.1公分的扁圓形蝶卵，直接黏在花苞上。在等著吃麵的這段不到十分鐘的時間裡，這隻雌蝶共產下了四粒小卵。

吃午餐的時候，我不斷的想著，不少喜歡到溪邊山區活動的人們，都會在戶外採摘一些野薑花回家，當作插花材料，連我也不例外。不過，大多數的人都不知道，這些花材常被蝴蝶幼蟲寄居哨食著，過一段時日就會孕育出白波紋小灰蝶；所以帶回家插的香花一旦凋萎就馬上隨手丟棄，可是相當可惜的事喔！

其實一些容易凋萎的野薑花，可能是

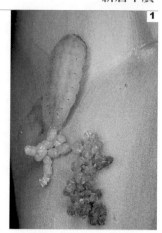

在野外時便遭到白波紋小灰蝶產卵繁殖。這些孵化後的幼蟲直接鑽入花苞內層攝食、成長，因而加速花朵的凋謝。只要輕輕剝開一層層的花苞葉片，很容易就能發現許多幼蟲鑽洞蛀食的痕跡。運氣好一點時，還能找到體型較大的褐色幼蟲，或深藏在花苞縫隙內的蝶蛹。

我建議喜歡觀察昆蟲生態的人，在野薑花凋謝後，不要急著將它們丟棄，只要繼續供養在花瓶中，花苞內的白波紋小灰蝶幼蟲，最後一定可以順利長大，而且在花苞縫中化蛹。過了一、二個星期，生長在這些花苞中的白波紋小灰蝶，就會從蛹內陸續羽化成蝴蝶的。

或許等到大家已經忘了再去檢視花苞內的幼蟲或蝶蛹的生長情形時，會在某一天的早上，意外的在客廳的門窗玻璃上，發現了已悄悄羽化而意圖朝著光亮窗外飛去的可愛小蝴蝶呢！

1 一隻白波紋小灰蝶幼蟲一邊啃食花苞，一邊在身後排出糞便，最後牠會鑽入花苞中攝食成長。

2 藏在野薑花花苞縫隙中的蝶蛹。

3 野薑花在花瓶中無故快速枯萎，這些花苞中很可能都有白波紋小灰蝶幼蟲寄居其中，而花苞葉片上的小洞就是幼蟲鑽洞蛀食過的痕跡。

用完午餐後，我將車子開到溪邊一座小橋旁停妥。身邊葎草蔓生的雜草叢裡，我看見一隻胸部全白的微小豆娘，正揮動著柔弱的翅膀，在草叢堆裡間歇的起飛和降落。從牠的特殊外觀，我推斷牠是台灣產的蜻蛉目昆蟲中，體型最小的白粉細螅。

在我的經驗裡，細螅科的成員飛行力較差，多半只喜歡在適合稚蟲生長並且雜草叢生的田溝、池塘或小水窪附近活動。但是除了溪流外，方圓十公尺內並找不到上述的積水環境，難道水流和緩的溪邊也是適合牠們繁殖的場所嗎？否則牠飛到葎草叢間活動又是為什麼呢？

為了找出原因，我靠近草叢旁，彎下腰來仔細觀察，竟又先後找到兩隻紅腹細螅，和好幾隻與白粉細螅體型相當的細螅科成員。我很興奮又找到不少拍照題材，於是走回車子取出相機、捕蟲網和一本日本的蜻蜓圖鑑，開始進行拍攝工作。

↑白粉細螅（♂）成熟個體。

↑白粉細螅（♀）白粉型成熟個體。

↑白粉細螅（♂）半熟個體。

↑白粉細螅（♀）成熟個體。

↑白粉細螅（♀）綠色型成熟個體。

↑白粉細螅（♂）未熟個體。

在我一邊拍照、一邊採集這些豆娘對照圖鑑後，我才認出這幾隻和白粉細蟌體型相當，而外觀完全不同的小傢伙，其實也全都是白粉細蟌。

白粉細蟌怎會有那麼多種模樣呢？事實上，不只是白粉細蟌，還有很多種蜻蜓或豆娘的雌、雄個體顏色斑紋會完全不同，而且剛羽化不久的個體，又和完全成熟的個體外貌懸殊，因此以白粉細蟌來說，牠們雌、雄個體間，會有成熟、未成熟甚至是半成熟等，總共最少四、五種不同的外觀模樣。

多虧手邊這本日本蜻蜓圖鑑，我才有辦法得到這些國內圖書中找不到的資料。我這二、三年來特別喜歡拍攝蜻蜓和豆娘，就是希望等我拍照的圖片資料夠齊全後，可以出版一本常見的蜻蜓類圖鑑，讓大家也能正確區分出這些常見蜻蜓的種類和個體差異。

透過相機觀景器內的放大效果，我看見好幾隻細蟌在起飛又停下後，嘴裡都嚼食著一種同翅目的小蟲子。於是我提著捕蟲網在草叢中胡亂橫掃一陣，找到不少隻體型微小的葉蟬（浮塵子）。

↑正在捕食小葉蟬的白粉細蟌（♀）未熟個體。

原來這些豆娘集中在這片葎草叢間活動，正是特地來捕食這些葉蟬的。只要身邊有葉蟬飛跳而過，這些豆娘便以靈敏的身手將牠攔截下來，隨即降落在草叢間，慢慢享受鮮肉大餐。

↑細扁食蚜蠅在覓食或找尋蚜蟲產卵繁殖時，經常會短時間盤旋暫停在空中。

觀察從周遭開始

當我在觀察白粉細�追捕葉蟬時，一隻赤星瓢蟲出現在葎草葉片上，吸引了我的注意。我的直覺反應是這片草叢裡應該會有蚜蟲寄居繁殖。隨後，一隻細扁食蚜蠅像直升機般盤旋在我眼前，更加強了我推斷的可能性。

於是我隨手掀開一片片粗糙的葎草嫩葉，果然如我所料，在長滿細刺的葉背下，躲藏著不少草綠色的微小蚜蟲。赤星瓢蟲和食蚜蠅在這裡活動，目的不外是覓食或繁殖。

經過一陣子的翻動搜尋，我在葎草叢間找到兩種不同外觀的瓢蟲幼蟲。為了進一步確認這兩種幼蟲的種類，我拿出透明底片罐將牠們分開裝起來，準備帶回家飼養。為了解決牠們的飲食問題，我另外摘取了寄居著蚜蟲的葎草葉片，放入一個大塑膠袋中，準備當作飼養瓢蟲的食物。

摘採葎草葉片時，我看到一旁有棵小葉桑，突然想起家裡飼養的八隻蠶寶寶已經快要斷糧了，就想順便採些桑葉回家養蠶。

蠶寶寶也是昆蟲的一種，同樣有著奇妙富變化的生活史與生態行為。不知道大家是否仔細觀察過蠶寶寶？其中有很多有趣的生態現象呢！

舉個例來說：大家是否曾把結繭後二、三天的蠶繭剪開，親眼目睹蠶寶寶脫皮成蛹的過程？在蠶繭裡的蛹的樣子？在蠶繭裡的蛹又是怎麼羽化變成蠶蛾的呢？羽化後的蠶

蛾到底用什麼方法鑽出又硬又厚的蠶繭？剛鑽出蠶繭的雌蠶蛾為什麼經常蹺高著尾部，並且露出兩粒米黃色的小球呢？雄蠶蛾又是如何馬上找到雌蠶蛾和牠交配呢？

另外，大家仔細數過雌蠶蛾一次可以產下多少粒的蠶卵嗎？蠶卵從米黃色要變成黑褐色前，還有什麼樣的外觀顏色呢？為什麼變成黑褐色的蠶卵不會馬上孵化？蠶卵從產下到孵化大約要幾天呢？大家做過當時氣溫的觀察與記錄嗎？

相信大部分養過蠶寶寶的人對上述的這些問題，並不能做出完整而正確的回答。因此喜歡昆蟲的人，不應該因為有些種類太常見，反而不專心去觀察牠們的生態變化。相反的，大家應該以這些常見的昆蟲為題材，仔細去觀察牠們的生活，甚至用牠們來做些實驗，這樣子才可以為自己從事深入的昆蟲生態研究，打下一個良好的基礎。

→許多人都以為蠶寶寶的腳上有吸盤，可以方便牠們行走活動。其實用高倍放大鏡觀察就能明白，蠶寶寶的腳沒有吸盤，但却有許多小彎鉤，它們可以用來鉤住粗糙物或事先在光滑物上面吐下的絲線，所以蠶寶寶還可以倒著爬玻璃。

↑正在繭中脫皮化蛹的蠶寶寶。

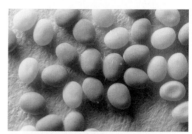

↑這些看似美麗的糖果，其實是蠶卵的放大特寫，在變成黑褐色之前，牠們還有黃褐色和紫褐色的外觀。

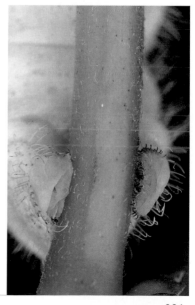

鑽地產卵的金龜子

↑掀開桑葉，很容易看見成群寄居的桑木蝨若蟲。

我在溪邊草叢旁找到小葉桑，但是這株小葉桑的葉片斑駁不堪，看起來很不健康，所以我並未摘下葉片。我掀開其中幾片桑葉，發現一些桑木蝨（註）散居在裡面；難怪這棵小葉桑會顯得病懨懨。看來我只有另外找健康的小葉桑了。

我沿著路邊走了一段距離，先後找到好幾棵小葉桑，可惜都有被桑木蝨肆虐過的痕跡，可見桑木蝨已嚴重危害到小葉桑植株的生長。

我走另一條叉路向新店碧潭的山路駛去；終於看見一棵健康的小葉桑。我將車子停在橋邊空地後，沒多久便採滿了一小包新鮮完美的桑葉。

回到車子旁時，我看見不遠的泥地上，有隻墨綠色的台灣琉璃豆金龜從空中緩緩降落，隨後低著頭向地面賣力的挖掘著。我趕緊從車內取出相機，來到這隻金龜旁時，牠的前半身已經埋入了地底。大約半分鐘後就鑽入了土中，身後則鼓起了一團小土堆。

隔著土堆，我察覺牠在地下繼續鑽動的工作。從金龜子的生態習性研判，這隻台灣琉璃豆金龜鑽入土裡，可能是要找隱蔽的地方休息，或是產卵繁殖。

為了進一步查證牠鑽地的真正目的，我蹲在一旁靜靜守著。過了一會兒，似乎已經看不出裡面有鑽動的跡象，我不知道牠是否已開始休息睡覺，但為了不干擾牠的正常行

1 正在奮力鑽入地底的台灣琉璃豆金龜。

2 台灣琉璃豆金龜全貌。

3 拍完照後，我取出底片罐，將這粒小卵連同一些泥土一起裝起來，準備帶回家，試看看能不能將牠養到成蟲。

爲，我打算靜觀其變。

　　就在我兩腳開始發麻的時候，發現小土堆中傳來向上鑽動的律動，隔不久，這隻台灣琉璃豆金龜重新現身在小土堆外。在我還沒來得及爲牠拍下全身照時，只見牠翅鞘內的下翅一伸，隨即消失在我眼前。

　　我想這隻台灣琉璃豆金龜應該已完成了產卵的動作，於是找來一根小樹枝，沿著小土堆輕輕撥開這隻金龜鑽鑿過的鬆土，然後小心翼翼的沿著鬆土向地下挖掘，一會兒便挖出這隻金龜子鑽出來的圓洞，估計深度人概是一公分多一點，不過卻找不到任何蟲卵。我告訴自己不該輕言放棄，於是用樹枝沿著土洞的硬壁，輕輕刮落一些泥土碎屑，繼續找尋蟲卵。最後終於在靠近底層的泥土壁內，看見一枚直徑大約 0.1 公分的橢圓形米白色小卵；真佩服這隻金龜子能將卵藏得這麼妥當而隱蔽。

（註：木蝨科成員和蚜蟲屬於同翅目中的近親。）

喜見泥壺蜂築泥巢

正準備收拾工具回家時，我站在車子旁，看見一隻黃胸泥壺蜂（註）抱著一隻肥大的綠色毛蟲從車頂吃力飛過。我馬上跟蹤牠，沒想到當牠飛到一輛廢棄小貨車附近時，竟然失蹤了。

我曾多次看見泥壺蜂在泥地上啣泥，牠們會先在水邊吸水，然後飛到乾燥泥地上，將水吐出來，攪和泥砂製成溼泥球，再啣著泥球到合適地點築巢。

我常跟蹤牠們，想觀察牠們築巢及將毛蟲帶進巢內的過程。雖然泥壺蜂總在同一個溼地上吸水，在同一處乾泥地上攪和泥球，但礙於環境阻擋，因此計畫從未成功過。

這一回黃胸泥壺蜂拖著碩大毛蟲，飛行速度比平常慢了許多，但竟然還是失蹤了。由於這輛廢棄車上到處有合適地點讓牠築巢，因此我研判牠應該在車上某處，於是就繞著車子仔細搜索著。貨車天窗部位有帆布向上捲起，形成隱蔽的中空環狀，我伸長脖子向內望，隱約看見一隻蜂兒在窗內活動，哇！中獎了。

↑黃胸泥壺蜂先到水邊吸飽水後，才會到泥砂地用水攪拌泥土製造泥球。

↓黃胸泥壺蜂將巢構築在捲曲的帆布摺角內，可以遮風避雨。

我爬到車頂掀開帆布，只見這隻黃胸泥壺蜂從容的飛離現場，而帆布接縫角落則留下了一個像酒壺般開口朝上的泥巢室。我向內望去，那隻毛蟲已被塞進洞裡了。

雌蜂隔不久便啣了一大團泥塊回來，用靈巧熟練的動作將泥團糊在洞口上，接著又繞著泥巢轉了幾圈，

檢視是否做了最安全的密封；等牠滿意後才揚翅飛離。

我打算將這個育嬰巢室帶回家，觀察幼蟲的生長情形。我稍稍一動，泥巢和帆布的密合處便出現了裂縫，很輕易就將泥巢完整取下了。

翻開泥巢，我看見身長約四公分的綠色毛蟲，彎著身軀塞滿了泥巢內側，外觀和平日的毛蟲沒兩樣，我拿一根細草桿輕戳這隻毛蟲，牠竟敏感的扭動身體，於是我將牠挑出來，發現他雖然會扭動，卻無法控制肌肉正常爬行。我真佩服泥壺蜂的本能，竟能準確將螫針插入毛蟲體內的神經結部位，並且注射適量毒液，只讓牠喪失活動能力，卻不會被毒死。

泥巢內側有枚約0.3公分長的圓柱形小卵，藉著一根細柄黏在泥壁上，我將毛蟲塞回泥巢中，取出一個底片空罐，在罐底下層鋪上樹葉後，把泥巢輕輕放入，再鋪上一些樹葉，蓋緊盒蓋，以避免因車子抖動而引起的意外傷害，結束了這趟豐富之旅。

（註：泥壺蜂古名蜾蠃，又稱德利蜂。）

↑黃胸泥壺蜂帶來最後一團泥球將巢室的洞口封閉。

↑封死泥巢後，泥壺蜂媽媽再仔細檢查一遍後才離去。

↑取下泥巢可以看見那隻被獵捕的毛蟲塞滿巢室內。

↑取出毛蟲就能看見黏在泥巢內壁上的泥壺蜂卵。

● *Taiwan Insects*

永和寓所IV

遭寄生的瓢蟲幼蟲

　　從新店平廣豐富的採集之旅回家後，我將四隻瓢蟲幼蟲和葎草葉中的蚜蟲，混養在一個大塑膠盒中，讓牠們各自取食小蚜蟲。兩天後，我發現塑膠盒中只剩下三隻瓢蟲幼蟲，我想失蹤的那隻大概已遭到同類捕食身亡。而其中一隻外觀有點陌生的瓢蟲幼蟲，體型變大了許多，牠又脫了一次皮，原來是隻小十三星瓢蟲的幼蟲。

　　隔天，另外兩隻不知種類的瓢蟲幼蟲不但沒有脫皮，也沒有長大變胖。牠們各自縮在塑膠盒一角，彎起身子，尾部固定在塑膠盒上。在正常情形下，這是瓢蟲幼蟲即將脫皮或化蛹的前兆，可是不論是脫皮或化蛹，瓢蟲幼蟲的身材應該都是圓胖豐滿的，但這兩隻幼蟲的外觀瘦扁得異常，我覺得不太對勁。

　　為了進一步觀察，我用鑷子將這兩隻幼蟲從塑膠盒內緣取下，然後將牠們黏在家中盆栽內的黃金葛葉面上，以便更仔細的觀察、拍攝牠們的變化。

　　當天下午，我發現這兩隻幼蟲的身體尾部下方，竟各自露出一小塊「肉」。到了晚上，這兩塊小肉球變大了不少，而且呈現了兩隻小蛆蟲的模樣。我這才明白，原來這兩隻營養不良的瓢蟲幼蟲被牠們體內這兩隻小蛆蟲寄生了。

　　第二天，這兩隻寄生的小蛆蟲已變成腹部朝上仰臥的小蛹，蛹的

↑小十三星瓢蟲的幼蟲是台灣野外常見的瓢蟲種類中，體型較大且容易辨識的一種。

↓第五天，瓢蟲幼蟲屍骸下的蟲蛹已接近成熟，隱約可見腹部朝上的眼睛、觸角、腳與翅膀前身結構。

上方則是死亡後留存下來的寄主殘骸，看起來不禁讓人聯想到披著羊皮外衣的壞野狼。

為了避免牠們羽化後飛掉，我找了一個大型透明塑膠袋，將這兩個蟲蛹連同黃金葛盆栽一起包起來；每天隔著塑膠袋觀察牠們的變化與動靜。

第六天後，我發現塑膠袋中有隻體型微小的蜂類不停飛著，那是從其中一個蛹中羽化出來的傢伙，而另一個蛹也出現了蠕動的跡象。

我趕緊打開塑膠袋，用相機緊盯著這個蛹，只見在一陣劇烈蠕動後，一隻全身漆黑而六隻腳呈黑褐色的寄生蜂，慢慢掙脫了瓢蟲幼蟲屍骸下的蛹殼；最後牠翻過身子，站在黃金葛的葉面上，用腳梳理身體和翅膀後，便打算揚翅起飛了。

為了進一步確定瓢蟲幼蟲有什麼類別的寄生蜂天敵，我趕緊將這隻剛羽化的寄生蜂捕下，泡入酒精瓶中，打算改天再帶到霧峰農業試驗所，請教專門研究寄生蜂的專家，相信一定可以獲得更多相關知識。（註）

（註：日後經過比對中國的寄生蜂昆蟲圖鑑，這隻寄生蜂屬於細蜂科成員，名字叫做珍奇前溝細蜂。）

↑「披著羊皮的狼」在寄主的屍骸下羽化了。

↑羽化完成，寄生蜂開始爬離寄主的屍骸下。

↑牠的名字就叫做「珍奇前溝細蜂」。

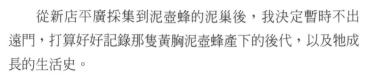

只要我長大

　　從新店平廣採集到泥壺蜂的泥巢後，我決定暫時不出遠門，打算好好記錄那隻黃胸泥壺蜂產下的後代，以及牠成長的生活史。

　　我先秤出毛蟲的體重是五百毫克，接著測得卵的直徑是1.2公釐，長度3.8公釐，如果以密度1簡略估算，這個小卵的重量約是4.3毫克。然後我將毛蟲放回泥巢中靜觀其變。

　　第四天，我發現小卵孵化成一隻微小的米黃色小蟲子，而且一直黏附在綠色毛蟲身上；過不久，小蟲子的體色也變成翠綠色，我猜是因爲吸食了毛蟲體液的緣故。

　　第五天中午，幼蟲的體型已增大許多倍，而且頭部一直黏在毛蟲身上，仍不斷吸食媽媽爲牠準備的食物。同時我還發現泥巢中有兩塊微小透明的薄皮，這表示在孵化後的第二天，牠已迅速成長，成爲三齡幼蟲了。

　　第六天清晨醒來，我發現那隻毛蟲雖然還會動，可是體型已萎縮不少，一旁的幼蟲已長得和毛蟲差不多胖了，當天下午，牠又脫了一次皮，成了四齡幼蟲。趁幼蟲休息時，我用鑷子翻動一下那隻奄奄一息的毛蟲，牠竟然還沒死去，但縮皺的身體已不能隨意蠕動，只剩腳能微微抖動。毛蟲的腹部下側，可清楚看見許多褐色圓形小疤，這些疤痕正是泥壺蜂幼蟲用嘴咬破牠身體，吸取體液後留下的證據。

　　第六天深夜，可憐的獵物毛蟲已壽終正寢，縮皺的身體也已失去翠綠的色彩，而幼蟲的體型已比毛蟲粗大許多；而且仍繼續在吸食毛蟲的體液。

　　第七天早上，當我再去檢查泥巢中的動靜時，意外發現那隻毛蟲已被吃掉了半截。原來泥壺蜂幼蟲還會把媽媽準

↑第4天，泥壺蜂幼蟲孵化，因為吸食綠色毛蟲體液，自己也變成綠色。

↑第4天深夜，剛脫完皮的3齡幼蟲躺在毛蟲身邊休息。

↑第5天中午，3齡幼蟲因不停吸食毛蟲體液又長大了許多。

↑第6天，泥壺蜂幼蟲已經和毛蟲的大小差不多，大家可以從牠頭部看見那兩枚進食用的「大鋼牙」，還有毛蟲身上的許多「吸血鬼吻痕」。

↑第6天深夜，毛蟲的體液已快被泥壺蜂幼蟲吸光了。

↑第7天早上，泥壺蜂幼蟲沒液體可吸，開始啃掉毛蟲的下半身。

備的獵物吃掉，真是一點也不浪費。當天上午，牠又脫了一次皮，變成五齡幼蟲，接著仍不停的啃食那隻毛蟲剩下的殘骸。

第八天早上，牠終於把泥巢內的毛蟲殘骸全部吃光，只剩下堅硬的頭殼、腳和身上的細毛等不易消化的部位，連牠自己蛻變脫下的幾塊薄皮也吃得一乾二淨。

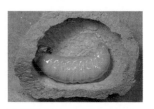

↑第8天早上，毛毛蟲消失了，變成一隻胖胖的大肥蟲。

我小心將牠取出，秤出體重是四百二十毫克，真是太神奇了！吃掉五百毫克的食物，可長出超過四百毫克的體重；而且從牠孵化開始計算，五天內體重增加了約一百倍。假如人類飼養家禽、家畜或魚類時，也有這樣的產能，那就太好了！

長期抗戰，功虧一簣

　　將黃胸泥壺蜂泥巢取回的八天後，巢內幼蟲將媽媽準備的獵物吃光了，沒想到牠似乎還很餓，竟將我用來遮住泥巢開口的黑布啃了好幾個洞。為了預防牠再度啃食黑布而發生身體不適，我先用一塊光滑的塑膠蠟紙遮住泥巢開口，再蓋上黑布，這下子牠無法重施故技了。

　　第九天，原本不太活動的幼蟲開始擺動身體，在泥巢內側吐絲。第十天，牠已在泥巢內吐了一、二層厚厚的絲絨，連我蓋在泥巢開口的塑膠蠟紙也黏住了。第十一天，泥巢內側已布滿了厚厚的繭絲，我先將塑膠蠟紙撕開，隔著略呈透明的絲繭，看見裡面的幼蟲已停止吐絲，於是我用刀子小心的將泥巢開口的絲層剝開，方便我繼續觀察。

　　第十二天上午，幼蟲在泥巢邊先後排出了四、五次黑褐色的糞便，牠攝食成長的過程中完全不排泄，直到吐絲造繭後才將體內的廢物排出，應該是化蛹前的準備吧！而且牠

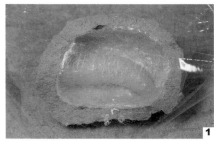

1 第9日，隔著塑膠蠟紙觀察，泥壺蜂幼蟲開始在泥巢內壁吐上一層厚厚的絲。

2 第11日，撕下塑膠蠟紙可以發現泥巢內的幼蟲已不再蠕動吐絲。

3 割開泥巢開口的絲線，泥壺蜂幼蟲靜靜的躺在絲巢內。

原本光滑的體表也出現了明顯皺紋，更加深了即將化蛹的可能。

我從未親眼觀察過蜂類幼蟲化蛹的過程，爲了一睹牠化蛹的蛻變，我放棄了正常作息，不眠不休的守在一旁，希望能有豐碩的觀察成果。

↑第12日，泥壺蜂幼蟲才開始在泥巢邊排出糞便，同時牠的身體也逐漸萎縮。

第十三天的凌晨，我發現這隻幼蟲開始出現間歇性蠕動，而且頻率愈來愈高，動作也愈來愈劇烈。我以爲這是馬上要脫皮化蛹的舉動，因此一直等在一旁，屏氣凝神的注視著牠。可惜事與願違，兩個鐘頭過去了，牠再次回復靜止不動的狀態。想看見牠化蛹的意念支持我苦撐下去，我

↑第16日，泥巢中的幼蟲變成了一個模樣可愛的蜂蛹。

再度守在一旁，重複觀察牠多次蠕動身體，忍受長時間不眠的煎熬。

第十四天上午，我看見這隻全身滿是皺紋的幼蟲癱在泥巢中，再也看不到絲毫蠕動身體的動靜。這時我才想起來，數年前我曾養過兩隻土蜂幼蟲，牠們結繭後到了隔年春天才在繭中化蛹、羽化。難道這隻泥壺蜂幼蟲也是相同情形嗎？心想我再苦撐下去，可能也等不到牠脫皮化蛹。於是我鳴金收兵，拖著疲憊的身體上床去睡了一頓飽覺。

哪知道意外發生了！第十六天上午，我打開塑膠盒時，赫然發現幼蟲變成了一個淡黃色的美麗蜂蛹。我心中雖覺可惜，不過一點也不懊惱，因爲要我不眠不休四天三夜，恐怕失敗的機率還是很大吧！

羽化失敗的黃胸泥壺蜂

泥壺蜂幼蟲化蛹後，泥巢中的小生命不再進食，只靜靜等待體內變化，直到羽化為美麗的蜂兒。我只需每天檢視一次泥巢內的蛹，留意牠身上出現的外觀變化就可以了。

到了第二十四天時，蛹的眼睛部分已變成黑色，翅膀部分則變成淡褐色。這是蛹期開始蛻變，將要變為成蟲的第一個現象，也就是說在未來的一、二個星期中，這個蛹將會持續向成蟲階段蛻變。第二十八天，這個蛹的胸部和腹部已出現許多和成蟲相似的黑色斑紋，腳和口器等處的顏色也變深了些。我將牠從泥巢中小心取出，這時秤得的體重是二百八十毫克。

體重減少的主因是牠在化蛹階段中吐了許多的絲來結繭，另外也排泄了許多體內沒有用的廢物和多餘的水分。秤完重量、記錄結果後，我將牠重新放回泥巢，收進塑膠盒裡，心想再過不久，我就可以觀察拍攝牠羽化的過程了。

到第三十一天晚上，當我打開塑膠盒時，看見泥巢內外有數十隻快速鑽動的黑頭慌蟻，正在圍攻我的心血結晶。我馬上將蛹取出放在白紙上，顧不得黑頭慌蟻腥臭的體液，將牠們一隻隻處死在我的指頭下，以洩我心頭之恨。

↑ 第24日，蛹的眼睛部位變成黑色，翅膀部位顏色也較深。

↑ 第29日，蛹的內部已經可見成蟲外觀的雛型。

　　清除了強盜螞蟻後，我看蛹似乎沒有明顯外傷，於是再將牠放回泥巢，做好防蟻措施，不斷祈禱接下來的生態觀察不會因此失利。

　　隔天深夜，我發現蛹內的身體結構已幾乎完全成型，這是馬上會蛻皮羽化的階段，於是我再次守在一旁等待。如我所預料，蛹逐漸出現劇烈蠕動，大顎也不斷左右咬動，胸前的六隻腳出現明顯的伸張活動，正是牠想擺脫蛹皮限制的羽化動作。可惜這隻黃胸泥壺蜂努力了一晚，直到清晨仍無法順利羽化，蠕動掙扎也逐漸緩慢下來。

　　到了中午，牠不再擺動身體，用東西碰牠也不再有反應。於是我再次檢查泥巢中的蛹，發現成蟲身軀外表出現一層緊裹的蛹皮，蛹皮上似乎有不少破洞，應該是遭到蟻群攻擊時的傷痕，而且牠六隻腳末端應有的鉤爪，似乎也尚未完全成型。

　　看了這些現象，我心中明白牠不可能羽化成功了。結束了一個月的飼養過程，成績雖然功敗垂成，但是我得了一個經驗──秋天飼養昆蟲時，還是不能對強盜螞蟻掉以輕心。

↑第31日，蜂蛹慘遭強盜螞蟻的圍攻。

↑黃胸泥壺蜂的羽化蛻變功敗垂成。

長腳蜂巢觀察記

Taiwan Insects

↑ 5月初，蜂后獨自在窗緣築巢，哺育幼蟲。

← 5月中旬，蜂巢上多出許多工蜂協助蜂后覓食，照顧幼蟲和築巢。（左下方胸部背側有白漆者為蜂后）

　　今年的五月初，由於四樓公寓陽台上種了許多野生植物，引來一窩家長腳蜂在窗緣築巢繁殖。我喜出望外，因為不用出門即可長期觀察長腳蜂的生態。剛開始，蜂巢上只有蜂后一隻成蟲，牠每天辛勤外出覓食，回巢餵哺幼蟲，並且隨時築巢，加大巢室的數量以繁殖更多後代。

　　到了五月中旬，巢室中陸續有幼蟲成熟結繭，羽化為成蟲。為了分辨牠們的身分，方便我觀察牠們族群間的特殊生態行為，所以我用捕蟲網將牠們捕下，用白漆在蜂后胸部做標記；有螫針的工蜂標記則做在腹部，沒有螫針的雄蜂則不予標記。

　　從此我便經常觀察這群長腳蜂，並記錄下許多豐富有趣的生態行為。我發現從蜂巢上增添了許多成蟲後，蜂后就不再出門工作，只專心繁殖下一代，狩獵、哺育幼蟲的工作完全由工蜂負責，雄蜂則只是游手好閒的停在巢上而已。

　　為了了解蜂群抵禦外敵的情形，我找來一枝竹竿，在竿頭上黏了一圈紅膠布，然後開始騷擾蜂群。我發現每次我去騷擾蜂群時，雄蜂很快就會一哄而散的逃離蜂巢；在蜂巢上工作的工蜂則會飛到膠布附近，試圖趕走這個龐然怪物；蜂后也會抖動翅膀怒目相視，不過牠會一直守著蜂

↑遭受外敵攻擊時，總有1、2隻工蜂會迎戰「敵人」，蜂后則守護在巢上，其他許多雄蜂都四處逃命去。

巢，很少攻擊來犯的外敵。騷擾實驗結束後，雄蜂總要經過好一陣子才會陸續飛回蜂巢，繼續無所事事的停在巢上，索食工蜂帶回的食物。

　　經過這個有趣實驗，我確定蜂群因身分不同，個性和責任也完全不同。工蜂和蜂后是恪盡天職的「好姐姐」與「好媽媽」；雄蜂則是好吃懶做又膽小的傢伙。

　　長腳蜂巢一天天加大。約過了兩個月，我發現有幾隻年紀較大的工蜂已有一段日子沒回巢，可能已經老死在戶外，或遭到天敵捕食等不測了。不過蜂巢上新添的成蜂，仍持續加入分工合作的行列。

　　我想進一步了解蜂群生態，但是必須先辨識出每一隻工蜂；因此我設計了更複雜的標記，為每隻工蜂標上了不同的編號。

　　這可不是件容易的事呢！我必須先將每隻工蜂抓下，用鑷子夾著身體，然後在牠們的翅膀上點上不同位置、不同顏色的油漆；等油漆乾了後，才將牠們釋放。在沒有專家指導，自己又毫無經驗的情形下，我經

↑ 在翅膀剛被塗上標記時，長腳蜂會不顧著逃命而用力揮動翅膀，試圖擺脫不習慣的異物。

↑ 有的長腳蜂則會用腳與腹部夾著翅膀搓動摩擦，試圖要刮掉翅膀上剛塗上的油漆。

常因為怕被螫傷手指，所以手忙腳亂的用力過猛，導致有些工蜂在被我做完標記後就嚴重受傷，根本無法再起身飛行；當然也有些工蜂因此提早死亡，二、三天後便不再回巢了。

嚴格說來，我這次的實驗觀察算是失敗了，因為在損兵折將的情形下，只好暫時放棄打算觀察的生態與實驗，我打算等蜂巢的規模再大一點時，再繼續未完成的工作。

但在我毫無經驗的摸索中，卻也發現了一些有趣現象。例如我漆完標記後，發現牠們都很在意翅膀上被沾了異物。有些長腳峰在釋放後並不會馬上逃離，而是會停下來拼命揮動翅膀，試圖將翅膀上的異物抖落；嘗試半天仍無法達成目的後，才會漸漸習慣翅膀上多了一些重量，然後才很不情願的離去。另外一些長腳蜂會將翅膀伸到腳邊或身體上，賣力的摩擦，想將油漆標記擦掉；總要經過一段時間適應後，牠們才會停止這樣的舉動。有了這些經驗後，我學會做標記時要儘量做在胸腹部，而不要沾在牠們特別在意的翅膀上。

到了7月5日，我在準備捕捉幾隻新生工蜂下來做標記時，補蟲網不小心掃到蜂巢，蜂巢便應聲掉落，蜂巢上的成蜂全都嚇得四處飛散。

闖禍後，我趕緊把蜂巢撿起來，檢查後發現它的結構似乎沒有太大損傷，就用熱熔膠將蜂巢黏回原位，心想等那些成蜂回巢後，應該不會有太大影響。可惜蜂巢掉落地上時，可能有些幼蟲或蛹已經受傷；所以在蜂群還沒回巢前，便引來了許多黑頭慌蟻，前來獵食可口的食物。

　　爲了防止蟻群對沒受傷的幼蟲或蛹產生傷害，我守在巢室邊，將見到的強盜螞蟻一一揉死，被處死的黑頭慌蟻所散發的氣味，使得其他螞蟻暫時不敢來犯。一段時間後，巢上陸續有成蜂歸來，我想蜂群的惡運應該結束了。

　　但是隔天我再度觀察蜂群時，發現又有蟻群入侵了。我看見一些工蜂正用大顎將來犯的黑頭慌蟻咬死，只是「猛蜂難敵蟻群」，黑頭慌蟻不斷的前仆後繼，大舉增兵圍攻。我當然不能置身事外，於是將蜂群趕走，幫牠們消滅了強盜螞蟻，並將受傷或死亡的幼蟲夾出蜂巢丟棄，以免再引來螞蟻的垂涎，還用水噴洗了巢室，最後再用有辛辣味的藥膏，在蜂巢四周塗布出一道圍堵用的「城牆」。

　　隔天，我發現自己的努力竟然徒勞無功，雖然有不少黑頭慌蟻黏死在「藥膏護城牆」上，但是牠們最後還是走出了數條攻城路徑。雖然我萬分痛恨這群強盜螞蟻，但還是不得不佩服牠們眾志成城的努力。最後我宣告投降，只能放任蜂群自求多福了。

↑意外發生後，雖然蜂巢被我黏回窗緣，但馬上引來大批黑頭慌蟻攻擊巢中的幼蟲。

　　7月8日，蜂群不敵強盜大軍的進犯，正式宣告棄巢投降，牠們集體遷移到鋁窗架邊，垂頭喪氣般的停著不動。7月9日晚上，我發現蜂群全部失蹤了，心想蜂后大概帶著牠的族群飛到別處另起爐灶，正式離開這個痛失後代的傷心地了吧！

　　但到了第二天，卻又發生了絕地逢生般的意外驚喜。7月10日中午，我發現蜂群又重新在氣窗的鋁框上聚

↑7月8日，長腳蜂群棄巢，遷移到小氣窗窗架邊角棲息。

↑ 7月10日，蜂群在失蹤一日後，全部又回到窗緣聚集，但唯獨蜂后沒有回來。

↑ 一隻雄蜂和族群中最年長的那隻工蜂交配。

↑ 5號工蜂變成新蜂后後，開始築巢並產卵，試圖繁殖下一代。

集，不過卻再也找不到蜂后的蹤影。當天下午，我訝異的看到蜂群中編號5號，也是當時最年長的一隻工蜂，停在離蜂群約二十公分的窗櫺上，身上另外伏著一隻雄蜂。我仔細一瞧，牠們的尾部接連在一起，正在交尾呢！

看見這幕意外的情景，我一開始以為是蜂群失去蜂后的領導維繫，所以才會發生這種偶發性的「亂倫」現象，大概不會有什麼特殊的生態意義。

接下來一個月，蜂群並沒有特別異動，失去了蜂巢和蜂后，牠們沒什麼重要工作要做，顯得比較懶散，工蜂也很少外出狩獵。後來我發現雄蜂出現外出的情形，我猜想可能是因為工蜂不再提供食物給雄蜂，肚子餓的傢伙只好自己外出覓食吧？不過這也只是猜測而已，無法證實。

由於陽台上的蜂群已變成「烏合之眾」，我想到了冬天牠們就會相繼死去，所以漸漸減少對牠們的追蹤觀察。可是到了8月29日，我看見蜂群聚集的窗櫺下，出現了一個剛開始構築的微小新巢，而且三、四個小巢室內都已產下了蜂卵。這時候守在小巢上照料下一代蜂卵的新主人，正是5號工蜂。

我萬萬想不到，原本沒有生殖能力的工蜂，在蜂后棄大家不顧後，竟會恢復生殖能力，而且馬上就和雄蜂交尾，最後還提升地位成了新蜂

后，試圖繁殖下一代。

很可惜由於我的粗心，很多工蜂可能因為我標記身分時受傷，所以在新巢出現的時候，蜂群中只剩下 5 號、8 號和 10 號這三隻工蜂，其餘剩下的都是不會工作的雄蜂。

↑ 新蜂后未歸後，沒有工蜂可以照顧巢內幼蟲，整群雄蜂常守著小蜂巢無所事事。

到了 9 月 6 日深夜，我發現 8 號和 10 號工蜂相繼折損在戶外，不再歸巢。從此狩獵和築巢的責任完全落在新蜂后身上了。可是秋天的都市，狩獵覓食較不容易，新蜂后常外出很久才歸巢，而且也沒有帶回獵物。

到了 9 月 15 日深夜，新蜂后沒有歸巢，大概也死在戶外了，從此小蜂巢便由剩下的雄蜂盤據著。到了月底，所有雄蜂全部死光，只留下未完成的小空巢，我的長腳蜂觀察，也正式畫上休止符。

雖然在這個長腳蜂家族的觀察記錄過程中，意外頻傳，而且一波三折，我原本想從事的實驗，幾乎都未能完成，可是也得到一些更寶貝的意外收穫。下回再有機會，我一定要重新設計一個失去蜂后的族群，相信一定有更豐富的成績和資料可以留傳下來。

Taiwan Insects

台北縣山區

驚蟄後，蚊蚋叢生

1996 年 3 月，從事龍蝨分類的好友汪良仲問我，願不願帶兩位首次來台的外國昆蟲學家，到北部各地從事昆蟲採集，我欣然答應了。

這兩個來自斯諾伐尼亞的昆蟲學博士，專門從事石蠅和舞蠅的分類研究。他們打算在台灣停留兩個月，走遍全島各地，採集研究的對象；而我與汪良仲便充當他們台北縣山區與中橫公路宜蘭支線的嚮導。

我們先安排了兩天一夜的行程，目的地是台北縣各處低海拔山區。一大早，大家便將厚重的裝備與糧食塞滿後車廂，來到瑞芳與侯硐間的山區。

由於石蠅與舞蠅大都出現在清澈的小溪流域中，所以當我經過路旁的小瀑布與小山溝時，就會停車讓他們去做採集；汪良仲想採集的龍蝨也是水棲昆蟲，因此他們三人一下車，便會帶著各自的採集工具，朝有水的地方走去。而我就獨自拿著相機，在路旁草叢間隨處留意各類的昆蟲生態。

這趟行程中，我幾乎每次停車，都會在路旁草叢間，甚至馬路上，見到一種長得有點像蚊類、又有點像蠅類的黑色昆蟲飛飛停停。我一眼便認出牠們是雙翅目昆蟲，可是不清楚牠們是哪一科的昆蟲。

這次有兩位精通雙翅目的專家同行，我很快便問出這些傢伙叫做「毛蚋」（又稱毛蚊）。現在正值早春季節，「驚蟄」剛過，讓我不禁想起「驚蟄後，蚊蚋叢生」這句古諺，也得到了最佳印證。

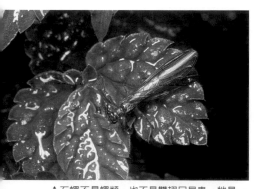

↑ 石蠅不是蠅類，也不是雙翅目昆蟲，牠是一類常出現在溪流環境的襀翅目水棲昆蟲。

　　這種族群非常龐大的黑毛蚋，在三月比較潮溼的山區處處可見，牠們會停在路邊潮溼的枝葉或苔蘚植物上吸水，偶爾也有吸食花蜜的情形。牠們到處飛飛停停，我開車經常撞到不少冒失鬼；下車察看時，發現路面到處黑斑點點，幾乎全都是被壓扁的毛蚋屍體。

　　我想這時候正是牠們成蟲羽化的尖峰期，可惜雙翅目昆蟲有一百多科，常見的昆蟲書籍上見不到牠們的完整生態介紹。

　　我蹲在路旁隨便找隻黑毛蚋，仔細觀察牠的外觀長相。這種全身漆黑的不起眼傢伙，在近觀過後，相信大家都會記得牠的長相。因為牠頭上那兩枚左右相連的碩大複眼，幾乎占滿了整個頭部。假如地球上出現這般長相的大型動物，很多人一定會認為牠們是來自外太空的「異形」吧！

▸黑毛蚋是早春常出現在溪流環境的一種雙翅目昆蟲。

↓黑毛蚋有著發達而龐大的複眼。

工欲善其事，必先利其器

來到貢寮，我沿著一條水量豐沛的小溪，朝我熟悉的草嶺古道登山口駛去。找到理想採集點後，兩位老外便拿著裝備走入溪中，各自彎腰在露出水面的大石塊旁，找尋石蠅或舞蠅。

如果徒手採集石蠅、舞蠅及其他各類身體柔軟的中小型昆蟲，很容易將牠們的身體捏壞；何況動作再快，也無法讓這些會飛的小蟲子乖乖就範，所以必須藉助有利的採集工具。

生活在水域環境中的石蠅或舞蠅，常會停棲在水邊的草叢或樹叢間。這兩位專家用捕蟲網對著草叢或樹叢左右橫掃，將許多小蟲子都掃進網中，再挑選中意的對象泡入酒精瓶裡；這是一般人較熟悉的「掃網採集法」。

↑兩位斯諾伐尼亞的昆蟲學家，正在溪邊用吸蟲管採集昆蟲。

↑龍蝨習慣在水田、池塘水窪或溪流旁的靜水區附近活動。

不過如果小蟲子停在溪流石塊或山溝岩壁上時，「掃網法」行不通了，這兩位行家便會使出許多人比較陌生的法寶──「吸蟲管」。他們將吸蟲管的一端軟管含在口中，找到中意對象時，便將另一端軟管對準牠們，只要猛力一吸，這些小蟲子便會被吸入，留置在吸蟲管中央膨大的容器中。等採集工作暫告一個段落，再將容器一邊的蓋子打開，便可以把蟲子倒入同樣口徑的酒精瓶中了。

汪良仲研究的龍蝨通常棲息在靜水環境中，所以下車後，他便拿著小魚網走到附近水田邊去採集龍蝨。

離去之前，我叮嚀他順便幫我採集一些蜻蜓或豆娘的水薑（註），而且要記得不能泡進酒精瓶中，因為我打算帶些活的蜻蜓或豆娘稚蟲回家飼養，看看有沒有機會拍到牠們羽化的過程！

大家知道怎麼區分蜻蜓和豆娘嗎？

蜻蜓的複眼大且相連，停下來時翅膀是開著的；豆娘的複眼小且左右分離，停下來時翅膀會合起來，不過有少數種類會有例外情形。因為這兩類昆蟲都屬於蜻蛉目，一般被稱為蜻蜓的，有蜻蜓科、勾蜓科、晏蜓科、弓蜓科和春蜓科；而俗稱豆娘的則有幽蟌科、珈蟌科、細蟌科、琵蟌科、絲蟌科、蹣蟌科等。最正確的區分方法是要仔細觀察牠們的翅膀結構：蜻蜓類的前後翅的形狀和翅脈紋理有很大差別，而豆娘的前後翅膀則幾乎找不到明顯差別。因此蜻蜓類在昆蟲分類上被定為「不均翅亞目」，而豆娘類則被定為「均翅亞目」。

（註：水薑是泛指蜻蜓和豆娘的稚蟲。）

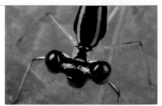

↑ 這是豆娘的複眼，左右相距甚遠。

↑ 春蜓的複眼也是左右兩邊不相連接。

↑ 勾蜓的左右複眼只有小部分相連。

↑ 蜻蜓的左右複眼局部相連。

↑ 晏蜓的左右複眼大區域相連。

草食、肉食兄弟有別

在貢寮的溪谷流域探索水棲昆蟲，一路上走走停停，最後終於來到我非常熟悉的草嶺古道登山口。讓三位同行的昆蟲專家下車後，我下車到附近草叢間開始東尋西訪。

首先，我看見路旁一棵長著許多新葉的杜虹花，枝葉叢間有六、七隻赤星瓢蟲到處活動，其中還有兩對正在進行洞房花燭禮的新婚夫婦。同時看見這麼多隻瓢蟲聚集，我想到這棵杜虹花上一定有很多瓢蟲最愛的蚜蟲。後來果然在這棵杜虹花的嫩芽和新葉葉背，見到了成群聚集的黑褐色小蚜蟲。

告別了杜虹花，我在路旁草叢間看見了一棵台語俗稱「黑甜仔菜」的龍葵。首先映入我眼簾的便是千瘡百孔的葉片間，散居著一群小瓢蟲。有些人一定覺得奇怪，怎麼有些瓢蟲喜歡啃食葉片，那牠們還吃不吃蚜蟲呢？其實瓢蟲科的成員種類不少，除了肉食性種類外，還有一些專吃植物葉片或蕈類呢！

↑這群茄二十八星瓢蟲將龍葵葉片啃得千瘡百孔。

↓這是茄二十八星瓢蟲的標準命名個體。

我不清楚這種身長大約只有0.5～0.6公分的瓢蟲，到底叫什麼名字，可是我對牠們倒一點也不陌生。在春天的龍葵植株間，常可找到這種翅鞘外觀上有十二個小黑點的瓢蟲（註1），牠們和其他草食性瓢蟲一樣身上長了細毛，光澤度比不上肉食性瓢蟲。

另外我還發現另一種全身長滿長刺的小蟲子，牠們也一樣喜歡慢慢啃食龍葵的葉片。記得以前根本不認識這種小蟲子是何方神聖，為了搞清楚

這些長相怪異的小蟲到底是誰家的「小孩」，我曾採集了近十隻回家飼養。

我將陽台上原來就有龍葵自然繁殖的盆栽拿進客廳中，將那幾隻全身都是刺的小蟲子，放養在龍葵葉叢間。三～四天後，盆栽內的龍葵葉片已被這些大胃王啃得狼狽不堪，而且原本靜靜待在葉片上攝食的小怪蟲，也全都消失無蹤了。我想牠們應該已經成熟，分別爬到隱蔽的地點去準備化蛹。最後，我終於在盆栽的落葉堆中，找到一個蛻了皮的蛹；從尾端的皮遺留著長刺的情形，我十分確定這是失蹤的蟲子變成的。

↑茄二十八星瓢蟲的幼蟲以茄科植物葉片為食，野外的龍葵植株上很常見。

↑躲在落葉堆中化蛹的茄二十八星瓢蟲。

大約一個星期後，這個蟲蛹羽化出一隻全身長了絨毛的小瓢蟲，和平常野外活躍在龍葵植株間那種瓢蟲完全相同。這時我才明白，這種草食性的瓢蟲和肉食性的瓢蟲，不但成蟲外觀有別，幼蟲的長相更是相異甚遠，最有趣的是連化蛹的場所也都不同呢（註2）！

（註1：日後鑑定出這些瓢蟲全是茄二十八星瓢蟲的十二星個體。）
（註2：肉食性瓢蟲習慣直接在葉片上或葉背下固定結蛹，和草食性瓢蟲不同。）

↑這是茄二十八星瓢蟲的十二星個體。

↑茄二十八星瓢蟲的外觀變化極大，這是斑紋部分連接的十二星個體。

↑黑斑發達且相連的茄二十八星瓢蟲。

細說水蠆

　　大約經過半小時後，三位水棲昆蟲專家又先後回到我停車的地方。

　　汪良仲回來從身上的瓶瓶罐罐中，取出了三隻蜻蜓水蠆和五隻豆娘水蠆送給我。

　　有些朋友可能分不清楚豆娘水蠆和蜻蜓水蠆有什麼不同，豆娘屬於均翅亞目昆蟲，稚蟲的呼吸器官是尾鰓，我們很容易從外觀上看見豆娘水蠆的尾端，有著二或三個奇形怪狀的尾鰓；而不均翅亞目的蜻蜓水蠆，在水中的呼吸器官是直腸鰓，因此除了尖細的尾刺外，從外觀上看不見呼吸器官的構造。

　　豆娘和蜻蜓的稚蟲在水中的活動速度也明顯不同。平常不論蜻蜓或豆娘的水蠆，在任何水域環境中都很少活動，牠們會靜靜伏在水底石塊、爛泥、腐葉，或其他水生植物叢間，讓自身隱藏在自然的水域環境中，以發揮本身良好的保護色作用；這樣不但可以避免被天敵發現而遭受攻擊，更可以躲在保護色之下，伺機捕食獵物。

　　當蜻蜓或豆娘的水蠆想要在水中快速移動位置時，豆娘水蠆會迅速扭動身體，尾巴的尾鰓就成了划水前進的槳，

↑蜻蜓類（不均翅亞目）的水蠆沒有尾鰓，這是錘角春蜓的稚蟲。

↑水蠆大多有很好的保護色，棲息在自然環境中不易被天敵或獵物發現，你找到牠了嗎？

因此豆娘水蠆游起泳來，一搖一擺的模樣非常逗趣可愛。蜻蜓水蠆雖然沒有可以用來划水用的「槳」，不過由於牠們呼吸時會伸縮腹部，讓大量的水從尾端流入腹腔中，再由直腸鰓吸收溶氧，所以當牠們想要快速移動位置時，只要猛力壓縮腹部，使得尾巴

↑水蠆有伸縮自如的發達下唇，專門用來捕捉獵物並防止牠們脫逃。

在瞬間噴出大量水液，身體便會像火箭般快速向前噴出去。

蜻蜓水蠆和豆娘水蠆在棲息環境上有什麼明顯的不同呢？其實蜻蜓和豆娘只是通稱，牠們各自有許多不同的分科。以前介紹過的短腹幽蟌，牠的稚蟲就專門棲身在水流湍急的溪中石塊上；而珈蟌科或琵蟌科的稚蟲，則生活在小溪或瀑布下方附近，流動較慢的靜水中；細蟌科的水蠆多半生活在水田、池塘或小水窪中。這回汪良仲幫我捕捉的豆娘水蠆，便是細蟌科的稚蟲。

至於俗稱蜻蜓的不均翅亞目成員中，勾蜓或弓蜓的水蠆，也多半生活在溪流或小溪溝中；而春蜓科的稚蟲，有的生活在溪流中，有的生活在池塘或湖泊裡；大家最常見的蜻蜓科稚蟲，則大部分棲息在池塘、湖泊、水田，或長久積水的溼地水中。

↑這是青紋細蟌的水蠆。

↑白痣珈蟌的水蠆。

↑短腹幽蟌的水蠆。

鐵甲難敵八爪

離開貢寮草嶺古道登山口後，我開車行經北濱到草嶺古道的另一端。經過天公廟的小徑，我們沿著古道來到一座小橋，橋下是一條清澈的小溪溝，也是理想的水棲昆蟲採集地。下了車後，汪良伸和另外兩位外國學者，又鑽入橋下去找蟲子；我則沿著車行馬路慢步行走。

我發現這段林相複雜的小路旁，長著許多桑科植物，有榕樹、白肉榕、糙葉榕、稜果榕……。這些不同種的榕樹葉上，隨時都會看見一種身長約有0.8～0.9公分的金花蟲。牠的翅鞘部分是單純的綠黑色，而橙色的胸部背側橫長著一排四個小黑點，這是牠們最容易辨別的特徵。假如讓我來替牠們取個中文名稱，那麼「榕四星金花蟲」是個很合適的名字。

↑早春在低海拔山區很容易見到這種榕四星金花蟲。

↑繁殖季節中，在很多榕屬植物上不難找到雌雄成對的畫面。

↑榕四星金花蟲的幼蟲也是以榕屬植物為食，而且牠們還會群聚在一起進食。

這種金花蟲是春天郊外常見的小甲蟲，牠們活躍在各類榕樹上，主要以桑科榕屬植物的葉片為食。牠們這個時節除了啃食葉片外，也有很多成雙成對正在交配。

因為牠們的幼蟲也嗜食各種榕樹的葉片，所以交配過的雌金花蟲會直接將卵集中產在寄主植物的嫩葉上，孵化的幼蟲還會擠成一堆，埋頭大啃嫩葉。等到牠們棲身的嫩葉啃光後，又會到另一片嫩葉上群聚覓食。

　　在為一對金花蟲夫婦拍結婚照時，我為了尋找最好的拍攝角度，鑽進一棵糙葉榕的樹叢下。突然，我的眼睛餘光瞧見頭頂有個小蜘蛛網，為了避免被纏得滿臉，我向後退了半步。當我再次抬頭正視這個蜘蛛網時，才發現蜘蛛網的主人躲在一叢榕樹葉下方，牠的腳邊還纏著一隻倒楣的榕四星金花蟲，而那隻八卦陷阱的主人，正緊緊咬著獵物不放。

　　我心中產生了一個疑問，金花蟲是甲蟲，牠的體軀較硬，蜘蛛要如何「下嘴」呢？我暫時拋開心中疑惑，先拍照存證吧！為了找到理想的側面拍攝角度，我只好重新鑽進樹叢下取景。可惜一不小心，我的頭碰到附近枝葉，受到突如其來的「大地震」，這隻蜘蛛馬上棄食潛逃。我趕緊彎下身子，將掉入草叢的金花蟲撿起來；當然，牠這時早已經命喪黃泉了。

　　經過一番檢查，我看見這隻金花蟲胸部和腹部相接的體節，已經斷了一半，原來這隻技高一籌的蜘蛛，便是從這處弱點下手的。擁有一身硬甲的金花蟲，最後仍難逃「八爪將軍」的致命一吻哪！

↓金花蟲常有腥臭的體液可以避免有些
　天敵的掠食，但碰到這隻不怕腥的八
　爪將軍就只能任憑宰割了。

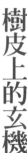

樹皮上的玄機

晚飯後，我們趁著天色尚未全黑，趕緊回到貢寮，沿著草嶺古道駛到古道的登山口處。

下了車，一夥人先將露營裝備架設完成，接著我便搬出夜間誘蟲的裝備，把誘蟲燈光架設妥當。由於有不少的水棲昆蟲不會飛離溪邊太遠，因此大夥兒又在溪水邊另外安置了兩個小型誘蟲燈具。

在草嶺古道登山口處，我有非常豐富的夜間誘蟲經驗。由於這附近有溪流、水田、旱田、自然林、草叢、果樹、竹林等複雜度高的環境，因而孕育了非常豐富的昆蟲資源。記得數年前的四月，我便曾利用誘蟲燈光，在二～三個鐘頭內，拍攝到近五十種美麗或中、大型的蛾類；可惜兩年前，這裡的山路安裝了七、八盞明亮的水銀燈，夜間飛行的昆蟲無法全部集中在我們的誘蟲燈光旁，比起往年盛況，當然不可同日而語了。

眼見採集成績不太理想，大夥兒打算提早就寢，隔天起早一點。不過我有點不太甘心，於是拿著手電筒和相機，決定到附近去碰運氣。隨著手電筒強光照射，我在古道登山口的幾棵大樹的樹幹上，找到四、五隻名叫「東方水蠊」的蟑螂。牠不像居家蟑螂那麼髒，而且外觀看來還頗具姿色。這種生活在樹皮縫中的蟑螂還有一大特色——牠們的成蟲不長翅膀，因此不會有禍從天降的噁心威脅。

↑ 1993年，第一次在草嶺古道貢寮端登山口夜間誘集昆蟲，一個晚上我拍到了許多外貌像「三色美苔蛾」這樣燦爛奪目的蛾類。

↓ 在夜晚的古道口大樹幹上，很容易見到東方水蠊四處爬行活動。

在我靠近拍攝東方水蠊的同時，發現身前的這棵大樹幹上，靜靜停靠了不少全身長滿細毛的蛾類幼蟲。牠們的體色和樹皮簡直難分彼此，我不得不佩服這般絕佳的保護色。

↑ 東方水蠊的若蟲外形和成蟲相似但體色不同；而且若蟲不具2對退化的翅膀。

拍完照後，我仔細的觀察牠們。這麼多隻同種的毛蟲，散處在樹幹上靜靜停著，而且每隻的大小幾乎完全相同，這是怎麼回事呢？大概有兩個可能：第一，這些毛蟲是源自同一雌蛾媽媽的同胞手足，所以體型大小相當；而同時停在樹幹上，可能是不攝食樹葉時爬下來休息，保護色的效果可減少被天敵攻擊的機會。第二，牠們不一定全源自同一雌蛾媽媽，不過去年秋天後，牠們本能的以相同齡期、相同大小爬到樹幹上休息過冬，等到春回大地，牠們又會各自爬回樹葉間去攝食成長，所以在漫長的休眠越冬階段，牠們當然需要良好的保護色來保命啊！

↑ 顏色和樹皮相似的毛蟲停在樹幹上可以躲過很多天敵的攻擊。

↑ 蓬萊棘菱蝗的完美保護色差點為自己帶來殺機。

離開古道口登山步道時，我在腳邊潮濕的石塊步道磚上，意外發現了一隻也是身穿保護色外衣的蓬萊棘菱蝗，差一點就被我踩死在腳下，原本白天反應不差的菱蝗，夜晚竟然遲頓了許多。還好我找蟲子的視力和經驗不算差，牠那兩個紅褐色的眼睛引起我的注意，因而免除了被踩成肉醬的惡運。

夜行昆蟲也會見光逃

↑趨光後停在路燈下草叢間的黃星天牛。

　　我走回車道旁，來到路燈下，仰頭環顧燈杆的上下四周，發現水泥柱上停棲著不少中小型蛾類；這兒的蟲況比我們誘蟲水銀燈旁的白布上好很多。因為路燈的光度很強，而且位置高又明顯，自然能吸引較多的飛蟲。更重要的原因是路燈每晚都會亮，平時可能就吸引不少趨光昆蟲在附近活動了。

　　仔細搜尋後，我先後在草叢的葉片間，看見了三隻金龜子和一隻天牛。接著我蹲下身去，在燈杆下方準備翻動幾個鬆動的大石塊，因為我有預感，石塊下的縫隙應該還有一些漏網之蟲。

　　大家都知道，夜間飛行的昆蟲大都會趨光，可是那並非牠們能自主的生理反應，其實有不少夜行昆蟲並不喜歡太亮的環境，因此當牠們飛行到路燈附近停下後，便會爬行到陰暗的角落或縫隙中躲藏起來。精通夜間採集的昆蟲行家，一定不會漏掉路燈附近的屋角、樹縫、水溝、枯葉堆或是石

塊下的縫隙。

翻開路燈下的大石塊，馬上看見好幾隻蟋蟀的小若蟲（註），驚惶失措的跳進附近草叢裡。另外，我還抓到二隻身長不到一公分的小型步行蟲。石塊下出現這幾種昆蟲是我意料中的事，因為不管日間或夜間，翻動野外的石塊、枯木、磚頭、木板、瓦片或雜物，是另一種便捷的找蟲方法。

除了蟋蟀和步行蟲外，螞蟻和白蟻也常在這些地點築巢做窩，另外還可能會找到放屁蟲、椿象、螻蛄、蠼螋、嚙蟲、蜘蛛、馬陸和蜈蚣等小動物。假如是冬天用這樣的方法尋找昆蟲，有時還可能幸運的發現某些昆蟲成群的擠在這些角落集體過冬。

幾個月前的寒冬時刻，我就曾在北縣三峽附近山區的一堆棄置木材縫隙中，發現一群美麗的小十三星瓢蟲擠在一起集體過冬呢！

忙了老半天，我終於替四處奔竄的步行蟲拍完照，接著意猶未盡的提著手電筒，沿著路旁的草叢繼續搜尋。因為除了路燈下，仍有一些很少趨光飛行的昆蟲，正靜靜的待在草叢間覓食活動。

不過由於尚在早春季節，因此草叢間的螽斯、蝗蟲、竹節蟲、螳螂等常客，都還是未成熟的若蟲階段。來回走了一趟後，我沒有再發現什麼特殊的昆蟲生態，只好收拾起相機設備，正式收工就寢。

（註：昆蟲生活史中沒有蛹期的，叫做不完全變態昆蟲，牠們的小寶寶就叫若蟲。）

↑ 小型的步行蟲趨光後，會鑽進路燈下的石塊縫隙中躲藏。

↓ 躲在木材縫隙中集體過冬的小十三星瓢蟲。

↑ 畫面下方火炭母草的葉片被啃得到處是洞，而有些專心交配的藍金花蟲怕被其他
同伴騷擾而爬到一旁的葷草上去恩愛一番。

大膽假設，小心求證

　　隔日一早收拾好營帳，吃完早餐，趁著出發前，我先拿起相機開始我第二天的工作。

　　在我們紮營夜宿的空地邊，路旁草叢到處長滿了火炭母草，這些綠油油的草葉上，滿布著三三兩兩，全身藍黑色的藍金花蟲。這麼一大群的食客寄居，火炭母草葉片免不了又穿上了千瘡百孔的「洞洞裝」。

　　蹲下身去仔細觀察，我發現除了埋首大餐的老饕外，還有不少對夫妻正在進行集團婚禮。在旁觀禮的單身貴族們，都不太在意別人正在你儂我儂，只知道努力加餐飯，吃飽了好另外找個美嬌娘或如意郎君。這些情景看在我眼裡，感覺有說不出的美妙，因為「春天來了」，又是昆蟲繁殖旺季了。

　　離開了貢寮，我們到處走走停停，讓兩個老外多採集一些石蠅和舞蠅。來到十分寮附近的山區，我在路旁一處寬闊的大轉彎處，看見一條自山邊蜿蜒而下的小溪澗，這是一

處不錯的採集點，於是我停妥了車，讓他們各自去採集。我下車又瞧見柏油路面滿是被車輾死的黑毛蚋，還有些不知死活的傢伙仍在路中央四處爬行。怎麼我每回停車總會見到不少的毛蚋呢？可能因為我們總在潮溼的山區停車，附近都有山溝小溪或小瀑布，這些環境大概就是黑毛蚋的棲息場所；假如我猜測正確的話，毛蚋的幼蟲或許就是水棲昆蟲喔！

當我蹲在路旁研究黑毛蚋時，意外見到一隻和先前看見的那些黑毛蚋大小相當，外形也幾乎相同的個體，但是牠不像其他的「異形」般，有個大頭和占滿頭頂的碩大複眼。

乍看之下，我原本以為是不同種的毛蚋，不過經過仔細的思考研判，我認為大頭巨眼的傢伙是雄蟲，數量較多；而頭眼較小的則是雌蟲。牠們經常停在路面上爬行，很可能是成蟲求偶時的生態習慣吧？而大頭巨眼的特色，可能就是雄蟲找尋雌伴的利器喔！

拍完照後，我將這隻我自行判定的雌蟲泡入酒精瓶中，想等那兩位雙翅目專家回來後，向他們求證我的假設是否正確。

不過隔沒多久，我就在路旁一處水溝邊，看見一對正在交尾的黑毛蚋。很高興我親自驗證了先前的假設，這可比從別人或書上那兒學到的新知，還要令人高興呢！

↑ 這隻黑毛蚋的頭部較小，複眼也沒有特別突出，是雌蟲。

↑ 在山溝旁路面交尾的一對黑毛蚋，從牠們彼此頭部的差異，可以印證牠們是一雄一雌。

水溝尋寶

二、三年前，我根本不會注意到山路旁清澈水溝的積水中，也可能會有龍蝨。在我的認知中，龍蝨應該只生活在池塘、湖泊或沼澤中。認識汪良仲後，我才了解，不只是水溝積水處，就連野外的水窪或溪流旁的靜水灘，都有不同生態習性的龍蝨可以適應生存。大家可能不知道吧！台灣這麼一個小地方，總共有近七十種龍蝨喔！

看汪良仲站在水溝內撈蟲子的模樣，我知道他的收穫應該不差。我趴在水溝邊，仔細注視水中的動靜。果然沒一會兒，就看見一種外觀美麗，身長約半公分的中型龍蝨，汪良仲將牠取名為「條紋扁形豆龍蝨」。牠們時而藏身在落葉堆間，時而游出水面換氣，有時候還會沈到水底的爛泥中，露出半截尾部和呼之欲出的圓氣泡，可愛極了。

在這同時，汪良仲要我注意落葉較少的水溝底層中，有一些「鱗石蠶」的幼蟲，牠們用水底的細泥砂，構築成一個個像魚鱗般的巢。剛開始我還找不到，等我注視一陣子後，才發現水溝中有不少大小和小拇指指甲一樣大的怪東西，會在水溝底下悄悄移動，這些怪東西正是鱗石蠶幼蟲棲身的巢。細砂做的巢在水底有很好的保護色，除非親眼見到鱗石

↑帶著氣泡在水中活動的條紋扁形豆龍蝨。

↓水溝底層下顏色較淡，形狀呈現魚鱗狀的部分，都是鱗石蠶幼蟲棲身的巢。

蠶幼蟲移動巢的位置，要不然
還真難相信水溝底下還住著一
群小蟲子呢！

　　無意間，我在水溝裡看見
一個浮在水面的葉苞，外形看
來很像檳榔族啃食的包葉檳
榔，只是體積小了一號。撿起
葉苞仔細檢查過後，我發現這
個葉苞的包工很精細，根據閱
讀日本昆蟲生態圖書的經驗，
我判斷這是捲葉象鼻蟲（俗稱
搖籃蟲）的傑作。我將包捲的
部位慢慢拆開，最後在已經腐
爛的葉片尖端，看見一枚直徑
約只有0.1公分的橢圓形米黃
色小卵，這正是象鼻蟲媽媽產
的下一代。

↑撿拾的13個葉苞，個個包工精細，但大小略有不
同。

↑撥開葉苞，腐爛的葉片尖端，包藏了1枚捲葉象鼻
蟲的小卵。

　　我從拆開的葉片認出是水金京的葉片；並在水溝旁的山坡附近，順
利找到了一棵水金京樹。雖然沒有當場見到正在捲製育嬰葉苞的捲葉象
鼻蟲，但是我總共撿到了十三個葉苞，而決定將葉苞帶回家飼養。相信
將這些葉苞帶回家後，不需要我特別照顧，象鼻蟲寶寶都可以自己攝食
葉片長大，最後羽化出捲葉象鼻蟲來。

搖籃中的寶寶長大了

回家後，我曾試圖將拆開的葉苞重新捲回原狀，但是失敗了。我不得不佩服捲葉象鼻蟲媽媽的「手工」精巧。

爲了一睹葉苞捲製的精細功夫，我用鋒利的刀片，將一個葉苞從中央縱向對切開來。很幸運的，我並沒有傷及葉苞中央的小卵。我發現這枚小卵受到周全嚴密的保護，而且幼蟲寶寶孵化後，馬上就能找到食物——水金京的葉片了。同時我還發現，捲曲在最中央的葉片，已呈現黑褐色腐爛的外觀，由此可以推斷，捲葉象鼻蟲寶寶的食物不是新鮮嫩綠的水金京葉片，而是包藏在中央，可能經過象鼻蟲媽媽事先啃咬加工過的腐葉葉片。

觀察記錄完畢後，我找來一張錫箔紙，將切開的半個葉苞包裹起來，以爲這樣便可防止葉片的水分散失，也不致影響捲葉象鼻蟲寶寶的攝食成長。但經過一個星期後，當我打開錫箔紙檢視葉苞時，發現裡面已長滿了白色黴絲；而葉苞中的小卵早已腐爛了。

我擔心其他葉苞內的小生命會有同樣遭遇，所以不敢再切開完整的葉苞。大約再經過一星期左右，我裝著葉苞的透明塑膠罐中，爬出了一隻全身深紅褐色的棕長頸捲葉象鼻蟲。其實在很多年前，我就曾經採集過這種捲葉象鼻蟲，如今我終於知道牠們的寄主植物是「水金京」了。（註）

我推斷剩下的捲葉象鼻蟲寶寶應該也正在葉苞中陸續化蛹或羽化。於是我選了一個葉苞，從側面小心翼翼的切開。隨即發現葉苞中央有隻黃色的幼蟲，看牠一副肥胖遲鈍的模樣，我知道

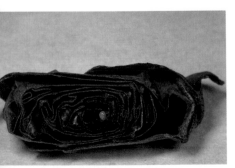

↑水金京葉苞中央的小卵粒。

↑葉苞中的幼蟲。

↑葉苞中的蛹。

牠已經接近成熟的階段。葉苞中央出現了一個不小的空間，因為原先擠滿捲曲腐葉的部分已被牠啃光，變成一堆細小的黑色糞粒了。

我又切開另一個葉苞，裡面是個眼睛部位已呈現黑色的米黃色小蛹。看牠捲曲著身體，靜靜待在葉苞中央，真像個可愛的小寶寶，乖乖躺在搖籃裡和人對望。我不敢再切開其他葉苞，雖然這樣不能詳細記錄捲葉象鼻蟲寶寶的生長情形和蛻變過程，但也算親自目睹了牠們的幼蟲和蛹。

其他完整葉苞，最後大部分也都有成蟲順利羽化出來。假如不將葉苞切開的話，我想捲葉象鼻蟲應該算是一種很容易飼養成功的昆蟲呢！

（註：棕長頸捲葉象鼻蟲的寄主植物並不只一種，但水金京在郊山環境中算是最常見，也是最容易發現棕長頸捲葉象鼻蟲的一種。）

↑棕長頸捲葉象鼻蟲的長相超酷，這是雄蟲喔！

↑棕長頸捲葉象鼻蟲的雌蟲「脖子」比雄蟲短很多！

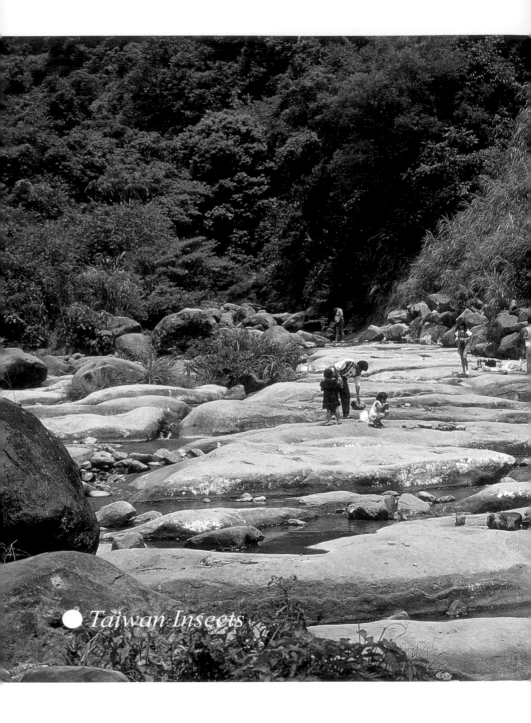

Taiwan Insects

內雙溪

捲葉象鼻蟲頭腳並用做搖籃

為了一睹捲葉象鼻蟲媽媽神乎其技的捲葉苞功夫，我特別勤跑台北近郊，找尋樹林邊的水金京植株，希望能夠如願以償。

這回我來到內雙溪山區的一條產業道路，在山崖邊的樹林中，發現一棵不小的水金京。隔著山壁陡坡，我用望遠鏡找到三、四隻我熟悉的棕長頸捲葉象鼻蟲，正在葉片間爬行遊走。這幾隻捲葉象鼻蟲的體型和外觀顏色幾乎相同，不過頭部的長短呈現了兩個形態；我大略能夠確定頭部特別細長的是雄蟲，頭部較短、身材略胖的則是雌蟲。

當我安置好拍攝裝備後，透過長鏡頭的搜尋，我發現一片水金京的新鮮葉片上，逗留著一對捲葉象鼻蟲。這片葉子已經被象鼻蟲從離葉柄不遠處，自葉緣向中央切出左右兩道缺口，連中央葉脈部分也被咬掉大半，整個葉片垂吊在半空中搖搖欲墜。這對逗留在葉片上的捲葉象鼻蟲，應該就是準備繁殖下一代的夫妻檔。

剛開始，這隻頭部細長的雄蟲，一直徘徊在下垂的葉片尖端附近，不斷低頭在葉面上活動，可惜隔著懸崖無法靠近觀察牠在做什麼，而雌蟲就停在不遠處靜靜看著雄蟲，好像在一旁監督的「工頭」一樣。不久後，雌蟲從葉片中央走到葉片尖端，開始一連串的動作，由於葉端的部分已經有點捲曲，我看不見雌蟲的詳細動作。

經過一段時間後，我發現雌蟲已經

↑事後觀察拍攝的作品研判，這對夫妻檔已經選定這片水金京葉子，為繁殖後代做了許多工作，因為葉片上方切口的主脈上已不見一般剛切出傷口的潮濕狀，而且還出現氧化枯黃的模樣。

「頭腳並用」的,將葉片向內縱向對折,並沿著同一方向向上捲曲。在牠身旁的雄蟲並沒有協助牠,反而爬到雌蟲背上,開始和牠交配。專心工作的雌蟲不在意雄蟲的親熱舉動,還是繼續用嘴咬著葉脈,再以腳攀緊葉片捲製葉苞。接著雌蟲又用嘴啃咬葉苞的邊緣,讓葉片減少彈性,然後用細細的頭向葉苞中央用力擠壓,直到滿意後才轉身到葉苞另一邊,繼續向上捲製葉苞搖籃的工作。

　　觀察了近二十分鐘,我心中有了初步的研判。當初雄蟲先在葉端活動,可能是在幫雌蟲啃咬產卵位置的葉片。隨後過來的雌蟲對寶寶的溫床滿意後,馬上就在葉端內側產卵,並且開始捲製葉苞!而為了感謝老公的幫忙,專心捲製葉苞的雌蟲才會賞給伴侶一親芳澤的機會。

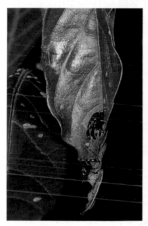

↑ 雄蟲賣力於葉尖的加工,為雌蟲捲製葉苞做最後的協助。

↑ 雌蟲剛一開始捲製葉苞,雄蟲馬上爬到對方背上進行交配。

↑ 從這幅特寫的畫面中觀察葉背,可以看見葉脈上有許多啃咬的淡褐色疤痕,研判這樣的工作可以讓葉脈降低彈性,方便捲製葉苞,或許還有增加水分散失的功能,這也印證了捲製葉苞前,棕長頸捲葉鼻蟲已經花了不少時間做完備的前置作業。

慢工出細活的繁殖方式

↑交配完，雄蟲躲到一旁的葉背休息；雌蟲獨自進行未完成的葉苞捲製工作。

↑捲好葉苞，象鼻蟲媽媽再三檢查有無疏漏的缺失。

↑雌蟲來到葉苞的支撐點開始啃咬未完全斷裂的主脈。

↑主脈一下子就被咬斷，葉苞立即掉落樹下草叢裡。

就在我繼續觀察拍攝時，閃光燈的電池耗盡，我卻忘了帶預備電池。於是我火急收拾相機，開車下山買電池！希望回來後，這對專心的捲葉象鼻蟲還沒離開。

買了電池再趕回到水金京植株旁，剛好花掉半個小時的時間。還好牠們還沒離去，不過原先交尾的雄蟲早已離開現場，躲在二十公分遠的另一片葉子下休息。而辛苦捲製幼蟲溫床的雌蟲，慢慢獨自完成葉苞的製作工程。最後，牠站在葉苞上四處爬行，好像在檢視品質是否完美。

隨後，捲葉象鼻蟲媽媽向上爬去，來到葉苞頂端——水金京葉片切開的主脈處，低下頭啃咬主脈，三、兩下子的工夫，搖搖欲墜的葉苞便隨著支撐點的斷裂，應聲掉入崖

邊的草叢裡，這隻雌蟲正式完成了精密且費時的產卵繁殖工作。

↑ 這隻捲葉象鼻蟲媽媽剛完成費時又費事的一個葉苞產卵工程，站在葉片基部抬頭的模樣，像不像一副有子萬事足的得意表情。

算起來，這隻捲葉象鼻蟲媽媽每產下一枚卵，最少就得花費一個小時以上的時間，照這個情況研判，雌蟲在繁殖季節能產下的卵粒應該不多，算是繁殖力較差的昆蟲。

還好大地萬物各自有求生存和延續生命的絕招，捲葉象鼻蟲雖然產卵量少，但是牠們會花許多工夫製造幼蟲成長的搖籃溫床，幼蟲在葉苞的保護下安全成長，自然大多數個體都可以順利羽化為成蟲；等鑽出葉苞到外頭活動時，又是交配繁殖的季節，因此不用擔心繁殖力較差，面臨種族滅絕的憂慮。反之，其他產卵量驚人的昆蟲幼蟲孵化後，大都得在野外環境中拋頭露面，在各類天敵的威脅攻擊下，存活的機率當然特別低，因此只能以多產的方式來確保族群的延續。

看完了捲葉象鼻蟲的表演，我心中還有疑問：在雌雄夫妻會面之前，到底是誰先選定這片可以用來產卵的水金京葉片呢？又是誰將葉片啃咬切開，用來準備產卵的？我心中一直猜測可能是雄蟲事先做好這些工作，以便用來討好雌蟲，讓牠願意以身相許；可是為什麼我看到的是雌蟲產完卵後，雄蟲才和雌蟲交尾？這些疑問恐怕需要我日後更加仔細的找尋和觀察，才能真相大白了。

雌雄不同的蜻蜓生態

　　離開水金京植株，我開車到附近的山腳下，這裡除了大大小小的溪流外，還有不少旱田、水田和完全沒有人開墾的山林。在這種環境複雜度極高的條件下，自然孕育了豐富的昆蟲資源。

　　準備好各種必備的工具後，我走到一處經常造訪的農家附近，茭白筍水田間出現幾隻零星的霜白蜻蜓和鼎脈蜻蜓，牠們時而停在茭白筍葉片上，時而在空中相互追逐爭戰。

　　鼎脈蜻蜓和霜白蜻蜓的外觀完全不同，不過牠們算是關係密切的近親。最有趣的是，在水邊經常可以發現藍黑色的鼎脈蜻蜓，或是紅黑色霜白蜻蜓的成熟雄蟲；至於牠們的雌蟲，外觀又和雄蟲完全不同。剛開始觀察或採集蜻蜓的人，總會將牠們誤認為完全不一樣的種類，直到有一天發現牠們雌雄連結在一起交配時，才會恍然大悟。

　　在水田或池塘邊活動的鼎脈蜻蜓或霜白蜻蜓，幾乎全是雄蟲，那牠們的雌蟲都跑到哪裡去了呢？難道說雌蟲的數量比雄蟲稀少嗎？其實不然，因為很多蜻蜓的雌蟲和雄蟲，有著完全不同的活動習慣；平常雌蟲偏好在離水域較遠的路旁草叢間覓食活動，牠們只有在想要產卵時，才會飛到水域

↑ 正在交配的鼎脈蜻蜓，黃色個體為雌蟲。

↑ 正在交配的霜白蜻蜓，黃色個體為雌蟲。

1 成熟的雄蜻蜓經常在水域旁棲息活動，一方面可以捕食過往的小飛蟲，一方面又可占據領域以利求偶。

2 鼎脈蜻蜓的雌蟲飛抵水田產卵，近水樓台的雄蟲護衛雌伴產卵，並隨時預防其他雄蟲來搶老婆。

3 未熟的霜白蜻蜓雄蟲長相和雌蟲相近，而且牠只會在草叢間棲息覓食，不會冒然出現在水域。

來。而此時盤旋在水域邊的雄蟲，便會用尾部擒住雌蟲的頭部後方，和產卵前的雌蟲交尾，真是所謂的「近水樓台先得月」！

　　另一個更有趣的現象，是未成熟的鼎脈蜻蜓或霜白蜻蜓的雄蟲，牠們的外觀長相和自身的雌蟲並沒有太大的差別，而且這些未成熟的雄蟲，也絕對不會出現在水田或池塘邊，加入其他成熟雄蟲的領域占據，或求偶爭戰的行列。這很可能是未成熟的雄蟲尚無交配繁殖的能力，而且很可能牠們的體力與飛行技巧，都還沒訓練到顛峰狀態，所以牠們的習慣和雌蟲相同，平常就棲息在水域附近的草叢間覓食，經過一段時間的養精蓄銳，等到身體外觀轉變為成熟的模樣後，自然就有足夠的本錢到水邊和其他的同伴爭地盤、搶老婆了。

道高一尺，魔高一丈

↑台灣擬稻蝗最愛啃食芋頭葉。

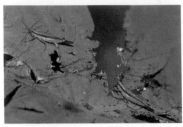

↑台灣擬稻蝗習慣集體活動，常集中在一片大芋頭葉上又吃又拉。

↑拍攝三對夫妻集體洞房的打算，因自己不小心而功敗垂成。

　　走在內雙溪茭白筍水田間的小徑上，我看見一小畦荒廢不久的芋頭田，水田中已長滿了叢叢野草。我最喜歡探訪一些沒有細心照顧的農田，因為這種環境中農藥的毒害最少，所以常會有不少昆蟲寄居其中。

　　當我靠近芋頭田時，發現數十隻台灣擬稻蝗集中在二、三片芋頭葉上，有的埋頭專心的啃食著芋頭葉，有的成雙成對的交配著。這種有規矩的蝗蟲喜愛集體活動，經常集中火力啃食一片芋頭葉，因此很容易從千瘡百孔的芋頭葉上找到牠們的行蹤。

　　拍了一些照片後，我發現在鄰近兩對交配的台灣擬稻蝗旁邊，有另一隻落單的雌蝗努力的大口進食，而原本在牠們左下方進食的一隻雄蝗，發現有未婚的美嬌娘，於是慢步爬向夢中情人的方向，準備加入這一場集體婚禮。我又緊張又興奮，試圖靠得更近去完成證婚的儀式，哪知太過緊張而一腳踩進水田的爛泥裡，避免摔倒的平衡動作使得我左手一揮，結果將這些芋頭葉上的小蝗蟲嚇得一哄而散。

離開芋頭田，我繼續沿著山邊的田埂閒逛著。我又見到一小畦荒廢的菜園，田埂間除了雜草外，還能看見原本種植的蘿蔔早已開花成叢。在蘿蔔的莖葉上，到處是大大小小危害十字花科植物葉片的台灣紋白蝶幼蟲。除此之外，蘿蔔葉上還有不少微小的金花蟲和蚜蟲，而在蚜蟲叢生的枝條間，我還見到幾隻身材迷你卻格外顯眼的赤星瓢蟲。這些荒廢菜園間的昆蟲生態，我早已經熟悉得可以倒背如流，因此我盡量將注意力集中在一些比較特殊有趣的現象上。

一陣搜尋後，我的目光被一隻田埂旁水芹菜草叢中的赤星瓢蟲吸引住。這隻赤星瓢蟲並沒有什麼特別不同，只是牠被一隻埋伏在花叢間的波紋花蟹蛛捕獲了。這隻小蜘蛛緊緊咬著赤星瓢蟲尾部不放，赤星瓢蟲在無計可施的情況下，只好把最後

↑ 波紋花蟹蛛緊咬著赤星瓢蟲不放，小瓢蟲施放的腥臭體液能否自救，最後仍不得而知。

的自衛絕招拿出來用，只見到赤星瓢蟲頭胸附近的身體兩側，冒出了兩顆鮮黃的小水珠，那是赤星瓢蟲用來臭退強敵的化學武器。可是在我拍了一陣子照片後，小蜘蛛一點也沒有放棄獵物的打算，看來赤星瓢蟲分泌的腥臭體液，對這隻飢腸轆轆的蜘蛛一點也不管用。拍完了照，我打算靠近觀察赤星瓢蟲是不是已經陣亡，不料我晃動的身影把眼前的小蜘蛛嚇得棄食逃命。我從草叢地面撿起赤星瓢蟲，發現牠竟安然無恙的逃過一劫，真是命大，不知道牠會不會感謝我意外的救命之恩？

男歡喜女不愛

↑草叢間剛羽化的雌蝶攀在草梗上，雄蝶在一旁糾纏不清，但是「郎有意，妹無情」的戲碼不斷上演。

　　在這十幾株葉片千瘡百孔的蘿蔔作物間，我發現一隻繞著草叢低飛的台灣紋白蝶，起初以為牠也是準備產卵的雌蟲，不過仔細觀察後，我發現這隻台灣紋白蝶張開的後翅表面，沒有明顯成排的黑色斑，那是雄蟲。可是牠怎麼也在草叢間上上下下、低飛不走呢？

　　當我走近一瞧，心中難掩興奮的神情，因為除了那隻雄蝶外，我在草叢下方，發現了一對好像正在交尾的台灣紋白蝶。可是仔細看去，這兩隻一雄一雌的台灣紋白蝶的尾部並未連接在一起，而且這隻緊靠在雌蝶身旁的雄蝶，不停的擺翅掙扎，始終糾纏在雌蝶身旁不肯離去。原來這對台灣紋白蝶並未開始交尾，而是雄蝶正在高唱求偶的「戀愛進行曲」。很可惜是「郎有意、妹無情」。

　　如何看出雌蝶不想和身邊的追求者交尾呢？當雌紋白蝶拒絕雄蟲的求偶攻勢時，牠會馬上飛進草叢裡，張開翅膀

停在葉片上或地面，並且同時高舉起自己的腹部來，表示沒有意願（這個姿勢的體位，很可能會讓雄蝶找不到強迫交尾的機會）。

而我眼前的這隻雌蝶的翅膀顯得柔軟而未能完全伸張，足以說明牠是剛羽化不久的「新鮮蝶」，因此只能攀在草叢莖葉上無力飛行。不過從牠不斷張開翅膀，並且舉起腹部的舉動，可以看出牠拒絕雄蝶求愛的決心。然而身邊的雄蝶看牠無法逃離現場，依然再接再厲的糾纏不清。

而原先靠近這對台灣紋白蝶的另一隻雄蝶，最後也加入求偶的混戰中，牠不斷環繞在雌蝶身邊盤旋飛舞，並且不時飛近雌蝶，撞擊雌蝶的身體。我不知道牠的目的是想引起雌蝶的注意，或是想避免情敵搶得交尾的機會，不過到了最後，這兩隻激動難忍的王老五，誰也沒有贏得芳心。大約十分鐘後，這兩隻耗掉不少體力的雄蝶，先後放棄追求，飛離這處傷心地。真沒想到蝴蝶也會失戀吧！

↑後來的雄蝶加入求偶的戰局。

↑兩隻王老五前擁後抱、百般示好，但仍無法打動雌蝶的芳心。

老實說，看見這兩隻雄蝶失戀的結局，我並不覺得很意外，原因倒不是剛羽化的雌蝶一定會拒絕雄蝶的示愛。根據我的經驗，有不少雌蝶常在剛羽化之初，就被嗅覺靈敏的雄蝶盯上，在牠無力拒絕的羽化過程中，就被雄蝶強迫交尾。所以，這兩隻雄蝶很可能在追求一隻交配過的雌蝶，而本能會使得這隻雌蝶拒絕其他雄蝶的求愛啊！

Taiwan Insects

大屯山區

放生不當無福報

由於要爲陽明山國家公園出版有關蜻蜓的圖鑑，我專程跑了一趟陽明山地區。

首先來到大屯山自然公園，這是片很大的沼澤環境，照理說是水生昆蟲的天堂，可是我環顧大屯池四周，發現在水邊活動的蜻蜓或豆娘眞是少得可憐。管理單位爲了遊客的安全和景觀需求，所以經常清除池邊雜草，環境變得整潔，蚊蠅飛蟲自然減少，所以才導致專門捕食小飛蟲的蜻蛉目成員，不太喜歡在這裡活動吧！

↑陽明山大屯池整理得比從前乾淨美麗，但是水生昆蟲反而變少了。

爲了進一步了解大屯池中的水族生態，我拿著撈蟲用的網子，沿著池邊仔細調查水棲昆蟲的生長情形（註）。

去過大屯池的人一定知道，池中有數不清的錦鯉等大型魚類，另外還有不少烏龜等，原本不是這裡自然繁殖的外來種動物，這些都是無知的「善心人士」放生的結果。

記得十年前大屯池中根本沒有大型魚類，只要在水草叢間撈個十多分鐘，不但可以找到紅娘華、水螳螂、牙蟲、松藻蟲（仰泳椿），還可以撈到種類不少的龍蝨和水薑。如今我花了一個多鐘頭，撈遍了大屯池四周，除了優勢不變的日本豆龍蝨外，其他水棲昆蟲幾乎都銷聲匿跡了，因爲以往常見的水棲昆蟲全被大魚吃光了。縱使有再多蜻蜓來繁殖產卵，孵化後的水薑也難逃葬身魚腹

↑這是1990年在大屯池中撈獲的水螳螂。

的下場，難怪大屯池四周的蜻蜓盛況不復往年。

我想那些心地善良的放生信眾，萬萬想不到自己竟成了破壞生態平衡的元兇。所以大家要記得，千萬別再任意放生動物，要不然就等於在殘殺更多無辜的小生命。

大屯池中沒有收穫，我轉而在池邊草叢或樹叢中，找尋陸生昆蟲。由於經過較多的人工維護整理，這附近的蟲況也不理想，我好不容易才在離人行步道較遠的樹叢下，找到一棵全身葉片長滿尖刺的南國小薊，在它植株頂端盛開的花朵上，看見一隻正埋首專心進餐的台灣小綠花金龜。大概是花蜜太甜美了，牠一點也沒察覺我的靠近，於是我大膽的在一旁不停對牠拍照。

告別了這隻花金龜，我也打算告

↑當時池水中還有許多的松藻蟲。

↑如今大屯池中只剩下日本豆龍蝨算是較優勢的昆蟲了。

↑這是隻台灣小綠花金龜，正在小薊花上吸蜜。

別大屯山自然公園，因為這裡雖適合遊客欣賞湖光山色，卻不適合各類昆蟲棲息繁殖。不過我深信在陽明山國家公園中，一定還有其他讓我滿載而歸的昆蟲天堂。

（註：在國家公園的範圍中，原本是禁止採集任何動、植物；我是經過申請採集許可證件後，才能在大屯池中採集昆蟲的。）

多彩多姿的昆蟲生態

離開大屯池，我沿著大屯山山邊的「蝴蝶花廊」步道，朝著二仔坪方向走去。

走入林道不久，我便發現熟悉的蝴蝶身影，那是隻停在向陽路面上休息的琉璃蛺蝶，當我的身影靠近牠一點時，總會把牠嚇得飛離原地，然後在離我遠一點的前方路面上重新落腳；等我再走近牠時，牠又重演起飛、滑行、降落的完整連續過程。

連續三、四次之後，牠終於起飛，從我頭頂滑過，停到後方原先的地點上。這是山路上常見的有趣生態，而且幾乎都只發生在琉璃蛺蝶身上，大概是因為牠們的雄蝶特別喜歡停在特定路段上盤據領域吧！

不久，我在路旁的草叢邊看見一堆棄置的鳳梨皮，我猜是某個昆蟲行家專程帶到山路邊擺設的誘餌。這些鳳梨皮同時吸引了三隻毛翅騷金龜，停在上面專心吸食，這三個模特兒聚在一起，讓我為牠們拍下不少的紀念照。

看見鳳梨皮，我就想起以往在北橫公路邊找蟲時，常會遇到的一些職業捕蟲人。我很喜歡佇足下來，和他們交換昆蟲知識，而且在他們特別準備的鳳梨誘餌上，我也經常拍到

↑琉璃蛺蝶習慣停在地面上覓食或將特定路段的地面當成自己劃定的領域。

↓這3隻毛翅騷金龜正停在鳳梨皮上專心的吸食。

覓食的金龜子、鍬形蟲，還有不少較稀有罕見的蛺蝶或蛇目蝶。他們的鳳梨誘餌都是用黑糖和米酒浸泡發酵過的，可以吸引更多喜歡吸食腐果汁液的昆蟲前來造訪。

↑職業捕蟲人的鳳梨誘餌，常讓我拍攝到各式各樣的昆蟲覓食畫面。

沿著蝴蝶花廊向二仔坪的方向走去，我又看見一隻碩大的黑廣肩步行蟲在路上疾行，我手忙腳亂的拿著相機追著牠拍照。當牠快要爬入草叢時，我趕緊用腳擋住牠的去路，等牠改變方向後，再重新對焦拍照；忙了老半天，卻還是沒拍到我滿意的照片，讓牠鑽入草叢裡逃走了。

↑步道上疾行而過的黑廣肩步行蟲。

步行蟲是種容易採集，卻很難拍照的甲蟲，平常牠們不擅飛行，卻常在路面上爬個不停。而且大多數的步行蟲生性機靈敏感，安靜停下來休息或覓食的時候，一旦遇到風吹草動，又會快速的奔走亂竄，一下子便躲入草叢中失去蹤影。所以為了幫步行蟲拍照，倒還培養了我不少的耐性呢！

走過這段石子路面，雖然地上出現的昆蟲並不多，但牠們各自有著占據領域、覓食和爬行路過等不同性質的生態，可見在這個豐富的昆蟲世界中，值得我們去深入探索的事物還多著哩！

空中飛龍有強敵

眼前是視野開闊的二仔坪遊憩區。這裡是大屯山邊一處狹長形狀的小谷地，陽明山國家公園收回管理後，這裡規劃成了遊憩區，除了增建涼亭外，也改建成親水性的水泥池，池中又被人放生了不少的錦鯉。毋庸置疑的，沒有水生植物，而且是錦鯉悠游的水域，當然不適合水棲昆蟲棲息繁殖。

不過在要進入遊憩區前方的石板小橋上，我發現了三、四隻鼎脈蜻蜓和灰黑蜻蜓在橋板上各據一方。這是沼澤溼地常見的蜻蜓生態。我走到橋板上向下望，發現這裡全是爛泥溼地，而且下游方向還有一個水生植物叢生的小池塘。

↑二仔坪附近的自然水澤，可以算是陽明山國家公園中的蜻蜓天堂。

↑連結停棲在水面植物上的葦笛細蟌夫妻檔（前是雄的，後是雌的）。

我鑽過比人高的芒草叢，來到小池邊，找到了這個蜻蛉（蜻蜓與豆娘的總稱）棲息繁殖的天堂。

拿出望遠鏡沿小池塘四周掃瞄一圈，大約有十五種常見的蜻蜓或豆娘，我發現其中有種叫做葦笛細蟌的小型豆娘，是陽明山地區的文獻資料中還沒有記載的種類。牠們的數量不少，三三兩兩在池面的水生植物上停棲休息，或貼著水面低飛覓食。我還發現了兩、三對連結在一起的夫妻檔。

就在我準備拍照的時，發現眼前有隻來回巡弋飛行的紅

色蜻蜓。起初我將牠誤認成低海拔地區分布普遍的焰紅蜻蜓，後來牠在池塘出水口附近的草叢葉尖停下，我拿起望遠鏡仔細一看，才認出牠是焰紅蜻蜓的近親——黃基蜻蜓。想不到這種原本只分布在台灣二千公尺以上高山地區的種類，竟會出現在海拔約只有八百公尺的二仔坪，這當然也是園區內的新紀錄種。（註）

↑ 停在池邊芒草尖端休息的黃基蜻蜓。

當我為黃基蜻蜓拍完照後，轉身在身邊的草叢間，看見一個面積不大的蜘蛛網，網中的主人正忙著分泌絲線，纏

↑ 鼎脈蜻蜓身陷蜘蛛網，頭部還被纏繞著很多的絲線，十足像隻木乃伊蜻蜓！

緊著一隻誤觸陷阱的鼎脈蜻蜓。蜻蜓的飛行速度快，能捕食到牠們的天敵很少，蜘蛛網可說是牠們的最大剋星，因為蜻蜓或豆娘翅膀上沒有容易脫落的鱗片，不小心觸網後很難脫身。

我發現這隻鼎脈蜻蜓的頭部已被蜘蛛纏繞著很多的絲線。我不得不佩服這隻蜘蛛，牠可能在面臨鼎脈蜻蜓用兇猛強壯的大顎反擊後，直接用絲線包緊著牠的頭，讓牠毫無咬傷自己的機會，最後這隻專門獵捕飛蟲的鼎脈蜻蜓，只能成為蜘蛛的午餐了！

（註：大屯山附近算是台灣緯度最高的山區，因此常會分布著台灣中南部中、高海拔山區才見得到的生物，這種現象被稱為「北降」分布；我想這裡有黃基蜻蜓棲息分布，應該也算是「北降」的結果。）

蜻蜓產卵不只是點水

我蹲在二仔坪遊憩區前方的小池塘好一陣子，發現這個面積不大的池塘上空，經常有幾隻黃基蜻蜓、鼎脈蜻蜓、灰黑蜻蜓、黃紉蜻蜓和猩紅蜻蜓的雄蟲們，四處巡弋飛行，這是蜻蜓領域占據的典型行為。

當牠們和不同種類的蜻蜓在空中近身相遇時，通常都是保持距離各自飛開，頂多也只是短暫示警一下，便各飛各的路；可是一旦遇到同種蜻蜓，正是「情敵相見，分外眼紅」，所以便有較激烈的追逐爭戰畫面產生。

不久，我看見另外一隻黃基蜻蜓，飛到離我不遠的池邊上空盤旋，原本以為牠是飛來加入巡弋行列的雄蟲，不過等牠開始下降到水面，並用腹端連續不斷的點水後，我才確定牠是飛來繁殖產卵的雌蟲。

就在這隻黃基蜻蜓雌蟲點了十多下水面，正飛高準備換個地點產卵或打算離去時，附近剛好有隻黃基蜻蜓雄蟲飛過。在很短的時間內，我看見雄蟲迅速逼近雌蟲，並且加以攔截，接著，雄蟲的尾端便抓緊了雌蟲的頭部後方，彼此就一前一後連結在一起，在池塘上空同步來回飛行。

看見這一幕足以說明，雄蜻蜓在水面畫定領域巡弋飛行，最主要的目的就是希望順利抓到雌伴，這樣才有機會繁殖屬於自己的後代。

↑黃基蜻蜓雄蟲抓到「準新娘」後，雙雙在水域上空盤旋低飛。

目送黃基蜻蜓夫妻檔離開視野後，池塘水域飛來一隻體型碩大的烏帶晏蜓。牠雖然是北部池塘水域常見的晏蜓科成員，但是在陽明山國家公園中，是我今年才注意到的新紀錄種。這隻烏帶晏蜓和那些習慣沿著池邊巡邏的雄蟲有完全不同的表現。

↑烏帶晏蜓正停在水生植物的莖幹上，以產卵管插入植物內部產卵。

來到水域不久，這隻烏帶晏蜓停在一株浮在水面的水生植物上，並且將腹部末端插入水中，不停的觸動著，這正是雌蟲的產卵動作。

根據以往的經驗，我靜靜的蹲在池邊觀察，以免晃動的身影將牠嚇跑。

剛開始，我看見牠的腹端在水中的植物莖幹上不停探尋，找到適合的位置後，彎曲的腹部不再移動位置；透過水面，我還看見牠那尖細的產卵管，插入水生植物的莖內（如圖）。牠的卵就產在水生植物的莖幹中；大家可要記得，

↑在溪谷邊坡地面產卵的朱黛晏蜓。

「蜻蜓點水」並不是各類蜻蜓產卵不變的法則。

我還曾經看過一隻朱黛晏蜓更奇特的產卵方式：牠和其他晏蜓一樣不會用點水的方式產卵，但是牠却來到溪谷緩流區上方數公尺的山壁上停下，接著把卵產在邊坡的青苔或泥土中，而且牠每產下一枚卵粒後並不起身換位置，而是直接轉動腹部的方向，在附近繼續不斷的產卵，看起來還有點像是用腹部當圓規在畫圈圈的模樣哩！

懂得明哲保身的黃長腳蜂

↑黑端豹斑蝶雌蝶在草叢間隨意產卵。

↓一株菫菜的葉片根本不夠一隻黑端豹斑蝶幼蟲成長所需，因此這種幼蟲養成了四處爬行覓食的本能。

在二仔坪一處日照充足的短草叢地上，有隻黑端豹斑蝶的雌蟲在地面草叢上飛飛停停，正在產卵。大多數雌蝶會將卵產在幼蟲可以吃食的植物上，但是黑端豹斑蝶卻不會將卵產在幼蟲的食草植物菫菜上。因為菫菜是種植株很小的草本植物，一棵菫菜根本不夠一隻黑端豹斑蝶幼蟲吃，所以牠們的幼蟲天生便是勞碌命，個個擅長在草叢地面四處疾行，尋找可以吃食的菫菜。或許就是因為這樣，雌蝶乾脆就將卵產在附近有菫菜分布的草叢間，從小鍛鍊幼蟲寶寶的爬行能力吧！

離開二仔坪地區，我繼續朝著北投方向下行。不到十分鐘便來到一片讓我百來不厭的柑橘園。

大台北地區的郊外或山區，到處都有柑橘園，不過蟲痴們可是會挑選柑橘園的喔！蟲痴專挑農夫照顧適中的柑橘園。照顧周到的柑橘園，除蟲都做得很徹底，昆蟲不易大量繁殖或趨集；而照顧不周的柑橘園，柑橘樹很快便會接連病死，到時候也不會有太多昆蟲造訪。這一片柑橘園便是一處理想地點，不同季節前來都有不同昆蟲可以親近觀察，而且往往滿載而歸（註）。只是這裡算是國家公園的範圍，想要採集昆蟲的人只能另覓他處囉！

　　我朝著低矮的園中望去，只見四處都有蟲影紛飛的情況，我深信這回又要大豐收了。走進柑橘叢間，我在一棵樹幹上，發現有五、六處樹皮破洞，滲流的汁液吸引了一隻色彩鮮豔的黃長腳蜂，正在專心吸食美味大餐。

↑黃長腳蜂獨自享受著樹液大餐。

　　突然間，我聽到一連串重量級的「嗡嗡」聲響，一隻體型比黃長腳蜂大一號的黑尾虎頭蜂（又稱台灣姬胡蜂）循味前來，停在黃長腳蜂身前，馬上霸占了黃長腳蜂的進餐地點，黃長腳蜂嚇得拔腳就跑。

↑黑尾虎頭蜂一來，黃長腳蜂馬上嚇得逃離現場。

　　還未吃飽的黃長腳蜂心有不甘，繞著樹幹飛了幾圈後，又停回附近，不過一直和黑尾虎頭蜂保持安全距離，靜靜守在一旁觀望。約經過十分鐘後，吸飽樹汁的黑尾虎頭蜂振翅飛走，這隻黃長腳蜂才從容的爬向前，繼續牠未享用完的午餐。

　　或許有人認為這隻黃長腳蜂太遜了，難道牠不示威抗議一下嗎？我倒認為牠很懂得明哲保身，要不然慘遭「虎吻」的下場，恐怕是非死即傷吧！

（註：這附近的柑橘園近來也疏於管理，蟲況比以往差了不少。）

↑黃長腳蜂回到樹幹後，只敢站在一旁靜靜的等待身前的「大漢」吃飽再說。

金龜一族的餐會與婚禮

我環顧四周的柑橘園，蝴蝶、金龜子、鍬形蟲等常見種類應有盡有，看來今天底片又要不夠用了。

我雖然看見身邊一棵柑橘樹幹上，有兩隻橙褐色的毛翅騷金龜在吸食樹汁，為了節省底片，我決定不再逗留拍照；我的目標放在遠方一隻藍色的細腳騷金龜身上。

金龜子中有部分種類的外觀體色變化很大，細腳騷金龜便是其中之一。一般來說，野外綠色的細腳騷金龜較多，藍色較少；因為我還沒拍過藍色的個體，所以才直奔這隻較少見的藍色個體。

來到這隻藍色的細腳騷金龜旁，我更覺得驚喜，因為在牠身邊不遠，還有另外一隻綠色的騷金龜。起初我以為是

↑這是一對正在吸食樹液的台灣綠騷金龜。

↓擠在同一處破皮樹幹上吸食樹液的橙斑花金龜與大褐象鼻蟲。

金豔騷金龜，但是仔細辨認後，確定牠是綠色的細腳騷金龜。以前我根本分不清同為綠色的金豔騷金龜和細腳騷金龜，後來請教了專門從事金龜子分類研究的李春霖先生後，才能看出牠們的差異。因為細腳騷金龜的後腳脛節內側，長了許多茂密的長毛，金豔騷金龜卻沒有。

為這兩隻分頭吸食樹汁的細腳騷金龜拍完合照後，我又在另一樹幹上，發現一隻橙斑花金龜和一隻大褐象鼻蟲，牠們倆正擠在一起埋頭吃大餐。

　　橙斑花金龜的身上沾滿了自尾部排出的糞液，應該已經停在這處樹皮破洞處，吸食很久的樹汁了。可是我當初剛到這棵橘子樹旁拍照時，竟然沒發現這兩隻其貌不揚的傢伙，可見牠們褐色保護色發揮了絕佳的隱蔽作用。

　　接著，我又在另一棵柑橘樹幹上，發現了四隻擠在一塊兒的金豔騷金龜，從畫面上兩上兩下的重疊排列看來，應該是正要進行集團婚禮的兩對夫妻，可是怎麼會左右排列得這麼整齊呢？

　　因為這處樹洞破皮的地方，正好先後吸引了兩隻金豔騷金龜雌蟲，頂著頭擠在一起吸食，而來覓食的金豔騷金龜雄蟲，因為有美嬌娘當前，就甘願當風流鬼，根本不在意有沒有樹汁可吸了；至於原本專心吸食的雌蟲為了填飽肚子，好像不太在意前來和牠們完婚的是否是如意郎君；於是才出現了這個各取所需的畫面，充分表現出昆蟲世界中「食、色，性也」的自然巧合。

↓埋頭專心享用樹液的兩隻金豔騷金龜雌蟲，根本就不太在意雄蟲湊過來準備交配。

香醇樹液的創造者

　　我在柑橘園中，繼續搜尋著在樹幹上覓食的各類昆蟲，低著身子到處穿梭，找尋特別中意的精彩畫面——多隻或多種昆蟲集體覓食，或是比較特殊的生態行為。

　　不久，我的目光被一個聯合餐會吸引住，那是由一隻枯葉蝶、兩隻台灣小紫蛺蝶、一隻金豔騷金龜和兩隻到處遊走的蒼蠅所共同組成。二仔坪步道旁的這幾處柑橘園，為什麼有特別難得的昆蟲大會餐盛況呢？首要的條件是這些柑橘樹被照顧得很健康，因而常吸引星天牛或皺胸深山天牛，到樹幹上產卵繁殖。天牛幼蟲紛紛在樹幹內鑽洞啃食，樹皮外便留下許多排便的小洞口。破洞的樹皮會滲流樹汁，發酵後的香氣，很容易吸引嗅覺靈敏的昆蟲前來覓食。

　　通常一棵正常的柑橘樹中，如果有三、五隻大型天牛幼蟲寄居其中，就很容易病得奄奄一息、失去生機。還好這幾處柑橘樹園的主人非常勤快，他們也會用鐵絲將長得較大的幼蟲一隻隻鉤出來，所以這些柑橘樹不但不會病死，而且每棵樹或多或少都有樹皮破洞，得以吸引昆蟲。

　　另一個原因是這裡的自然環境複雜，相對就孕育了不少昆蟲資源，其中當然

↑柑橘樹幹上的各類昆蟲大餐會。

↓天牛幼蟲在活樹幹內鑽洞蛀食，牠們還會在隧道的最外端樹皮上留下一個專門用來排出糞便碎屑的小洞。

不乏一些喜歡吸食樹液的鍬形蟲。因此從春季開始,扁鍬形蟲是同類中最先光臨的家族;到了夏初,還有不少體型碩大的鬼豔鍬形蟲,會霸占在樹幹間稱王;直到秋季,其他鍬形蟲漸漸消失時,樹幹上就到處見得到美麗的紅圓翅鍬形蟲。

去年秋天,我就曾在一棵柑橘樹上,同時找到六、七隻的紅圓翅鍬形蟲,牠們各自在樹幹枝條上,專心品味著甜美的樹液瓊漿。

為什麼有鍬形蟲到訪的柑橘園中,其他各類昆蟲群聚覓食的盛況就會特別常見呢?因為覓食的鍬形蟲會用強壯的大顎啃咬樹皮,讓自己能多吸食一些新鮮的樹液,於是這些柑橘樹幹上,到處可發現一個個滲流汁液的破洞。

當這些鍬形蟲吃飽離開以後,接著就會吸引其他昆蟲相繼尋味前來,享受不勞而獲的免費大餐囉!

↑二仔坪附近柑橘園,每到秋天就是紅圓翅鍬形蟲在樹幹上覓食的旺季。

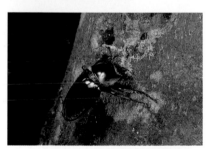

↑紅圓翅鍬形蟲會用大顎咬破樹皮來吸食滲流的新鮮樹液。

所以將天牛幼蟲和鍬形蟲比喻為其他喜好吃食樹液昆蟲的衣食父母,這可一點也不誇張喔!

擬態大師各顯神通

行蹤飄忽的蝴蝶也是柑橘園中的另一類主角。台灣各地都有大鳳蝶、黑鳳蝶、柑橘鳳蝶、無尾鳳蝶、玉帶鳳蝶，甚至是烏鴉鳳蝶等六種鳳蝶科成員，牠們的幼蟲都會以柑橘類植物葉片為食，因此柑橘園中常有前來求偶的雄鳳蝶，或是在柑橘嫩葉間盤旋、準備產卵的雌鳳蝶。

除此之外，不少蛺蝶和蛇目蝶也常出現在柑橘園中覓食樹液。這回便先後發現了枯葉蝶、琉璃蛺蝶、姬雙尾蝶、台灣小紫蛺蝶、雌褐蔭蝶等八、九種蛺蝶或蛇目蝶。一般說來，在樹幹上吸食樹液的蝴蝶比金龜子或鍬形蟲還敏感，有些蝶兒在人們靠近觀察的動作大一點時，就會受到意外驚嚇，振翅逃離現場，可是過不了多久，牠們又會憑著靈敏嗅覺，在附近樹叢間找到可以吸食的樹液。

這些常見的蝴蝶中，枯葉蝶是我百看不厭的一種。理由倒不只是因為牠的體型超大、外觀奇

↑↓枯葉蝶的外觀體色變化很大。

特而已，主要還是這種擬態枯葉子的蛺蝶，翅膀上的枯葉顏色有極大變化，褐色、淡褐色、黃褐色、紅褐色、紫褐色或綠褐色的均隨時可見。假如再輕緩的靠近觀察，更可仔細檢視牠那神乎其技的擬態功夫。

↑枯葉蝶展開翅膀時姿色相當迷人。

枯葉蝶的翅膀，不只外形像樹葉而已，連下翅末端也有「葉柄」的部位，牠們似乎還深知葉柄和樹枝連接的位置，因為牠們特別習慣倒著身體，停在樹幹或枝叢間，讓自己翅膀末端的「葉柄」保持在高點，而且隨時緊靠在樹幹、樹叢上。仔細觀察這片假枯葉上，還能看到主脈、支脈般的花紋，最神奇的是，牠們上翅中央還有一小塊沒有斑紋的透空點，簡直就像是枯葉上被小蟲子啃食過的鏤空痕跡，實在太厲害了。

就在我緊盯著一隻枯葉蝶拍照觀察的同時，不經意發現在頭頂前上方的柑橘枝叢上，有截短樹枝，但卻不大像是折斷後剩下的枝條。抬起頭來看仔細一點，這才搞清楚那根樹枝也是隻昆蟲，那是一個大鳳蝶的蝶蛹。看「它」褐色為主的身體上，還有白色、黑色、綠色相間的碎斑花

↑若不是我運氣好，要在柑橘樹叢間，找到這一個和棲息環境融為一體的大鳳蝶蝶蛹，恐怕沒這麼容易囉！

紋，和柑橘枝幹上的苔蘚植物，簡直難分彼此！真是「瞎貓碰到死老鼠」，否則想要在樹叢間找到這麼一個蝶蛹，可得耗掉我不少力氣呢！

人與蝶的親密接觸

　　我繼續在柑橘園中探尋著各類的昆蟲。突然間，我的腳邊躍起一團綠色的東西，等那團東西再度落在草叢裡時，我瞧見那是兩隻疊在一起的瘤喉蝗。這種一上一下、一小一大，而且上方那隻的尾部向下打一個彎，再與下方那隻尾部連接在一起的模樣，是戶外草叢間很常見的蝗蟲交尾生態。

　　瘤喉蝗和一般蝗蟲最大的不同，就是成蟲的翅膀幾乎完全退化了。從外觀上看起來，牠們的翅膀只剩兩片微小的褐色薄膜貼在身體的兩側，這樣子當然無法飛行囉！不過擁有那麼粗壯的後腿，倒使牠們成為跳躍高手。

　　我跟蹤這對恩愛夫妻直拍照，晃動的身影把牠們嚇得到處亂跳，可是無論怎樣的騷動，也無法將牠們分開，難怪野外的蝗蟲中，最常見到瘤喉蝗的結婚大典。

　　「狩獵」的當時，我的身影又驚起一隻原本沒留意到的枯葉蝶，我盯著牠的行蹤，發現牠停在步道旁一段柑橘樹的枯枝前端，面對著寬廣的步道上空盤踞一方，我猜這隻應是畫地為王，盤踞著領域休息的雄蝶。我躡足輕緩靠近牠，蹲在樹叢下觀察牠的動靜。

　　大約十分鐘的觀察過程，我看見這隻盛氣凌「蝶」的霸主，先後多次起身，去追逐一些從步道上空飛過的大小蝶

↑一般常見的蝗蟲（俗稱蚱蜢）體背上大部分都有長長的翅膀，可用來跳飛（台灣稻蝗）。

↓在草叢葉面上交尾的瘤喉蝗。

隻，連體型比牠大上一號的大鳳蝶也不放過。等牠將「來犯」的不速之客趕走後，總會神氣活現的輕快滑翔，回到原先的枯枝頂端繼續守望。

看膩了這隻枯葉蝶的表演，我突發異想：牠總選擇視野最佳的枝條頂端守候地盤，假如我趁著牠外出追趕別人的時候，用手擋在這個枝條上端，不知道牠會不會回來站在我的手上？於是我利用牠起身時，趕緊站起來，伸長左手在枝條上方直立著。沒有想到牠真的如我預料一般，回到我左手手背上站立，繼續盤踞一方。高興之餘，我仍沒忘記用右手笨拙的持著相機，為這個人蝶相互親近的難得機遇留下見證，也為這趟大屯山之旅，畫下完美的句點。

↓我當木頭人的功夫不差，久占地盤的枯葉蝶竟然還會展開翅膀進行日光浴。

Taiwan Insects

台大

虎頭蜂來犯，蜜蜂眾不敵寡

虎頭蜂是社會性昆蟲，秋末季節是牠們的蜂巢發展到最龐大的階段。這時候，巢中有不計其數的幼蟲，等著變成隔年可以繁衍後代的蜂后，因此牠們的工蜂必須捕獵更多昆蟲來哺育巢中的幼蟲。

秋末食物短缺，虎頭蜂家族卻懂得找人類飼養的蜜蜂蜂箱，集中火力於獵捕蜜蜂，再帶回巢去哺餵幼蟲；就連飼養在都市中的蜂群也不能倖免於難。

台灣大學植物病蟲害學系（註），在校區中飼養了一些實驗教學用的蜜蜂群，我利用天氣放晴的日子，前去觀看虎頭蜂獵捕蜜蜂的現場實況。到達現場，我發現蜂箱間有兩種虎頭蜂盤旋出沒，一種是都市中常見到的黃腰虎頭蜂；另一種則是習慣築巢在山區的黃腳虎頭蜂，沒想到牠們還懂得從附近山區，飛到台大校區內找到獵物，讓我覺得有點意外。

雖然蜜蜂的家族更大，各個工蜂也都有毒針可以禦敵，可是面臨敵軍來襲的場面，卻不懂得派出敢死隊，去迎擊數量零星的敵軍，只見牠們的工蜂擠成一堆，圍著蜂巢出入口，一心只想確保敵人不會逼近來犯。身手敏捷且個性奸詐的虎頭蜂，雖然數量遠少於蜜蜂大軍，卻懂得各個擊破的道理，牠們會在附近四處遊走盤旋，伺機挑一些落單的蜜蜂下

↑虎頭蜂來犯，蜜蜂家族不敢出兵迎敵，只會成群圍在蜂箱出入口，消極防止敵蜂入侵。

手。

　　觀看蜂類間的異族大戰近半個小時，雖然全是蜜蜂遭到攻擊，再被帶走的相同過程，但是黃腰虎頭蜂和黃腳虎頭蜂兩種家族的狩獵方法和技巧，卻有著明顯的不同。黃腳虎頭蜂來到蜂場附近時，會先選定一箱中意的蜂巢，然後便在巢口外二十～五十公分左右定點盤旋，等身邊有蜜蜂經過時，就會突然逼近攔截。成功的話，牠們根本不用著陸，在空中就可以咬死蜜蜂，而且邊飛邊咬掉蜜蜂的翅膀，然後再咬碎蜜蜂的身體，帶回遠方自己的蜂巢去。

↑技巧高超的黃腳虎頭蜂可以在蜂巢附近的空中盤旋不動，伺機捕捉路過的蜜蜂。

　　相較之下，黃腰虎頭蜂狩獵技巧就顯得笨拙，牠們不會空中定點盤旋的技術，只能在蜂箱周圍四處巡弋，找到落單的蜜蜂後再快速撲去。能夠幸運攔截到蜜蜂後，一定先要將蜜蜂撲倒在草叢或地面，再咬死敵手、咬掉翅膀、咬碎身體，然後才慢慢離去。因此牠們獵捕蜜蜂的成功機率，處理獵物的速度等各方面技巧和效率，都比黃腳虎頭蜂略遜一籌。

↑回巢的蜜蜂必須極力閃避黃腳虎頭蜂的攔截，技術稍差的就會變成虎頭蜂幼蟲的食物。

（註：現今該系改為台大昆蟲系。）

↑黃腰虎頭蜂是都市中最常見的虎頭蜂，牠們捕捉蜜蜂的技巧最差。

蜜蜂家族的滅門血案

每到秋末冬初，人類飼養的蜜蜂族群，經常要遭受各種虎頭蜂的洗劫，不過比起養在野外山區的蜂群，那麼台大校區的這些蜜蜂可幸運多了。因為在山區的蜜蜂，還得面對另外幾種更兇狠的虎頭蜂；其中最讓蜂農恨之入骨的，便是台灣大虎頭蜂。

我曾在武陵農場看過台灣大虎頭蜂洗劫蜜蜂蜂群的慘況，其他種類的虎頭蜂獵捕蜜蜂時，都是單打獨鬥，來一隻虎頭蜂，頂多只會帶一隻蜜蜂回去。可是令人髮指的台灣大虎頭蜂，不但體型特大，而且會集中火力攻擊一個蜂箱；牠們來到蜜蜂蜂箱旁，仗著自己的塊頭大、牙齒銳利，多半就直接從蜂箱出入口兩側降落，然後再慢慢逼近準備禦敵的成群小蜜蜂，展開實力懸殊的肉搏戰。

面對強敵來襲的蜜蜂們，個個又氣又怕，牠們似乎不懂得成群起飛，好將敵人團團包圍，只會擠成一團，向著台灣大虎頭蜂的方向慢慢進攻。反應敏捷的台灣大虎頭蜂，則是攻防戰中的老手，牠們會採用時進時退的誘敵戰技，讓一、兩隻身先士卒的蜜蜂向牠們衝出。然後就瞬間突襲最前方那隻蜜蜂，一口咬住對方再立即後退，接著用銳利的大顎

↑聰明機伶的台灣大虎頭蜂從蜂箱側面偷偷的發動攻勢。

↑面對體型超大的強敵，蜜蜂家族派出更多的戰士到蜂巢出入口禦敵。

一剪，輕易便讓拼命禦敵的小蜜蜂身首異處。可惡的是，台灣大虎頭蜂並不會直接將手下敗將帶回巢去，而是將小蜜蜂的屍首丟棄在一旁，重新展開第二波攻擊。

↑膽大心細的台灣大虎頭蜂衝向蜜蜂兵陣去誘敵。

就這樣接二連三的屠殺蜜蜂家族，平均不到十秒鐘，便有一隻可憐的小蜜蜂「為族捐軀」，而附近的地面上，就只看見屍橫遍野了。

蜂箱的主人告訴我，這些台灣大虎頭蜂會等到蜜蜂的屍體腐臭後，再回來帶走獵物，所以才會先屠殺一大堆的蜜蜂。我心中很懷疑這樣的說法是否正確，因為我猜測台灣大虎頭蜂，可能是想染指蜂箱中更營養、更美味的蜜蜂幼蟲或蜂蛹，所以才會輪番猛攻這些抵抗侵略的小蜜蜂。不過由於蜂箱的出入口太小無法進入，最後只好將原先屠殺的蜜蜂

↑誘敵成功後，很快就有蜜蜂敢死隊遭到「虎吻」。

↑戰場上捐軀的屍首遍地，從畫面上就能看出兩軍的實力懸殊，而且關鍵不在兵力的多寡。

帶回去當幼蟲們的食物。無論如何，有一點絕對不容置疑的：沒有蜂農的幫助，一箱蜜蜂家族不用多久便會全軍覆沒。

萬蜂一心復仇記

我一直夢想拍到黃腳虎頭蜂在空中截殺蜜蜂的高超神技;想要如願,我必須用長鏡頭追蹤空中飄忽不定的對象,並且不斷對焦準備按下快門,這是極至的挑戰。由於困難度極高,因此我一直守在蜂箱旁,等待拍攝的良機,沒想到竟目睹了一個意外的戰局。

當我蹲在蜂箱旁,緊盯著一隻黃腳虎頭蜂在空中定點盤旋守候時,突然聽見一連串急促的磨擦振翅聲。我的眼睛朝聲音方向看去,只見一隻正在撲咬獵物的黃腰虎頭蜂,竟然不偏不倚的跌入蜂箱出入口前的蜂群中。這些打算為族捐軀的戰士見狀,馬上一擁而上,將誤闖軍陣的敵人團團包圍。不到三秒鐘,我已經看不見黃腰虎頭蜂了。

↑撲殺獵物時不慎跌入蜂巢門口的黃腰虎頭蜂,在2、3秒內馬上被英勇的蜜蜂戰士團團圍住。

↓懸在蜂巢平台下方的亂集團。

十幾秒鐘後,我看見蜂箱出入口前方,仍然不斷湧出眾多的蜜蜂,大夥兒不但將敵人包擠成一大團,還朝著出入口平台外端慢慢擠去;牠們大概想利用「蜂」海戰術,把敵人擠到離自家要塞遠一點的地方去。擠到出入口平台外端時,牠們並沒有馬上跌落到下方的草叢間,而是用腳相互緊攀著對方,懸在平台的下方;這時候還有其他戰士不斷加入戰鬥的行列。我心中很疑惑,包擠在外圍的蜜蜂,根本不可能碰得到裡頭那隻黃腰虎頭蜂,為什麼牠們還會不斷加入這個混戰的場面,難道牠們不怕不小

心咬傷自己的同胞嗎？還是有什麼特殊的作戰目的呢？

最後，可能因為懸在半空中的集團體重太重，結果就整團跌入草叢。不過身處戰局中的成員，仍將那隻黃腰虎頭蜂團團圍住，我蹲在一旁，實在看不出個所以然來，除了蜜蜂集團依舊不停騷動外，根本看不見那隻黃腰虎頭蜂到底怎麼了。

↑亂集團掉落地面後雖然規模變小，但是蜜蜂戰士仍緊緊包圍著敵人。

約十分鐘後，戰況都沒有太大變化，我心想假如每隻靠近敵人的蜜蜂咬牠一下，恐怕這隻黃腰虎頭蜂早已全身支離破碎了吧！於是我找來一根樹

↑蜜蜂的螫針插在黃腰虎頭蜂的胸腹之間，螫針後方拖著一團蜜蜂尾部與內臟。

枝，將戰局中的蜜蜂一隻隻撥開趕走，最後終於見到那隻一命嗚呼的黃腰虎頭蜂。不過讓我意外的是，牠的身體完整無缺；我再重新仔細檢查，才發現在牠的胸腹之間，留著一截連著內臟的蜜蜂尾部。

看來在混戰中，有隻蜜蜂用螫針插入了黃腰虎頭蜂的體節縫隙；而過不久，這隻失去尾部和螫針的小蜜蜂將會身亡。原來在生物群中，也有這種捨己為群的偉大情操呢！

Taiwan Insects

永和寓所 V

養隻蟋蟀陪你過冬

　　每年冬季一到，戶外的昆蟲就逐漸銷聲匿跡，有的會靜靜擠在避風遮雨的角落過冬，有的則以不同的生命型態隱身過冬。例如許多小灰蝶、螳螂、蝗蟲，都以卵的型態過冬；天牛、鍬形蟲、獨角仙、金龜子等許多甲蟲，則以幼蟲型態過冬；而大家熟悉的無尾鳳蝶、黑鳳蝶等，則以蛹的型態過冬。在這個時候找個晴朗的日子，外出找尋昆蟲越冬的不同型態，常會有意外的驚喜。

　　台灣地處亞熱帶，有些平地和低海拔地區的昆蟲，根本沒有明顯的越冬現象，紋白蝶類就是大家最熟悉的一群，另一類典型的代表就是蟋蟀了。

　　一般說來，蟋蟀成蟲的活動旺季是夏天和秋天；冬季來臨後數量會銳減，因此野外較少聽到牠們的鳴聲；不過這時候，蟋蟀族群的生命傳承正悄悄進行著呢！在野外草叢地面，沒有翅膀、不會鳴叫的小蟋蟀仍隨處可見，所以冬天時節，你仍可在家中飼養、觀察蟋蟀。

　　不久前，我便利用秋高氣爽的夜晚，駕車到淡水和三芝的鄉下跑了一圈。每遇到明亮的水銀路燈，我便下車在電桿附近的地面雜物間翻動找尋，沒多久就採集了二十多隻黃斑黑蟋蟀和眉紋蟋蟀。因為這兩類大型的蟋蟀習慣夜行，而且常有趨光的特性，所以只要掀開路燈下的木板雜物，很容易就能找到牠們。

　　黃斑黑蟋蟀是很多人熟悉

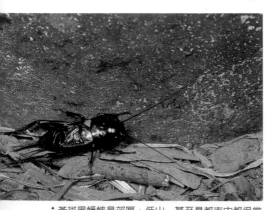

↑黃斑黑蟋蟀是郊區、低山，甚至是都市中都很常見的一種蟋蟀，牠的鳴聲非常宏亮聒噪。

的蟋蟀，因為除了外觀特殊搶眼外，牠們的雄蟲鳴聲宏亮，而且個性好鬥，在中、南部地區就常被飼養來當作鬥蟋蟀的主角；這種台灣話俗稱「黑龍仔」的傢伙，可是許多人愛不釋手的寶貝呢！

↑ 相較之下，眉紋蟋蟀的鳴聲比黃斑黑蟋蟀的悅耳且較多變化。

眉紋蟋蟀的鳴叫聲更悅耳，而且數量更多。台灣常見的眉紋蟋蟀其實有兩種，分別叫做白緣眉紋蟋蟀和烏頭眉紋蟋蟀，從外觀上來看，一般外行人無法正確區分牠們的身分，但只要利用聲音分析，就能正確區分兩個不同的家族。

↑ 當晚，我還採獲這隻「鈴蟲」，牠是台灣郊外低山區鳴聲最悅耳的一種蟋蟀，牠的鳴聲聽起來很像尖銳的鈴噹聲。

將蟋蟀們帶回家後，我在水族箱底層放入約七～八公分厚的腐質土，接著找來一些黑色的底片空罐對切後，放入水族箱內，當作蟋蟀躲藏棲身的空間。

準備就緒後，我將黃斑黑蟋蟀和眉紋蟋蟀，分別放入兩個水族箱中，最後再用厚紙板蓋住水族箱頂，這樣便可防止牠們跳躍逃脫了。

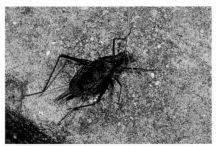

↑ 飼養蟋蟀的布置很簡單，你也可以試試。

蟋蟀家族精力旺盛又多產

蟋蟀屬於雜食性昆蟲，成蟲或若蟲都好養得很，不論是菜葉、果皮、各種豆芽、花生、狗飼料、魚飼料，甚至是其他昆蟲或蟋蟀的屍體，牠們都喜歡吃。

黃斑黑蟋蟀和眉紋蟋蟀都是夜行性的昆蟲，剛帶回家飼養時，牠們白天都很少覓食、活動。不過兩種家族成員卻有著截然不同的習慣：黃斑黑蟋蟀白天習慣直接躲藏在黑色底片罐下；而眉紋蟋蟀則是利用底片罐當出口，向地底挖掘隧道當自己的家，而且白天會用土粒將隧道口封死，黃昏時才挖開洞口，在洞口蟄伏或爬出洞外覓食。一有風吹草動，眉紋蟋蟀會迅速逃回隧道中躲藏；黃斑黑蟋蟀就大方多了。

雄蟋蟀很擅長高歌鳴唱，因為雄蟋蟀上翅有特殊的翅脈紋理，想要鳴叫時只要抬高上翅，左右迅速磨擦，便可以發出悠揚的鳴聲。不過我發現不同的雄蟋蟀，鳴叫習慣也不相同；黃斑黑蟋蟀常站在棲身的底片罐外，面朝著洞口揚翅鳴叫；而眉紋蟋蟀則常躲在隧道口裡鳴叫，大概是因為經過隧道的共鳴，所以鳴聲顯得特別悅耳動聽。

↑這是正在揚翅磨擦發音的黃斑黑蟋蟀雄蟲，牠習慣在「底片罐山洞」附近，頭朝洞口的方向鳴叫。

雄蟋蟀會利用鳴聲來求偶和標示領域，而且在不同的目的和時機下，牠們的節奏和音色會有很大變化。

以黃斑黑蟋蟀為例，一般正常鳴聲的頻率和節拍都很穩定，牠們會連續不斷的「嘰…嘰…」鳴叫著；但如果有同種雄蟋蟀靠近，牠們的鳴聲會變得大且急促，警告

來犯者趕快離去，萬一對方不肯離開，牠們便會前去迎擊對手；雙方開戰時，會發出更急躁的嘶殺戰鬥鳴聲。

而當鳴叫聲引來雌蟋蟀時，雌蟋蟀會主動走向雄伴身邊；雄蟋蟀發現美嬌娘靠近，就會將上翅舉得更高，發出更快、更宏亮的鳴聲。當雌蟲滿意雄蟲表現後，便會抬高身體靠近，騎在雄蟲身上，接著雄蟲就會舉起腹部末端和雌蟲連接交尾，交尾的時間往往不到一秒鐘，結束後雄蟲會在雌蟲尾端留下一團「精包」。

蟋蟀的交配時間雖短，但經常都有求偶交配的情形發生，每隻雄蟲或雌蟲，一天最少都會和不特定對象交配三～四次以上。另外，雌蟲也常在交配後彎下身子，將尾端的精包當成營養品吃掉；大概是交配的頻率太多了，受精用的精子不虞匱乏，因此才有這種行為發生吧！

除了交配、覓食外，雌蟲還經常將細長如箭的產卵管插入土內，不停的產卵，而且每回總會產入數十枚長橢圓形的卵。由此可見，蟋蟀王國真是個精力旺盛又多產的昆蟲家族哇！

↑這是正在交尾的眉紋蟋蟀（雌上，雄下），尾端還可以見到雄蟲的精包。

↑這是正在產卵的黃斑黑蟋蟀雌蟲。

↑黃斑蟋蟀產入土中的長橢圓形小卵。（長約3公釐）

小蟋蟀的成長與蛻變

我帶回家飼養的蟋蟀，在食物充分供給的水族箱中生活，又不必擔心有天敵的威脅，因此每隻都繼續存活了一個半月至兩個月，每隻雌蟋蟀也都產下了上千粒的卵。從第八天起，水族箱中陸續有些體型迷你的小蟋蟀孵化出來。

我觀察出孵化的蟋蟀若蟲，每經過三～五天便會脫一次皮。而從孵化後，要經過九次脫皮蛻變，才能變成長有翅膀的成蟲。不過由於繁殖出來的小蟋蟀數量非常龐大，躲藏棲身的空間卻有限，於是常發生相互攻擊的情況。尤其正在脫皮蛻變的蟋蟀，常遭到其他體型較大的同胞咬死，甚至吃掉。

↑剛孵化的小蟋蟀體色很淡，呈淡黃褐色。

↑繁殖能力強的蟋蟀，使得水族箱中到處都是小蟋蟀。

日子一天天過去，水族箱中的小蟋蟀愈長愈大，而且愈來愈多，為了解決牠們族群間的競爭壓力，我將小蟋蟀拿到戶外或陽台花盆間野放了好幾次。可是不用多久，水族箱中又會出現蟲滿為患的景象，照顧起來頗為費神。不過我也因此而獲得了一些意外的觀察結果，那就是由於小蟋蟀太多、太擁擠，除了發生大吃小的情況外，我還發現了許多缺肢斷腳的「殘障蟋蟀」。我特別留意一些正在脫皮蛻變的「殘障蟋蟀」，結果確定蟋

蟀失去的腳並不能重新再長出來。

　　能順利成長的蟋蟀若蟲，在脫了六次皮變成七齡若蟲後，身體背側便會出現左右對稱的小翅芽，這是將來長大變成蟲時的翅膀部位與組織；而九齡的若蟲，不但體型很大，翅芽也更大、更明顯。

　　最後一次脫皮蛻變前，九齡若蟲的翅芽部位會略為上揚，脫皮過程則和各齡小蟋蟀完全相同。經過一連串劇烈的蠕動後，新生的成蟲由頭、胸、身體依續鑽出舊皮，唯一不同的是，翅芽的部位在羽化變為成蟲後，會慢慢伸展成翅膀。

　　最奇妙的羽化蛻變，是翅芽變成翅膀的伸展過程。剛開始翅膀還未完全成型，而且外觀雪白無色。過了一會兒後，上翅慢慢定型，接著下方會伸出更細長的雪白下翅，下翅也伸展定型後，左右四片翅膀才會向中央背部重疊，形成標準的成蟲外觀，不過這時翅膀的顏色仍是白色的。大約半天後，翅膀的顏色才由白色、灰白色、灰黑色⋯⋯，漸次變深，最後形成和牠們父母外觀完全相同的黃斑黑蟋蟀。

↑這是剛脫完皮的9齡黃斑蟋蟀若蟲，牠體背的翅芽大而明顯，而原先斷去的右後腳，不會因為蛻皮變化而再生。

↑剛脫離舊皮羽化出來的成蟲，翅膀尚未完全伸展。

↑上、下翅漸漸伸展定型，但顏色仍然雪白，左右翅也尚未閉合重疊。

↑左右翅慢慢閉合，顏色也慢慢變深。

Taiwan Insects

埔里 II

雌雄同體的稀世珍寶──陰陽蝶

喜歡收藏郵票或紙幣的人，應該都聽過變體郵票，因為這種郵票極少，所以成為大家珍藏惜售的寶貝。類似的情形也發生在蝴蝶標本收藏家身上，在自然成長的過程中，蝴蝶發生異常的機會非常少，所以擁有這些珍貴稀奇的突變蝴蝶，當然更捨不得讓售給別人囉！

我再度造訪埔里的錦吉昆蟲館，打開館中珍藏的標本箱仔細拍照，就是想為大家介紹一些這樣的曠世珍寶。最珍貴的異常蝴蝶標本，當然是「陰陽蝶」了。陰陽蝶就是雌雄同體的蝴蝶，一般標準形態是蝴蝶的身體左右兩邊，一半是公的、一半是母的；外觀便形成左右雙翅的花紋、顏色完全不同的奇妙陰陽蝶。在這家昆蟲館中，最有名的便是一隻「大鳳蝶」的陰陽蝶。

這隻大鳳蝶的右邊兩個翅膀，是藍黑色的雄蝶翅膀；而左邊翅膀，則是「有尾型」的雌蝶翅膀。據說十多年前，有個日本人曾開出新台幣數十萬元的高價，希望羅先生讓售，可是他捨不得割愛，最後這隻稀世珍寶，便成了錦吉昆蟲館開幕後的號召與標記。

除了左右兩邊性別相異外，陰陽蝶還有許多奇妙有趣的變化，例如有些蝴蝶在四片翅膀中，左上翅和右下翅是同一種性別，而右上翅和左上翅又是另一個性別；也有四片翅膀中，只有其中一片翅膀和其他三片不同性別。在錦吉昆蟲館中，就有一隻美麗的「雌白黃蝶」陰陽蝶，牠的右上翅是雌蝶的白色，其他則是橙色和黃

↑這是非常難得的大鳳蝶陰陽蝶。

↑ 這是雌白黃蝶的陰陽蝶。

↑ 這是淡黃蝶的陰陽蝶。

色的雄蝶色彩;而且雌蝶的白色區域,還參雜了一絲雄蝶的橙色斑。

　　另一隻淡黃蝶陰陽蝶的翅膀中,雌雄顏色相參雜的情形更為明顯,牠是一隻一半米白色雄蝶和一半橙黃色雌蝶,而雄蝶下翅中,參雜了一些雌蝶的橙黃色斑,雌蝶上翅中,也參雜了雄蝶的米白色斑。

　　採集到的人已經算是幸運萬分;能夠養出陰陽蝶當然更是三生有幸。羅錦吉的弟弟羅錦文也住埔里,他是木柵動物園的駐外員工,在埔里養殖大量蝴蝶,再寄到台北供動物園昆蟲館中的遊客參觀。2000 年 5 月間,羅錦文的蝴蝶牧場竟然養殖羽化出一隻大鳳蝶的陰陽蝶來。不殺蝴蝶的羅錦文不忍心將這隻千萬中選一的珍貴寶貝做成標本,所以就將牠放入蝴蝶網室中任其自由飛翔,並且通知我和其他幾個好朋友趕到埔里,拍攝這隻可能是全世界第一次被拍到的「活陰陽蝶」。

↑ 羅錦文養出來的大鳳蝶陰陽蝶。

↑ 大鳳蝶陰陽蝶在網室中自由覓食飛翔。

奇妙的異常蝴蝶

除了雌雄同體外，有些蝴蝶在成長過程中，會因天候、溫度等環境變化、外力的干擾傷害，或是染色體中的基因突變及其他不明原因，而造成羽化爲成蟲後，外觀產生一些奇妙的異常模樣。這些異常蝴蝶也和陰陽蝶一樣稀有罕見，所以都會被喜好蝴蝶的人們特別珍藏。

比較常見的異常蝴蝶大概有兩種形態，翅形的異常便是其中之一，這也就是俗稱的畸型蝴蝶，錦吉昆蟲館館藏中就有很多畸型蝴蝶。翅膀發生畸型的蝴蝶變化很大，有的是四片翅膀中有一片特別小；有的是某些翅膀發生有趣的變形，甚至有的翅膀局部產生中空的自然破洞。而我覺得最奇妙的，則是有一隻長著五片翅膀的淡黃蝶，那個多長出來的翅膀小巧可愛，逗趣極了！

↑淡黃蝶的五翅怪蝶。

↑這些全都是青帶鳳蝶，只有中央那隻是常見的正常個體，其餘四隻則是有著不同程度的「黑化」。

另一類常見的異常蝴蝶，是翅膀的斑紋色彩長得和正常情形完全不同。例如發生機率最大的是「黑化」現象；牠們翅膀上的斑紋或色彩會發生不同程度的變黑現象，最嚴重的是整隻蝴蝶幾乎全變成黑色。

相反的則是「白化」的情況，不過比起黑化的異常，「白化」蝴蝶少見得很。另外，還有一些蝴蝶會有某個斑紋異常擴大、異常消失，或和鄰近不同斑紋產生合併的情況。有一些斑紋色彩會變得和正常情形大異其趣，讓一些對蝴蝶認識不夠深入的人，將牠們誤認成新種蝴蝶。

例如十多年前，有種長得很像烏鴉鳳蝶的蝴蝶被發現。由於牠身上的藍色斑比烏鴉鳳蝶身上的大又漂亮，當時便被認定成「新種」的明忠孔雀鳳蝶，我曾先後採集過五、六隻這種雄蝶和雌蝶，將雌蝶帶回家產卵繁殖，後來發現牠們的後代只是常見的烏鴉鳳蝶；這才證明明忠孔雀鳳蝶，其實就是烏鴉鳳蝶的個體變異，可能這種變異屬於隱性遺傳，所以較不常見吧！

至於其他的異常現象還有不少，例如有些翅膀中的翅脈會少一段、少一根或多一根，只不過這種現象不太明顯，很少人會去特別留意。另外，我還記得曾在台北市成功高中昆蟲館中，看過一隻五個翅膀的姬小紋青斑蝶和一隻長著兩個腹部的紫斑蝶類，這也是特別稀有罕見的寶貝呢！

↑這是青帶鳳蝶，牠的左下翅變得特別的小。

↑這隻日蚜蝶的左邊翅膀上下都是畸型，而且右下翅多出了一個小空洞。

↑這是大紅紋鳳蝶。在正常的情形下，上翅應完全是黑色的，但是這隻蝴蝶的上翅，反而都出現了下翅的紅色斑紋。

↑五個翅膀的姬小紋青斑蝶是成功高中昆蟲館中的稀有寶貝。

認識蝴蝶從植物開始

走進羅錦文的「埔里蝴蝶牧場」，寒冬中依然可以領略四季如春的溫馨，因為放眼望去，四周除了栽滿蝶類幼蟲所需的食草植物外，還有許多妊紫嫣紅、百花爭放的蜜源植物。在這些五顏六色的馬纓丹、繁星花、馬利筋、金露花等花叢間，到處見得到此起彼落、忙著訪花吸蜜的繽紛彩蝶。要不是親眼所見，真不敢相信在冬季中，除了越冬蝴蝶谷外，還找得到這麼棒的賞蝶去處。可惜這處蝴蝶牧場並不對外人開放，一般人可能無緣參觀。

走在花叢間拍照的同時，我順便注意一下這裡停駐的蝶種，冬季裡不休眠越冬的紅紋鳳蝶是最優勢的一種，另外還有不少大紅紋鳳蝶、麝香鳳蝶和台灣麝香鳳蝶。由於麝香鳳蝶和台灣麝香鳳蝶在台灣其他各地並非優勢種，所以我拍起照來格外高興。

聽我提到前面四種屬於近親關係的蝶種特別多，內行人可能早猜到，羅錦文在牧場中一定種植了很多馬兜鈴。的確如此，這些數都數不清的馬兜鈴植栽，正是用來套網繁殖紅紋鳳蝶等幼蟲，同時也提供了戶外雌蝶在這裡自然繁殖的機會。因此這裡除了蝴蝶吸食花蜜的景觀之外，還很容易見到這些鳳蝶求偶、交配、產卵，甚至羽化等豐富的生態變化。

↑樺斑蝶不但喜歡吸食馬利筋的花蜜，牠的幼蟲還以馬利筋的葉片當食物。

1 不普遍的麝香鳳蝶在羅錦文的蝴蝶牧場附
　近卻算常見。
2 原本只分布在北海岸與墾丁附近的大白斑
　蝶，因人工繁殖的緣故，現今已成為台灣
　大部分蝴蝶園網室中的要角。
3 這是柑橘植栽上的烏鴉鳳蝶幼蟲。到蝴蝶
　園去參觀時，用心的人還可以認識許多蝴
　蝶的生態變化。

　　喜歡蝴蝶的朋友，不妨加強吸收有關植物方面的知識與資訊，因為如果認識了蝴蝶幼蟲的食草植物，你一定有機會在這些植株的葉叢間，採集到幼蟲回家飼養；當然也可能遇到前來產卵的雌蝶，這時也可以將雌蝶抓下來，當場套網採卵。

　　能夠在這些植株間順利成長的幼蟲，多半會在附近環境中化蛹，所以新鮮的蝴蝶當然也就在這附近羽化活動。另外，雄蟲更懂得到這裡找尋剛羽化而未交配過的雌蝶姑娘。人們喜歡蝴蝶，不應再只是欣賞蝴蝶吸食花蜜而已，奇妙的蝴蝶世界，正等待有心人隨時一探其中的奧秘呢！因此建議大家，不妨先從認識蝶類幼蟲的食草植物開始吧！

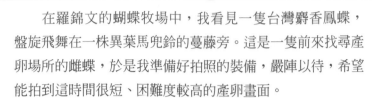
養隻蝴蝶變蜜蜂

在羅錦文的蝴蝶牧場中，我看見一隻台灣麝香鳳蝶，盤旋飛舞在一株異葉馬兜鈴的蔓藤旁。這是一隻前來找尋產卵場所的雌蝶，於是我準備好拍照的裝備，嚴陣以待，希望能拍到這時間很短、困難度較高的產卵畫面。

這隻雌蝶在馬兜鈴植株旁東飛西舞，好不容易才終於找到中意的位置，牠飛近其中一片葉子上，用腳輕輕攀著，接著彎下腹部末端，在葉子下輕觸一下，隨著又起飛繼續盤旋在馬兜鈴植栽旁。

就在這停下不到一秒鐘的時間內，牠已經在馬兜鈴葉片下，產下一粒直徑大約二公釐的橙色小卵，在我還沒對好焦距時，牠就又重新起飛盤旋。經過四、五次鍥而不捨的追蹤，我按下二、三次的快門，最後這隻雌蝶飛離現場，當場我也不確定到底有沒有拍攝成功。

↑ 停在馬兜鈴葉上準備產卵的台灣麝香鳳蝶。

↓ 這是健康的台灣麝香鳳蝶蝶卵。

我收拾起相機，開始在馬兜鈴葉叢間翻動，找尋剛剛產下的蝶卵。我先後找到四粒很新鮮的蝶卵，猜想這應該都是那隻雌蝶剛剛產下的蝶卵。我將卵收進空底片罐中帶回家，幼蟲應該會在同一天孵化，如此就大有機會拍到幼蟲孵化的過程。

就在找尋蝶卵的過程中，我在馬兜鈴嫩芽上發現不少體型稍小的另一種蝶卵，這些應該是紅紋鳳蝶的蝶卵，因為紅紋鳳蝶最喜歡將卵產在嫩芽上，而且在四種蝴蝶近親中體型最小，卵當然也比其他三種小一些。

　　我另外還找到一個體型較大的空蝶卵，這個卵只剩下一層薄薄的卵殼，卵正中央有一個微小的圓形破洞。或許有人看見這個空蝶卵，會以為卵中的小幼蟲已經孵化離去，這可就大錯特錯了！因為這個洞的直徑很小，卵內的幼蟲是不可能鑽得出來的，其實這就是被卵寄生蜂寄生侵害的下場。

↑遭到卵寄生蜂寄生的蝶卵，寄生蜂成蟲咬破卵殼，從小洞中鑽出飛走，只剩下一個中空的卵殼。

　　卵寄生蜂的種類很多、體型很小，牠們的雌蜂有很敏銳的嗅覺，專門找尋特定的昆蟲蟲卵，然後在這些卵上產卵。孵化後的寄生蜂幼蟲就在別人的卵內攝食成長，羽化變成寄生蜂後，才咬破寄生的卵殼飛走；這時被寄生的卵，早就變成空卵殼了！

↑我曾經採過16個墾丁小灰蝶蝶蛹回家，希望牠們羽化出蝴蝶。結果其中8個蛹各鑽出一隻體型不小的粗腿小蜂。

　　所以囉！在野外採集　些不是剛產下的蝶卵回家，過幾天說不定就會鑽出一些小小的卵寄生蜂。不過別因此而生氣懊惱，你還可以向別人誇口說個「養蝴蝶變『蜜蜂』」的故事呢！

↑另一個蝶蛹則鑽出27隻體型微小的寄生蜂。

　　其實，養蝴蝶變寄生蜂的情況很普遍，從野外採集蝴蝶的幼蟲或蛹回家飼養，經常會發現蝴蝶早已經被寄生，最後，當然養出「蜜蜂」了！

Taiwan Insects

永和陽台

蝴蝶寶寶誕生了

　　我家中陽台上有棵異葉馬兜鈴（台灣馬兜鈴）的蔓藤植栽，因此在離開羅錦文的蝴蝶牧場時，我除了帶回四顆台灣麝香鳳蝶蝶卵外，還另外採集了六、七隻的台灣麝香鳳蝶、紅紋鳳蝶和大紅紋鳳蝶的終齡幼蟲。回到家後，我便將這幾隻幼蟲，放養在陽台盆栽的馬兜鈴葉叢間，讓牠們自由活動和取食新鮮的葉片。

　　五天後的上午，當我檢查四粒蝶卵時，發現其中兩個蝶卵已經變成毛茸茸的小幼蟲。由於這幾粒蝶卵產下的時間差不多，所以孵化的時間也不會差太久。我迅速準備好拍攝特寫的設備，接著每隔約十分鐘就檢查一次剩下的兩粒蝶卵，看看有沒有什麼變化。

　　約半個鐘頭後，我看見其中一粒蝶卵側面，出現了一個小小破洞，一會兒後，這個蝶卵上的破洞變大了許多，清楚看見破洞裡擠著幼蟲的黑色頭部，牠正不停用大顎啃咬破洞邊的卵殼。

　　沒多久，這個洞口就比幼蟲的頭部大了，卵殼內的幼蟲毫不遲疑的探出頭來，接著便使勁蠕動身體，鑽出卵殼外，最後牠伸長了身子，用身體前方下側的三對小腳攀住葉片的粗糙面，一下子就把尾部拉出卵殼，正式向外頭的花花世界報到。

　　剛脫離卵殼的小幼蟲，先像蠶寶寶吐絲行走的動作一樣，左右擺動著前方身體，在葉片上吐下一些肉眼幾乎看不見的細絲，並同時向前方微幅慢步前進。爬行了約半公分後，牠靜靜停在原地，動也不動，我想牠在孵化過程耗費了不少體力，正安穩的停在葉片上睡午覺。為了拍攝牠孵化的全程，我戰戰兢兢的在一旁陪牠，一點也不敢驚動牠。

　　十多分鐘後，睡完午覺的小幼蟲開始有了動靜，牠先轉彎180度，沿離開卵殼的路徑，重新爬回卵殼邊，抬起頭靠近孵化的破洞，開始用大顎啃食卵殼。想像不到吧！這隻小幼蟲孵化後的第一道大餐，正是媽媽為牠準備的營養卵殼酥呢！

　　大約半個多鐘頭，牠經過兩、三次的休息後，終於把這頓卵殼大餐吃個精光，身體的顏色也變深了一點。接下來，牠會在馬兜鈴的植株間自由爬行，找尋鮮嫩的樹葉啃食消化；再過一、兩個月後，牠就會變成和媽媽一樣美麗的蝴蝶仙子了。

蝴蝶寶寶孵化全程：

↑卵殼內的幼蟲用大顎啃咬卵殼。

↑卵殼的洞破得夠大後，幼蟲馬上鑽出前半身。

↑準備用力拉出身體尾部。

↑幼蟲正式孵化完成，並離開卵殼。

↑幼蟲休息過後，轉身回去啃食卵殼。

↑哇！牠把卵殼吃光了！

陽台尋寶找蝶蛹

↑馬兜鈴藤莖上的紅紋鳳蝶蝶蛹。

↑玉蘭花葉背的台灣麝香鳳蝶蝶蛹。

↑玉蘭花葉背的大紅紋鳳蝶蝶蛹。

拍攝完台灣麝香鳳蝶幼蟲的孵化過程，我開始檢視前幾天才放養的紅紋鳳蝶等三種終齡幼蟲。

我在馬兜鈴的葉片間，只看見一隻胖嘟嘟的紅紋鳳蝶幼蟲，看牠的模樣，應該也是即將準備化蛹的個體。

那麼其他六隻幼蟲跑哪裡去了呢？依照我的經驗，在陽台柑橘樹叢間自然繁殖的無尾鳳蝶幼蟲，假如沒有連同盆栽放到室內的話，很多幼蟲在還沒成熟前，就會被麻雀或白頭翁當點心吃了。不過我把馬兜鈴植栽種在一棵玉蘭花樹叢下的隱蔽牆角，小鳥很少在這個位置活動；而且在台灣會吃食馬兜鈴葉片的七種鳳蝶幼蟲，身上都有股奇特的香味，這個味道可不受小鳥的歡迎；所以我將那三種幼蟲放養在陽台應該很安全才對。我猜那些不見了的幼蟲，大概全都變成蛹了。

我開始在陽台玩起尋寶遊

戲，考驗自己能找到幾個蝶蛹。首先我從馬兜鈴的葉叢找起，在其中一根綠色莖藤下，我看見一個用絲帶掛著的紅紋鳳蝶蝶蛹。隨後我一抬頭，在一旁的玉蘭花樹叢間，找到另外兩個用絲帶懸掛在葉背下方的蝶蛹。這兩個蝶蛹外觀非常相似，我知道其中一個是大紅紋鳳蝶蛹，另一個則是台灣麝香鳳蝶的蛹，但一時間我也分不清誰是誰。

　　找遍了玉蘭花的樹叢，不再有新的收穫，於是我重新彎下腰去翻動盆栽底層的馬兜鈴蔓藤，過不久，我在另一盆紅楠植栽底層的枯枝上，看見一隻正在吐絲做化蛹準備工作的台灣麝香鳳蝶幼蟲，牠早已經將自己的尾端固定在枯枝下段，事先吐出的一團絲絨底座上。這時候牠不斷的從嘴邊吐出一根非常纖細的白絲，並將它繞在胸前，兩端則黏在枯枝上段的同一地點。

↑ 台灣麝香鳳蝶化蛹前，將尾部固定在絲座後，開始吐絲準備固定上半身的工作。

↑ 用來套住上半身的粗絲帶是由數十條細絲線集合而成的。

　　隨著牠不停的左右來回吐著細絲，一圈圈、一條條的細絲，相繼合併成一圈肉眼清晰可見的粗絲帶繞在胸前。大約二十回後，牠大概認為這圈絲帶已經夠強韌了，就彎過身子，將頭鑽進這圈絲帶中，再上下不停的蠕動身體，讓這圈絲帶托住牠的背部中央，最後才慢慢靜止不動，完成化蛹前的準備工作。

　　一、兩天後，只要牠再脫下一層皮，就可以變成外觀和幼蟲完全不相同的蝶蛹了。

無尾鳳蝶破蛹羽化

　　我在陽台尋寶找蝶蛹的過程中，又找到另一個紅紋鳳蝶的蝶蛹。同時在另一棵柑橘樹的葉叢間，意外找到一個躲藏得很隱蔽的無尾鳳蝶綠色越冬蝶蛹。這是去年秋天在柑橘樹叢間自然繁殖的無尾鳳蝶幼蟲變成的。

　　我用強力手電筒，從蝶蛹的頭部照射檢查，發現牠的眼睛部位顏色已經變深，這表示越冬的蝶蛹已結束休眠階段，蝶蛹的體內開始進行羽化為蝴蝶的體質改造工程。於是我將蝶蛹連同盆栽，搬進室內客廳中，每天晚上檢查一次。

　　約十天後的一個下午，我發現蛹的顏色已全部變深，而且蛹體中央兩側，已經看得見明顯的黑黃相間的斑紋，這正是蛹內蝴蝶成蟲上翅表面的花紋縮影；另外蛹體下半段也有明顯的黑黃相間條紋，這處則是蝴蝶成蟲的腹部位置。

　　我知道這個蝶蛹內的無尾鳳蝶，會在當天晚上到隔天清晨間，鑽出蛹殼羽化為蝴蝶。於是我架設好拍照裝備，打算再來一次全程觀察記錄。

　　一切準備就緒後，我再仔細用手電筒檢查蝶蛹的狀態，蛹殼的透明度很高，蝴蝶翅膀腹部的顏色清晰可見，表示蝴蝶的身體和蛹殼還緊緊黏在一起，離正式蛻殼的羽化尚有一段時間。於是我開始每隔約半小時，用手電筒詳細檢查蝶蛹有無細微變化。

　　晚間十點多，蝶蛹頂端，眼睛四周和胸前腳的位置附近，顏色已經明顯變淡，呈現不透明狀。這表示蝴蝶身體的這些位置，已經不再緊緊黏在蛹殼內，看樣子蛻殼羽化的時候近了。

　　我開始守著相機寸步不離，好隨時拍下任何變化。十一點左右，翅膀和腹部位置的蛹殼，也出現了局部顏色變

淡,透明度降低的情形,我知道蝴蝶隨時都會鑽出來。

　　隔不久,蛹體呈現幾次上下蠕動,隨後蛹殼從腳的部位出現一條長長的裂縫,裡面的蝴蝶則不停將蛹殼裂縫向上擠開。探出頭後,這隻無尾鳳蝶用腳攀住柑橘枝叢,馬上將身體連同翅膀拉出蛹殼。

　　羽化後,牠爬上枝叢無力的倒掛著,翅膀還縮皺著;隨後透過翅脈輸送體液,翅膀慢慢向下撐大,約五分鐘後,翅膀完全成型,牠變成一隻大家熟悉的無尾鳳蝶。

↑清晨一到,羽化完成的無尾鳳蝶展翅擺動,準備當個自由飛翔的都市遊俠。

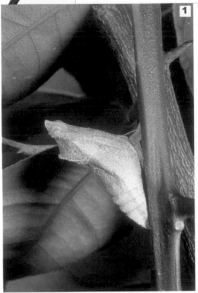

↑ 在柑橘盆栽間找到無尾鳳蝶的綠色蝶蛹。

↑ 羽化前一晚，蛹殼內已經清楚可見蝴蝶的翅膀花紋。

↑ 開始羽化蠕動，先推破蛹殼。

↑ 露出頭來。

↑用腳抓緊枝叢準備抽出身體。

↑向上攀爬，懸空倒掛著。

↑伸展翅膀。

↑翅膀成型，羽化完成。

Taiwan Insects

信賢至平廣

保護寶寶，挵蝶媽媽施絕技

又到了春暖花開，昆蟲逐漸活躍的季節。我這次的目的地是烏來信賢的內洞森林遊樂區，就是一般人通稱的「娃娃谷」。不過我並不打算進到森林遊樂區去，而是沿溪谷另一側人車較少的小車道，向下游吊橋的方向走去。因為森林底層的環境複雜度不高，昆蟲的種類較少；反而是外面這段森林旁的道路邊，自然生態較豐富，遊客和車輛又較少，最適合我專心探尋昆蟲生態。

我在一棵叢生的水麻植株上，看見十多隻全身長滿棘刺的細蝶幼蟲，而這棵水麻的葉片也被這群大食客吃得所剩無幾。看見這個現象，我一點也不驚訝，因為細蝶媽媽有集中產卵的習慣，一次最多可在一片葉子上產下兩百多個卵粒，所以幼蟲寄居的水麻、苧麻，葉片常會被吃個精光，還好這幾種植物生長速度快，過不久又可恢復生機。

↑全身長滿棘刺的細蝶幼蟲，其實並沒有毒，用手觸摸也不要緊。

↓細蝶一次會產下一、兩百粒的卵。

突然有隻黑白相間的中小型蝴蝶從我頭頂滑過，飛行的姿勢有點像蛺蝶，等牠攤開著翅膀停在遠方一片葉背後，我才確定牠不是蛺蝶，因為大部分蛺蝶不會攤開翅膀停在

樹葉背面。

　　走近一瞧，原來是一隻不太常見的白挵蝶，在我為牠拍照的同時，透過長鏡頭，我意外發現牠的尾端彎在葉背上做出產卵的動作。為了確定我沒有看錯，我抬起頭來看一眼牠停下的植物，正是「捕蟲網的剋星」——懸鉤子。這是我為這類植物取的外號，因為它們長滿鉤刺，是最令捕蟲人厭惡的特色。捕蟲網揮動時若被鉤住，網中的飛蟲不但很容易脫逃，有時候還會被刺鉤得到處是破洞。我知道白挵蝶幼蟲的食草植物是多種懸鉤子，所以我很篤定這是隻停下來產卵的雌蝶。

　　我心中產生了另一個疑問，這隻雌蝶產卵的時間為何比其他蝴蝶久呢？等我向前摘下雌蝶產卵的葉片仔細觀察，終於明白事情的真相。因為在葉背看不見卵「粒」，而是團毛絨絨的東西，另一端相距不遠的葉背上，還有兩團緊鄰的毛團，這是另一隻雌蝶先前產下的「卵」。原來白挵蝶在葉背產下一、兩粒卵後，會花一些時間將自己尾端的長毛黏在卵上，因此外觀上只能看見一團毛絨絨的東西。這無疑是一種保護措施，目的大概是防止卵寄生蜂的靠近危害吧！難怪白挵蝶媽媽產卵的時間特別長囉！

↑正在變葉懸鉤子葉背產卵的白挵蝶。

↑白挵蝶的卵粒上，有雌蝶尾巴的細毛團團包圍著。

泡沫中藏玄機

↑倒停在香蕉葉背的鸞褐挵蝶。

↓成群排列吸食香蕉葉汁液的紅紋沫蟬。

　　我往吊橋的小路前行，身前不遠的路邊，矗立著一小棵香蕉樹，在它一大片嫩綠的葉片背面，停著一隻橙紅色的鸞褐挵蝶。香蕉葉與蝴蝶的顏色形成強烈對比，吸引我為牠多拍了幾張照片。

　　告別鸞褐挵蝶後，我又在另一片香蕉葉面看見七隻紅紋沫蟬，沿著葉片主脈上下排列而停。牠們選擇停在主脈上，是因為主脈中的汁液最多，適合沫蟬以刺吸式的口器來吸食，這群小傢伙身邊到處濕答答的，則是吃飽喝足後所產生的「尿尿」。

　　牠們為什麼要擠在一起覓食呢？我想是牠們生性較膽怯，有同伴在身邊會比較安心，所以才會接二連三陸續停在一起共享大餐。

　　在我拍完照後，突然玩興大起，我偷偷伸出手指，從最下方的一隻紅紋沫蟬開始，向上做出要捕捉牠們的模樣，只見這群膽小鬼被我嚇得又跳又飛的逃跑。平時捉弄一、二隻沫蟬或廣翅蠟蟬，看牠們驚慌跳飛，就是我工作之餘的消遣娛樂，這一回連續七隻一哄而散的經驗，真是過癮極了。

　　我繼續向前走，路邊一棵苧麻吸引了我的注意，因為

它的枝條和嫩莖上滿布大大小小像極痰水的泡泡，不明實情的人還會以爲是哪個不衛生的人做的。其實這些泡泡是沫蟬小寶寶的傑作，牠們在寄主植物莖幹上吸食成長時，很少移動位置，還會從尾部分泌泡沫狀的液體覆蓋全身，隱藏行蹤。只要拿根小樹枝撥開這些泡沫，就能一睹沫蟬若蟲的廬山眞面目。

我找到一團最大的泡泡，用樹枝輕輕撥開，意外發現裡頭的沫蟬，剛好蛻完皮變成一隻長有翅膀的成蟲。雖然牠的前胸背板還是乳白色，翅膀上還是一片淡灰色，不過從牠不明顯的橙紅色斑紋，我看出應該就是隻紅紋沫蟬。爲了觀察牠羽化完成後的體色變化，並證實我的鑑定無誤，我便暫時在附近逗留。

↑剛羽化的紅紋沫蟬。

大約半小時後，我再回到苧麻枝叢旁觀看這隻沫蟬，牠的外觀已呈現黑紅相間的顏色，正是我先前判斷的紅紋沫蟬。

拍完照後，我想試試牠的活動力，便用根樹枝去騷擾牠，只見牠躍起跳離泡沫窩，不過沒有展翅飛走，而是掉進草叢裡。我得到的結論是：剛羽化不久的沫蟬「腿力有餘，飛行力不足」。

↑半個小時後體色已經變深。

蜻蜓家族中的巨無霸

欣賞完紅紋沫蟬換新衣般的羽化後，我繼續朝吊橋方向前行，迎接我的是山路邊潺潺的流水聲，還有將道路上空當成「蝶道」飛行的一些蝴蝶。

我依照平常找蟲子的習慣，低頭注視路邊的草叢慢慢前進。就在路旁小溪溝邊的草叢上，我一眼便看見一個體型碩大的蜻蜓蛻殼，靜靜的掛在草葉上，大概有四、五公分長，我猜想這八成是台灣最大的蜻蜓——無霸勾蜓的殼衣。因為山區水溝的清澈溪水中，常可以撈到這種超大型的水蠆。而台灣的五種勾蜓科成員中，就屬無霸勾蜓體型最大，分布最廣，數量也最多。

我彎身拍照時，身後有隻超大型的蜻蜓，沿著小溪溝的方向低飛過去，我一眼便認出牠是無霸勾蜓。我一開始將這隻蜻蜓當成雄蟲，因為平時遇見的無霸勾蜓雄蟲，都是以這種標準姿勢來回巡弋飛行，把小溪溝當成自己的地盤，有時候遇到來占地盤的對手，還會展開一場護土的空戰呢！

這隻無霸勾蜓來到淺水灘邊，馬上仰起身子以頭上尾下的角度騰空「站著」，向下降落將自己的尾端插入淺水下的爛泥中，隨後牠又上升，在離水面大約二十～三十公分的

↑溪溝旁草叢葉面上的無霸勾蜓蛻殼。

↑無霸勾蜓的水蠆主要生活在小溪溝或溪流旁的緩流區。

高度，再向下重覆著尾巴插水的動作，我這時才確認原來牠是雌蟲。因為只有無霸勾蜓的雌蟲，才有這種不同於一般蜻蜓的「插秧式」產卵法。

↑無霸勾蜓雌蟲會將產卵管插入淺水水底泥砂中產卵。

我一邊拍照，一邊欣賞無霸勾蜓「插秧」產卵，大約一分鐘後，這隻雌蟲恢復平時飛行的姿勢離去。這時小溪溝上空剛好飛過一隻無霸勾蜓雄蟲，牠瞧到附近有隻「美嬌娘」，馬上迅速轉身回頭，一下子就在空中擒住剛產完卵的雌蟲，在我還未能看清楚時，雄蟲早已用尾端抓緊了雌蟲頭部

↑無霸勾蜓休息時習慣攀在枝條下懸垂著。

的後方，形成隨時可以進行婚禮的「連結」模式，然後比翼雙飛的離開了現場，為我的無霸勾蜓觀察暫時畫上休止符。

提到無霸勾蜓的「插秧」產卵，我從自己的蜻蛉目啟蒙恩師——蚊子權威學者連日清老師口中，聽到最神奇的採集經驗：連老師曾經捕獲一隻尾端夾著一粒小蜆的無霸勾蜓雌蟲。大家能想像這是怎麼一回事嗎？這隻倒霉的雌蜻蜓在先前「插秧」時，奇巧無比的插進泥中張開雙殼的貝肉中產卵，受到驚嚇的台灣蜆立即雙殼緊閉夾住倒霉鬼的「屁股」，於是產卵不成的雌蜻蜓，拖著體重尚能負荷的小蜆四處飛行；緊張不已的小蜆，一直不敢放鬆閉殼肌而跟著到處飛。這對意外相連的苦命「鴛鴦」，至今仍形影不離的長眠在連老師的標本箱中哦！

神奇的倒吊疊羅漢

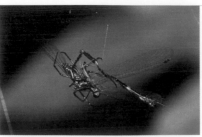

↑誤陷蜘蛛網的芽痣蹣螁遭到網主的獵殺而一命嗚呼！

↓芽痣蹣螁將翅膀半開的停棲姿勢，和一般豆娘不一樣。

我正準備動身繼續前進時，一仰頭就看見眼前山壁邊，草叢上的一個蜘蛛網中，掛著一隻中型的豆娘。靠近仔細一看，這隻豆娘的胸部、腹部等處，已被銀腹蜘蛛咬出了幾個大洞，早已一命嗚呼了。再三辨認，最後才看出網中的豆娘，是隻芽痣蹣螁的雌蟲。

芽痣蹣螁是非常特殊的一種豆娘，牠屬於蜻蜓目中蹣螁科的成員，台灣目前僅有這一種。牠停棲下來的姿勢和其他豆娘不同，往往將翅膀攤得半開。更有趣的是，牠們雖然不是稀有罕見的豆娘，可是很多人都沒見過。

因為牠們的水蠆只生活在陰涼的森林裡，清澈小溪溝或小瀑布下方的水窪中，而且成蟲飛行活動能力很差，平時很少飛到明亮的草叢或路邊活動。沒有刻意尋找，可能就無緣親眼目睹牠們的丰采。如今這隻倒霉鬼大概是「秀逗了」，跑來比較明亮的路邊「自投羅網」。

正打算確認附近是否有芽痣蹣螁的棲息地，就在路旁溪溝較陰涼的草叢中，看到一株挺立的野薑花。現在不是野薑花綻放的季節，吸引我的是在它的葉子下方，竟有五隻黑

色大蚊彼此糾結停在一起，更令我訝異的是，牠們是以集體「疊羅漢」般的姿勢倒掛在一起，而且一旁還有兩隻剛飛來的同伴，也打算攀在這個疊羅漢的下方。

當時正好一陣微風吹過，兩隻還沒停穩的大蚊被微風吹得搖搖晃晃。幾秒過後微風漸息，兩隻黑色大蚊又輕緩飛回集團旁，打算重新停下來湊熱鬧。

這兩隻新來的停穩後，我發現其中一隻停在上方第一層同伴的旁邊，另一隻停在第二

↑五隻大蚊疊起倒吊式「疊羅漢」。

層，和我預期的情形不相同。這樣不但拍攝起來不夠神奇，而且雜亂的排列使我很難全部對清焦距。

我一心想拍好照片，根本顧不得探究牠們為什麼要「疊羅漢」。我心中突發奇想，將這兩隻不按順序停下的大蚊趕起來，或許再停一次就成功了，哪知道牠們竟然嚇得一去不回！如意算盤打錯後，我只好為原先那五隻多拍幾張照片。

事後我還是搞不懂這些大蚊，為什麼會一隻掛著一隻的停在一起？又為什麼偏好攀著其他同伴的身體或腳來休息呢？希望有一天我能悟得通。

勤挖洞的細腰蜂媽媽

當我在小山溝邊東尋西找時，發現附近有隻剛羽化不久的春蜓，牠被我突然靠近的身影，嚇得飛入更深的草叢中。看見有春蜓已經開始羽化，我想春蜓水薑族群很龐大，小溪中應該也有春蜓陸續羽化的景觀，於是我決定轉移陣地。

來到新店平廣溪上游，我沿著溪邊巡視一趟，只見到兩隻被我嚇跑的春蜓，這時已近中午，應該不會再有準備羽化的春蜓，我心中盤算明天一早要再來這裡。

離開溪邊，正打算到一旁草叢去碰碰運氣，突然發現溪旁一處砂質空地上，有許多蜂類在約半個人高的空中東飛西竄。仔細一瞧，是一群看來相當兇猛的細腰蜂。

一般人只要看見滿天「嗡嗡嗡」的蜜蜂，早就逃之夭夭了。還好我對細腰蜂的習性還算清楚，只要不伸手去抓牠們，大可放心的接近牠們。於是我走進群蜂飛舞的陣地，靜靜觀察牠們的動靜。

這群細腰蜂盤旋疾飛的砂質地面，有不少直徑不到一公分的小洞，其中有些洞口有細腰蜂進進出出的挖掘著洞內的砂土，那是細腰蜂媽媽正在辛勤工作，而在空中遊蕩的傢伙，我猜大概是尚未完婚的細腰蜂吧！牠們在空中盤旋，想趕緊找個未婚的姑娘成家。

這片砂質地是這群細腰蜂繁殖地，砂地上的小洞是細腰蜂在地底羽化，變成蟲後鑽出留下的通道，至於掘土的雌蜂則是在為繁殖後代做準備。

我看到一隻雌蜂咬著一隻螽斯，停在一個被砂土封死的小洞旁，牠將這隻動彈不得的螽斯丟在洞旁，開始將洞內的砂土挖出來；過了一會兒，牠探出洞口將螽斯捉入洞中，

不久後爬出洞外，再將原先挖出的砂土搬回洞內，幾分鐘後，就把這個小洞又用砂土填滿了。隨後我看到其他洞口，也都在上演著相同戲碼。

　　由於這些細腰蜂的動作迅速，讓一旁拍照的我忙得暈頭轉向，直到我放下相機仔細觀察牠們時，才發現這些忙著工作的雌細腰蜂其實有兩種。一種各腳均為紅褐色（暫時叫牠們紅腳細腰蜂），另一種體型稍大一點，腳是黑色的（暫稱為黑腳細腰蜂）。

　　這兩種細腰蜂不但外觀不同，連捕捉的獵物也不大相同。紅腳細腰蜂捉的都是常見的螽斯，而黑腳細腰蜂則是喜歡蟋螽呢！

↑ 紅腳細腰蜂將螽斯暫放一旁，專心的將舊有的地洞重新挖通。

↑ 挖通地洞後，紅腳細腰蜂將螽斯拖入洞中。

↑ 將獵物在地洞中安置好後，細腰蜂媽媽將洞口的砂石用前腳搬回去塞入洞中。

↑ 黑腳細腰蜂的各腳全黑，體型比紅腳細腰蜂大一號。

麻醉高手──細腰蜂

　　細腰蜂媽媽把螽斯拖進地道中，是要當食物嗎？的確如此，不過不是牠自己要吃的。

　　細腰蜂媽媽把螽斯拖入地道安置妥當後，會在螽斯身旁產卵，再把地道封好；當小寶寶孵化後，螽斯就是牠們的食物；接下來的成長、蛻變就在洞中完成，直到長大成為細腰蜂，才會鑽出地洞。

　　有些人可能會很好奇，細腰蜂媽媽捕捉到獵物後，有沒有把牠們咬死或螫死？要不萬一獵物隨便一動，不就可能把細腰蜂的卵咬破或擠破嗎。其實不然，獵物假如已經死掉，過不久就會腐爛發臭，細腰蜂的幼蟲就不能吃了；細腰蜂媽媽們都是天生的麻醉師，牠們會以尾部的螫針，刺進獵物身體內特定的神經結注射麻醉毒物，讓獵物失去活動力，卻不會立即死掉，套句人類的用語，就是讓牠們變成「植物蟲」。這樣孵化後的幼蟲寶寶，就有新鮮的肉可以吃了，夠奇妙吧！

　　我計畫和細腰蜂開點小玩笑。我找到一隻已經捕捉到蟋螽，正在挖土準備鑽入洞中的黑腳細腰蜂，趁牠不注意時

↑黑腳細腰蜂的獵物是外觀很像蟋蟀的蟋螽。

↑由於蟋螽成蟲體型常比黑腳細腰蜂大，所以很容易看見細腰蜂媽媽吃力的拖著獵物又爬又飛，努力朝著洞口的方向慢慢回去。

拉著長觸角拖走蟋蟀；細腰蜂發現原本無法動彈的獵物竟然「爬走」，馬上跳了過來，彎起腹部在蟋蟀身上再補一針，牠一點也看不出來是我在惡作劇，這樣算不算笨呢？

↑ 細腰蜂媽媽爬出洞口後，發現蟋蟀「逃亡」，趕緊追上去抓住獵物，並在牠身上再螫一針。

接著我找到另一隻紅腳細腰蜂，趁牠鑽入洞中挖土時，乾脆偷走牠的獵物螽斯，等牠爬出洞口，發現螽斯不見時，先是一陣錯愕，接著便在洞口東尋西找。這時候我偷了另一隻黑腳細腰蜂的蟋蟀丟到洞口，沒想到牠在這隻蟋蟀身上轉了兩圈後，竟咬起這隻蟋蟀，飛到一旁丟掉，對我送的禮物一

↑ 我送給紅腳細腰蜂媽媽的蟋蟀大禮，竟然被那不識好歹的傢伙丟棄在一旁，最後成了一群螞蟻的點心。

點也不領情。隔沒多久，這塊肥肉便便宜了一群毫不挑剔的螞蟻。

看完這一幕，我覺得昆蟲的本能很厲害，又很鈍。我相信螽斯或蟋蟀的肉相差不多，不管是紅腳細腰蜂或黑腳細腰蜂的幼蟲應該都可以吃，但是紅腳細腰蜂媽媽本能只認得螽斯，對我送上體型更肥大的蟋蟀完全陌生，因此棄之如蔽履。

強迫托育的寄生蠅

我又發現一隻黑腳細腰蜂，拖著一隻體型很大的蟋蟀，跌跌撞撞的飛抵砂質地，可是牠沒有立即將獵物埋藏起來，而是拖著獵物東爬西走，有時候飛起、有時候停下來觀望，甚至還會爬上附近的樹幹上。剛開始我以為牠是一隻找不到自己的洞穴的迷糊媽媽。

後來才看清楚，牠有兩次拖著獵物來到洞口附近，可是又遲疑了一下、趕緊離開。原來在牠附近的空中，一直有三、四隻長像如食蚜蠅般的蠅類，緊迫盯「蜂」盤旋，一直跟蹤在三十公分左右的距離外；為了擺脫這幾隻跟蹤的小蠅類，細腰蜂媽媽才會故布疑陣到處遊走。每當牠拖著獵物遠離砂質地後，身旁跟蹤的小蠅類便會減少，甚至失去蹤影；可是一旦回到洞口附近，牠身外三十公分左右的上空，馬上又會多了幾隻如影隨形的小蠅類，而且始終和牠保持一定的距離。

↑ 黑腳細腰蜂帶著獵物回到洞口，身後跟著4隻小寄生蠅在空中虎視眈眈。

↑ 細腰蜂媽媽發現有異狀，拖著蟋蟀離開洞口繞圈圈，這幾隻寄生蠅馬上跟著轉向，守在洞口上方以靜制動。

我在一旁仔細觀察後，終於明白昆蟲世界中，也是「道高一尺，魔高一丈」。在細腰蜂故布疑陣離開砂質地後，有些小蠅類就停在洞口附近的草葉上休息，等到細腰蜂晃了一圈回來時，聰明的小蠅馬上又飛過來緊迫

盯蜂。只是這幾隻和細腰蜂糾纏不清的蠅類，到底想要做什麼？

　　經過一段時間，這隻忙了大半天的黑腳細腰蜂又飛回牠的洞口時，還是跟來三隻小蠅類在一旁虎視耽耽的盤旋著；等這隻黑腳細腰蜂將蟋蟀放置在洞口，小蠅類馬上向前逼近了一小段距離，當這隻細腰蜂媽媽擺脫不了對方糾纏，終於鑽入洞內整理洞穴時，空中的小蠅類集團中，突然竄出一隻身手最快的傢伙，急速降落在蟋蟀身上，不到一秒鐘後就馬上起飛離去。拍得一張見證照後，我趕緊靠近仔細一瞧，發現有四隻非常微小的蛆蟲正在蟋蟀身上不停的蠕動著。

　　真相終於大白了，原來這幾隻小蠅類是來占細腰蜂便宜的寄生蠅。牠們竟趁著細腰蜂媽媽無暇照顧獵物的時候，在這隻蟋蟀身上產下幼蟲（這算是卵胎生的形態），這些小蠅蛆應該是以蟋蟀當食物。只是不曉得細腰蜂幼蟲寶寶孵化後，會不會也遭到寄生蠅幼蟲的危害呢？

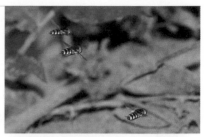
↑寄生蠅跟蹤細腰蜂媽媽來到一旁的草叢。

↑細腰蜂媽媽乾脆遠離洞口，爬上了一棵大樹上去避風險。

↑聰明的寄生蠅停止追蹤，竟然懂得飛回洞口，在一旁草葉上守洞待蟲。

↑搶得機先的寄生蠅一個前步終於強迫「托育」成功。

地底巢穴別有洞天

　　我突然有個重大發現：我看見一隻雌蜂將螽斯埋入地穴不久後，竟又飛回來將捕獲的另一隻螽斯放在洞口，接下來重複了一樣挖地洞、埋獵物的動作。

　　經過我耐心觀察一個多小時後，這隻紅腳細腰蜂已在洞穴中先後埋入四隻螽斯。我從來沒見過類似的報導，因此心中很疑惑，想了解地底下到底是什麼樣子。

　　為了解開謎題，我只好打斷這隻細腰蜂媽媽的連續工作。我從車內取出鏟子，依著地穴的相反方向，從距離洞口約二十公分的地點，開始向下挖入二十多公分的凹洞，再小心的向細腰蜂洞穴的方向挖去；我在十多公分深的位置，先後挖到了兩個方向和地面平行的橢圓形空洞，在這兩個橢圓形的洞穴中，各找到一個3.5公分長的長橢圓形黑褐色空繭殼。

　　根據我的直覺研判，這兩個空繭殼應該是細腰蜂羽化成蟲後留下的空殼，只是不確定牠們是不是從同一個小洞口鑽出來。

　　我繼續挖出砂土，在距離雌蜂挖掘的洞口不到十公分的水平距離，離地面約十多公分深的地底，終於發現另一個

↑地底巢穴中，細腰蜂的幼蟲正在啃食螽斯的殘屍。

↑取出細腰蜂幼蟲，裡面尚有一些小蛆蟲，那是寄生蠅的幼蟲。

橢圓育嬰巢室。在這個四周被砂土封閉
的橢圓形空洞中，有一隻又粗又肥的白
色蛆蟲和六、七隻白色小蛆，還有一些
支離破碎的蟊斯殘屍。這隻大型的幼
蟲，顯然是細腰蜂的寶寶，而另外那群
小蛆蟲，則是寄生蠅的幼蟲。

　　原來寄生蠅的幼蟲對細腰蜂幼蟲並
沒有害處，只是寄居在這個洞中而已，
嚴格說來，牠們還可以幫忙清理些腐爛
發臭的蟊斯殘屍呢！

↑細腰蜂地底巢穴的位置與現場環境。

　　我繼續挖土，隔不久又挖到另一個
育嬰巢室，這個橢圓形的小洞穴露出一隻隻頭尾同向、排列整齊的蟊
斯。我將這個小洞全部挖開，數一數總共有十三隻大大小小的蟊斯，在
蟊斯堆中還有一隻已經孵化的小幼蟲，開始啃食媽媽為牠們準備的食
物。

　　最後我把地底挖通，再也找不到新的洞穴巢室。從這些觀察得知，
細腰蜂會沿用成蟲羽化出來的洞穴，再重新挖掘育嬰的巢穴，而且一個
地洞入口內不只有
一個育嬰巢穴。雖
然幼蟲已經孵化，
但是細腰蜂仍會不
斷將蟊斯埋入巢穴
中，直到分量足夠
一隻幼蟲成長所需
為止。

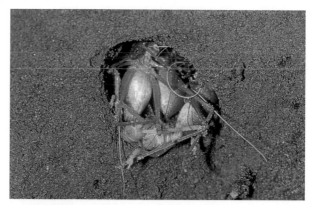

↑小洞穴育嬰房中的蟊斯全都頭尾同向整齊的排著。

錘角春蜓的羽化新生

　　隔天早上我又來到平廣的小溪，我這回的目標是找尋溪邊蜻蜓羽化的蹤影。

　　換好雨鞋，我直接走到溪水邊，在露出水面的大石塊上仔細找尋目標。我看到兩、三隻已經羽化完成的紹德春蜓和錘角春蜓；由於這時離中午還有很長的時間，我想溪水中將還會有不少的水薑相繼爬出水面，在大石塊上蛻變羽化成蟲，因此我一定可以拍到精彩的過程。

　　過不久，我終於在另一個溪邊大石頭上，看見一隻剛爬出水面的錘角春蜓，牠的胸部背側剛剛裂開一條縫隙，裡面的成蟲正準備鑽出；我火速將相機連同腳架安置在溪中，靜靜守在一旁，一邊欣賞牠蛻殼換裝的神技，一邊為這個完整的過程留下攝影見證。

　　大約三分鐘後，成蟲的頭部已完全露在水薑的舊殼外，外觀看來有點像是民俗表演「老背少」的模樣，誰也無法想像，牠將在一個小時內變成一隻可以飛行的蜻蜓。

　　隨著不斷蠕動向外擠壓，這隻即將面臨新生的成蟲，前半身慢慢露在蛻殼外，這時離牠開始蛻皮的時間剛好是十分鐘；這隻錘角春蜓用腳攀著石頭，將腹部尾端全部抽出，正式脫離水生世界中的「舊衣服」。不過這時候，這隻春蜓可一點也沒有蜻蜓的樣子，因為牠的翅膀部位縮成一小團，腹部也沒有一般蜻蜓長長的「尾巴」。

　　隨後二十～三十分鐘內，這隻剛脫離蛻殼的錘角春蜓，原本毫不起眼的腹部和翅膀，同時慢慢伸展開來。我一邊拍照，一邊研判牠翅膀和腹部伸長的原動力，應該和蝴蝶羽化一樣，都是壓縮體內的體液、來填充這兩個地方，被灌「水」的地方會逐漸變大，最後達到成型的大小。

　　在成蟲全身離開蛻殼的三十分鐘後，外觀已完全成型，和野外活躍的成蟲相比，只差牠的翅膀還緊閉著，且未完全透明。

　　接下來的十分鐘內，剛羽化的這隻錘角春蜓不再有其他明顯的變化，不過腹部末端每隔一段時間就滴出一滴液體，這是牠完成羽化定型後，正在排泄體內不再需要的過多體液，這證實了我先前的推測無誤。

　　最後這隻錘角春蜓將翅膀向左右攤開，休息了幾分鐘後，便起身跌跌撞撞的飛入附近草叢去，為我這次的觀察畫上令人滿意的休止符。

錘角春蜓羽化過程：

↑ 水蠆爬離溪水到水邊石塊上。

↑ 水蠆外殼自胸部背側裂開。

↑ 露出成蟲頭、胸。

↑ 只剩腹部後半尚留殼內。

↑ 抽出腹部。

↑ 開始伸展翅膀與腹部。

↑ 翅膀與腹部逐漸伸展開。

↑ 翅膀與腹部伸展大致完成，開始排出體內過多水液。

↑ 翅膀向身體兩側攤開，隨時可以起飛躲入草叢休息。

高砂蜻蜓相親相愛

為什麼蜻蜓的水蠆會生活在溪流中呢？其實春蜓科和勾蜓科的成員，大都屬於溪流性的種類；而生活在池塘、沼澤中的蜻蜓水蠆，大部分是蜻蜓科的成員，而晏蜓科和弓蜓科成員則是靜水和溪水環境都有。不同的種類，就會有不同的生活環境和生態習性。

拍完另外兩隻春蜓的羽化過程後，我見到遠方有隻青斑鳳蝶，沿著溪谷上空向我飛來，在我身前約四～五公尺處，溪中石塊上突然竄起一隻體型碩大的蜻蜓，迎面將那隻蝶攔截下來，吃力的飛抵溪邊一棵大樹頂端。我取出望遠鏡仔細一瞧，那是一隻闊腹春蜓，雖然蜻蜓捕食蝴蝶並不稀奇，但能將體型不小的鳳蝶類抓下來，我還是頭一遭見到。

為了拍照存證，我撿了個小石塊朝樹頂上丟去，原本希望牠到低一點的地方進餐，可惜牠卻啣著獵物，朝更高遠的樹叢飛去，失去了蹤跡。

雖然沒能拍到闊腹春蜓捕食青斑鳳蝶的情形，不過卻有個意外的收穫。在我停下腳步的溪谷低空，有對前後連結的蜻蜓，正沿著溪流的方向，在前後約十公尺的範圍內來回飛行，最後盤旋在溪谷中一個大石塊附近環繞低飛。我慢慢靠近前去，發現緊臨流水的石壁上，長滿了翠綠色的青苔植物；眼前這對蜻蜓無視於我的存在，一直盤旋在離我不到一公尺的溪面低空，我仔細確認後，發現牠們是台灣體型最大、生態也最特殊的一種蜻蜓，名字叫做高砂蜻蜓。

↑高砂蜻蜓雌雄連結飛行特寫。

一般蜻蜓科成員，平常都喜歡出現在池塘、湖泊、沼澤等靜水環境，水蠆也是棲息在這些靜水的水中；唯獨高砂蜻蜓常出現在流速不小的小溪上游，水蠆習慣生活在急流溪水中。看來我身前盤旋低飛的高砂蜻蜓正是準備產卵的夫妻檔，牠們打算將卵產在溪中石塊的潮濕青苔上。

↑ 高砂蜻蜓產卵的位置與環境。

這對雄前雌後的高砂蜻蜓，先不斷盤旋在青苔上空約二十～三十公分，然後一起向下低飛，後方的雌蜻蜓以尾巴去碰觸水邊的青苔，將產下的卵團輕黏在濕青苔中，以免卵粒被大水沖走，然後再不斷連續盤旋、產卵，而且動作非常快，讓我毫不考慮的對著牠們不斷按下快門。不久，我發現跑來溪石青苔上產卵的夫妻檔，不只原先那對高砂蜻蜓而已，抬頭環顧溪谷上空，很容易看見一對對連結的夫妻檔盤旋而過，牠們都是在找尋產卵的合適場所。

↑ 3對高砂蜻蜓夫妻檔的集體產卵秀。

↑ 5對高砂蜻蜓夫妻檔的集體產卵秀。

於是，我和高砂蜻蜓殊途同歸，沿著溪谷地上下搜尋，找尋一個個泡在急流水中的大石塊，而且要長滿青苔的。

↑ 這個畫面中集體產卵的有5對夫妻和2隻雌蟲，但不是我目睹的最高紀錄。

大約中午時分，我帶出門的底片完全消耗殆盡，最精采的是同時有六、七對高砂蜻蜓，在一個大石塊邊此起彼落的專心產卵。這樣的畫面入鏡，我當然毫不考慮會用掉多少底片，結果只好提早收拾行囊回家了。

蜻蜓產卵各有巧妙

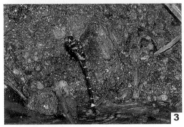

↑斑翼勾蜓產卵三部曲：
1 選定溪流邊特定的產卵點，來回飛行。
2 在尾部排出一團卵粒。
3 垂直向下將卵排在緩流區的一處小凹穴中。

↓斑翼勾蜓持續排入小凹穴中的卵粒。

「蜻蜓點水」是蜻蜓類特殊的產卵方式，不過由於種類不同，還有許多人們較陌生的產卵方法，這回我們就來介紹一些更奇特的產卵方法。

斑翼勾蜓是無霸勾蜓的親戚，體型比無霸勾蜓小一點，雖然也是用類似插秧式的姿勢產卵，不過產卵過程比無霸勾蜓更精采。斑翼勾蜓的雌蜓會先在離水面約一公尺左右的高度來回飛行四、五趟後，利用來回的時間將卵粒排出、堆積在尾端，接著便在路程中段附近，豎起身子向下，以垂直向下的方法點水產卵，然後又重複相同的動作，而且接下來產下的卵粒，竟能分毫不差的產在同一處水流很慢的淺水小凹穴中。我曾在拍照時不小心將產卵的斑翼勾蜓嚇跑，不過隔了約十分鐘，牠便又回到

同樣地方，重新來回飛行、排卵、再產卵，而且還產在同一個小凹穴中。我真不明白牠們怎會認得原先的產卵地點的？

晏蜓科成員的雌蜓產卵時，一般都習慣停下來產卵。除了以前介紹過的烏帶晏蜓外，烏基晏蜓、碧翠晏蜓、綠胸晏蜓、麻斑晏蜓等，全都習慣直接停在池塘或沼澤的水草上產卵。不過水蠆棲息於溪流中的很多晏蜓卻是停在溪流旁的岩壁或泥土上，將卵產入青苔或泥土中。例如朱黛晏蜓類似圓規畫半圓的產卵方式。

更特殊的是曲尾春蜓。我曾見到一隻曲尾春蜓停在溪邊石塊上，腹部末端積了一小團的卵粒，我靠近時不小心嚇著牠，牠只飛離兩、三公尺，便又在另一個大石塊上，重新停下來繼續排卵；兩、三分鐘內，牠尾端的卵粒已擠成一大團，卵粒排完後牠便起飛，沿著溪流上空飛了一小段，最後離開溪谷。從頭至尾，牠根本沒有下降到溪水面去點水產卵，我猜牠很可能是在飛行的路程中，將卵「丟」入水中去吧！

另一類最誇張的產卵現象也是「點水」產卵，只是雌蜻蜓會將有反光的物體表面誤認成池塘水面，而將卵產在不該產的地方。例如汽車的車頂就是最常被誤選的產卵場所，尤其是都市中常出現的薄翅蜻蜓，很容易將卵團產在熾熱的車頂，而這些卵粒當場就變成了煎蛋。

←曲尾春蜓先停在石塊上慢慢排出大量卵粒，起飛後可能用空投的方式產卵。

465

● Taiwan Insects

楊梅

披著蝶衣的蜻蜓——彩裳蜻蜓

↑擁有蝴蝶美名的彩裳蜻蜓。

←彩裳蜻蜓翅膀上的斑紋變化頗大。

　　為了多找些不同種類的蜻蜓和豆娘，我經常拜訪楊梅鄉下的一個魚池。照理說養魚池中有很多的魚兒會吃掉蜻蜓或豆娘的水蠆，所以並不算是觀察蜻蜓生態的好去處。不過楊梅的這處大魚池，因為沒有受到良好照顧，池塘中雜草叢生，相對提供了許多水蠆躲藏棲息的空間，而且魚池四周的田埂上，長滿了各式各樣的樹木和野生植物，整體環境看來，就像是森林中的沼澤地，因此特別獲得我的青睞。

　　我再度拜訪這個久違的魚池，剛走到魚池前的一片雜草空地上，便瞧見一隻在草叢和空中飛飛停停的彩裳蜻蜓，牠大概正在這片雜草地間覓食吧！

　　光聽見「彩裳蜻蜓」這個名號，就知道牠有非凡的外

貌，這種翅膀有著酷似蝴蝶羽衣斑紋模樣的蜻蜓，飛行速度算是台灣所有蜻蜓中最慢的一種；見牠那搖搖擺擺的飛行模樣，真的很容易被誤認成蝴蝶，難怪日本人將這種蜻蜓取名為「蝴蝶蜻蜓」。在台灣，彩裳蜻蜓是較不普遍的種類，不過在楊梅附近的不少沼澤池塘中，還有頗穩定的族群呢！

穿過樹叢走抵池塘邊，我看見更多隻彩裳蜻蜓，停在遠方池面的草梗上，除此之外，我還先後記錄到鼎脈蜻蜓、霜白蜻蜓、橙斑蜻蜓、褐斑蜻蜓、黃紉蜻蜓、侏儒蜻蜓、粗腰蜻蜓、呂宋蜻蜓、廣腹蜻蜓、大華蜻蜓、猩紅蜻蜓、杜松蜻蜓、粗鉤春蜓、麻斑晏蜓、烏帶晏蜓等十五種蜻蜓，還有紅腹細螺、眛影細螺、葦笛細螺、青紋細螺、環紋琵螺、脛蹼琵螺等六種豆娘。

一天內能夠看見超過二十種的蜻蜓和豆娘，這裡已算是一級棒的水域環境了。而且從這兩年的統計中，除了彩裳蜻蜓、橙斑蜻蜓這兩種不

是隨處可見的種類外，我還在這個魚池旁見過賽琳蜻蜓，牠雖然不是稀有種，但也是不太普遍的種類，另外我還見過更稀有的纖腰蜻蜓呢！

↑橙斑蜻蜓也是不太普遍的美麗種類。

可惜這個魚池所在地並不是名勝古蹟，詳細的地點很難口述或圖示，不過真有興趣親自目睹彩裳蜻蜓英姿的朋友，不妨到楊梅附近隨處逛逛，六、七月間要找到環境相似的沼澤池，應該不會太難才對。（註）

（註：楊梅地區很多池塘濕地在近年陸續被地主填土建屋或改成旱田，我當年熟悉的兩、三個魚池都已不見蹤影。）

↑賽琳蜻蜓的姿色和彩裳蜻蜓比起來，毫不遜色。

鬧洞房？同性戀？

我蹲在樹蔭下休息，眼前不遠處正好有叢大花咸豐草；雖然它和咸豐草都是外來植物，不過如今已經完全歸化台灣的環境，因此幾乎隨處可見。它們的的花朵蜜露有許多昆蟲喜好吸食，因此我特別留意這些花叢間，是否有飛來訪花的各式昆蟲。

我盯著花叢中一隻像直升機般盤旋的食蚜蠅，直到牠選定其中一朵花停下後，才趕緊拍照。食蚜蠅雖然體型小、拍攝困難，不過比其他蚊蠅稍具姿色，我總是會設法多按幾下快門，運氣好時，還可拍到牠停在空中的姿態呢！常有人將食蚜蠅誤認成蜜蜂，牠們擬態的功夫用來嚇阻肉食性天敵侵犯時，不知道能不能發揮實質效果呢？

告別花叢，我沿池塘邊繞了兩圈，發現一旁有一小畦種著茄子的園地，這些茄子沒有噴農藥又疏於照顧，結果長出一些小得可憐的畸型茄子，葉片還被蟲子啃得千瘡百孔，我走近一瞧，原來每棵茄子上最少都有三、五隻條紋豆芫菁。

我看見一隻雄蟲爬在另一隻體型較大的雌蟲背上，將觸角左右纏繞著雌伴的觸角不停搓動，雌蟲的觸角也呼應著背上的雄伴抖動著，雄蟲還用腹部在雌蟲的背上左右磨擦，這是豆芫菁的標準求偶模式。

當這對佳偶開始完婚時，一旁出現了另一隻雄蟲。這隻王老五見不得別人濃情蜜意，竟索性爬上雄蟲背上，形成野外不難看見的「鬧洞房」情景。色心大發的王老五還將觸角伸出，和那對新人的觸角糾纏成一團，連用腹部磨擦對方背部的動作也完全一樣。這隻想交配的王老五已被慾望沖昏頭，根本搞不清楚身體下方的那隻也是公的。

　　準新郎急著想擺脫背上那隻冒失鬼；只見牠抬起後腳，拚命想將情敵踢走，可是王老五抱得可緊，在一陣你抱我踢後，底下的準新娘等得不耐煩，乾脆爬到一旁啃起茄子葉。

　　大概準新郎的身上還留著雌蟲的氣味，當雌蟲離去後，王老五仍抓緊同性的雄蟲，觸角也不斷纏繞搓動，甚至還不停伸出尾端的交尾器，想一圓完婚夢。只見準新郎拚命用後腳踢個不停，折騰了七、八分鐘後，王老五先生大概累了，倒霉的準新郎終於擺脫惡夢，但新娘卻也不見了。

　　看完這個離譜的情境，真有點搞不懂那隻王老五倒底愛女生，還是愛男生？準新郎雖然倒霉，最後能免除被強暴的夢魘，算是不幸中的大幸。送牠一碗豬腳麵線壓壓驚吧！

↑條紋豆芫菁的洞房大典中，跑來另一隻王老五胡搞亂搞的大鬧洞房。

↑為了專心對付情敵的騷擾，新郎暫停交配，設法擺脫背上的惡棍。

↑新娘落跑後，頭昏眼花的王老五仍繼續對原來的新郎糾纏不清。

↑連番使出數十下的後腳迴旋踢，原來的新郎最後終於脫離被同性強暴的惡夢。

生態館 21

台灣賞蟲記

撰文攝影	張 永 仁
總 編 輯	林 美 蘭
文字編輯	楊 嘉 殷
美術設計	方 小 巾
內文校對	張 永 仁 、 曾 一 鋒 、 楊 嘉 殷

發行人	陳 銘 民
發行所	晨星出版有限公司
	台中市 407 工業區 30 路 1 號
	TEL:(04)23595820　FAX:(04)23597123
	E-mail:service@morningstar.com.tw
	http://www.morningstar.com.tw
	行政院新聞局局版台業字第 2500 號
法律顧問	甘 龍 強 律師
印製	知文企業（股）公司　TEL:(04)23581803
初版	西元 2005 年 4 月 30 日

總經銷	知己圖書股份有限公司
	郵政劃撥：15060393
	〈台北公司〉台北市 106 羅斯福路二段 79 號 4F 之 9
	TEL:(02)23672044　FAX:(02)23635741
	〈台中公司〉台中市 407 工業區 30 路 1 號
	TEL:(04)23595819　FAX:(04)23597123

國家圖書館出版品預行編目資料

　　台灣賞蟲記／張永仁　撰文攝影．－－初版．
－－臺中市：晨星，2005〔民94〕
　　　面；　　公分．－－（生態館；21）

　　　ISBN 957-455-815-0（平裝）
　　1. 台灣－昆蟲

387.71232　　　　　　　　　　94002398

更方便的購書方式:

(1) **信用卡訂閱** 填妥「信用卡訂購單」,傳眞至本公司。

　　　　　　　或　填妥「信用卡訂購單」,郵寄至本公司。

(2) **郵政劃撥** 帳戶:知己圖書股份有限公司　帳號: 15060393

　　　　　　　在通信欄中塡明叢書編號、書名、定價及總金額

　　　　　　　即可。

(3) **通　　信** 填妥訂購人資料,連同支票寄回。

◉ 如需更詳細的書目,可來電或來函索取。

◉ 購買單本以上9折優待,5本以上85折優待,10本以上8折優待。

◉ 訂購3本以下如需掛號請另付掛號費30元。

◉ 服務專線:(04)23595819-231　FAX:(04)23597123

　E-mail:itmt@morningstar.com.tw

◆讀者回函卡◆

讀者資料：

姓名：＿＿＿＿＿＿＿＿ 性別：□ 男 □ 女

生日： ／ ／ 身分證字號：＿＿＿＿＿＿＿＿

地址：□□□＿＿＿＿＿＿＿＿＿＿＿＿＿＿＿＿＿

聯絡電話： （公司） （家中）

E-mail ＿＿＿＿＿＿＿＿＿＿＿＿＿＿＿＿＿＿＿＿

職業：□ 學生 □ 教師 □ 內勤職員 □ 家庭主婦
　　　□ SOHO族 □ 企業主管 □ 服務業 □ 製造業
　　　□ 醫藥護理 □ 軍警 □ 資訊業 □ 銷售業務
　　　□ 其他＿＿＿＿＿＿＿＿

購買書名： 台灣賞蟲記＿＿＿＿＿＿＿＿＿＿＿＿＿＿＿

您從哪裡得知本書： □ 書店 □ 報紙廣告 □ 雜誌廣告 □ 親友介紹
□ 海報 □ 廣播 □ 其他：＿＿＿＿＿＿＿＿＿＿

您對本書評價：（請填代號 1. 非常滿意 2. 滿意 3. 尚可 4. 再改進）

封面設計＿＿＿＿版面編排＿＿＿＿內容＿＿＿＿文／譯筆＿＿＿＿

您的閱讀嗜好：

□ 哲學 □ 心理學 □ 宗教 □ 自然生態 □ 流行趨勢 □ 醫療保健
□ 財經企管 □ 史地 □ 傳記 □ 文學 □ 散文 □ 原住民
□ 小說 □ 親子叢書 □ 休閒旅遊 □ 其他＿＿＿＿＿＿＿

信用卡訂購單（要購書的讀者請填以下資料）

書 名	數 量	金 額	書 名	數 量	金 額

□VISA □JCB □萬事達卡 □運通卡 □聯合信用卡

●卡號：＿＿＿＿＿＿＿＿ ●信用卡有效期限：＿＿＿年＿＿＿月

●訂購總金額：＿＿＿＿＿元 ●身分證字號：＿＿＿＿＿＿＿

●持卡人簽名：＿＿＿＿＿＿＿（與信用卡簽名同）

●訂購日期：＿＿＿年＿＿＿月＿＿＿日

填妥本單請直接郵寄回本社或傳真(04)23597123